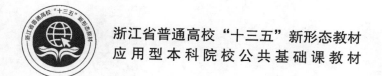浙江省普通高校"十三五"新形态教材

应用型本科院校公共基础课教材

U0182851

Probability and Mathematical Statistics

概率论与数理统计

主　编　蔡建平　陈秀丽

副主编　邓芳芳　张　艳　孙历霞　边文莉

ZHEJIANG UNIVERSITY PRESS

浙江大学出版社

·杭州·

图书在版编目（CIP）数据

概率论与数理统计 / 蔡建平，陈秀丽主编 . -- 杭州：
浙江大学出版社，2022.8
ISBN 978-7-308-22542-7

Ⅰ.①概… Ⅱ.①蔡… ②陈… Ⅲ.①概率论—高等
学校—教材②数理统计—高等学校—教材 Ⅳ.①O21

中国版本图书馆 CIP 数据核字(2022)第 064430 号

概率论与数理统计

GAILÜLUN YU SHULI TONGJI

蔡建平　陈秀丽　主编

责任编辑	徐　霞	
责任校对	王元新	
封面设计	周　灵	
出版发行	浙江大学出版社	
	（杭州市天目山路 148 号　　邮政编码 310007）	
	（网址：http://www.zjupress.com）	
排　　版	杭州林智广告有限公司	
印　　刷	杭州宏雅印刷有限公司	
开　　本	787mm×1092mm　1/16	
印　　张	13.75	
字　　数	318 千	
版 印 次	2022 年 8 月第 1 版　2022 年 8 月第 1 次印刷	
书　　号	ISBN 978-7-308-22542-7	
定　　价	45.00 元	

前　言

概率论与数理统计是本科生的重要基础公共课程，主要包括基本概念、古典概型及概率计算、随机变量、随机变量的数字特征、统计量及其分布、参数估计、假设检验等内容。这门课主要培养学生系统的数学思维和综合运用概率、统计相关知识的能力。与传统院校相比，应用型本科院校注重培养学生知识的应用能力，而对知识的系统掌握以及深入探讨则要求不高。如何选取教学内容以及教材以适应应用型本科学生的实际学情，这是近些年全国所涉及的院校都在探索的一个问题。正是考虑到应用型本科院校与传统本科院校在学生培养目标上的差异性，特别是在课时减少的前提下如何结合实践来学习并掌握数学知识，使学生在学习数学理论知识的同时，还能了解其在实际中的应用，我们编写了这本适合应用型本科概率论与数理统计课程教学的教材。

本教材通过大量的例题讲解介绍相关知识，以实际案例为知识背景，创造教学情境，提高学生学习知识的兴趣，充分调动学生参与课堂知识传授的积极性、主动性。本教材首先从古典概型出发介绍概率论相关基础知识，而后通过随机变量对随机现象展开深入研究。对于数理统计则简洁地介绍了常用统计量及其分布，在此基础上进一步研究了参数估计、假设检验和回归分析等内容。为了提高学生的动手能力，部分章节后面设置了实验内容，这可以使概率论与数理统计知识与实际应用软件紧密结合。同时教材配有大量的讲解视频，覆盖本教材所有知识点，方便学生进行自学。本教材以循序渐进、深入浅出的方式介绍各个知识点，简明扼要，通俗易懂，难易适当，针对性强。

本书的编写人员包括蔡建平、陈秀丽、邓芳芳、张艳、孙历霞、边文莉等老师，主要分工为：蔡建平老师负责第4、5章的编写和全书的统稿工作，陈秀丽老师负责第2、3章的编写工作，张艳老师负责第6、7章的编写工作，邓芳芳老师负责第8章以及各章实验部分的编写工作，边文莉老师负责第1章的编写工作，孙历霞老师负责全书的校对工作。

本书是适合应用型本科院校概率论与数理统计课程的教材，同时也适合成人高等教育等相关课程选用，还可供广大青年学生和技术工作者学习参考。

恳请广大读者和从事高等数学教学的同仁们，对本书提出宝贵的意见，使其逐步完善。在此预致我们深深的谢意。

编　者

2022年6月

目　录

第1章　概率论的基本概念

§1.1　概率论的起源与发展

概率论于 17 世纪随保险事业的发展而产生. 17 世纪中叶，法国贵族德·美黑在骰子赌博中，由于有事要中途停止赌博，要靠对胜负的预测把赌资进行合理的分配，但他不知用什么样的比例进行分配才算合理，于是他写信向当时的法国数学家帕斯卡请教. 帕斯卡和数学家费马一起，研究了德·美黑提出的关于骰子赌博的问题. 1657 年，荷兰著名的天文学家、物理学家、数学家惠更斯试图自己解决这一问题，结果写出了《论机会游戏的计算》一书，这是最早有关概率论的著作.

在概率问题的研究中，学者们逐步建立了事件、概率和随机变量等重要概念及它们的基本性质. 后来出现了许多社会问题和工程技术问题，如人口统计、保险理论、天文观测、误差理论、产品检验和质量控制等，这些问题的提出促进了概率论的发展. 从 17 世纪到 19 世纪，伯努利、棣莫弗、拉普拉斯、高斯、泊松、切比雪夫、马尔科夫等著名数学家都对概率论的发展做出了杰出的贡献. 概率论的奠基人伯努利在概率论的第一本专著《推测术》（1713 年）中证明了 "大数定律"，后来柯尔莫哥洛夫在《概率论的基本概念》（1933 年）中定义了公理化结构.

现在概率论在工程技术、社会科学、近代物理、自动控制、地震预报、气象预报、产品质量控制、农业试验、经济金融和管理科学等领域都有广泛应用.

§1.2　随机事件及其运算

1.2.1　随机事件的概念

1. 随机现象和统计规律性

在日常发生的各种自然现象与社会现象中，有一类现象在一定条件下必然发生（或必然不发生），例如，纯水在标准大气压下加温到 100℃ 时，必然沸腾；向上抛一个石子，石子最终一定下落；同性电荷必不相互吸引.这类现象称为确定性现象.这种在一定条件下必然发生和不可能发生的事情，分别称为必然事件和不可能事件.然而，还有另一类现象，在一定条件下，它可能发生也可能不发生，而且预先不能确定会出现哪种结果，这一类现象称为随机现象.例如，在相同条件下抛同一枚硬币，其结果可能是正面朝上，也可能是反面朝上，并且在每次抛掷之前无法断定抛掷的结果是什么；从一批产品中随机抽取一件产品，可能是合格品也可能是不合格品，在抽取之前预先不能确定其抽取结果；等等.这些现象都是随机现象.

当我们对某事物的某种特征进行一次观察时，都可以认为这是一次试验，比如：

例 1-1 抛掷一枚硬币，硬币最终必然下落.

例 1-2 抛掷一枚硬币，硬币落下后，可能正面朝上，也可能反面朝上.

例 1-3 太阳从东边升起.

例 1-4 某篮球运动员投篮一次，其结果可能命中，也可能不命中.

例 1-5 从某厂的一批产品中，随机抽取 10 件进行检查，其中次品的件数不能确定.

其中，例 1-1 和例 1-3 是确定性现象，例 1-2、例 1-4 和例 1-5 是随机现象.

随机现象是偶然性和必然性的辩证统一，其偶然性表现在每一次试验前，不能准确地预言会发生哪种结果；在相同条件下进行大量重复试验时，结果呈现出统计规律性.概率论与数理统计就是一门研究随机现象统计规律性的数学学科.随机现象的普遍性使得概率论与数理统计在工农业生产、国民经济和现代科学技术等领域具有广泛的应用，而这些应用同时也推动着概率论与数理统计这门学科不断地发展和完善.

2. 随机试验与样本空间

首先对上述提到自然界的两种现象，给出其描述性的概念.

必然现象（也称为确定性现象）：在一定条件下，必然发生或必然不发生的现象.

概率论中的
基本概念

随机现象（也称为偶然现象）：在一定条件下，可能出现多种不同的结果，但事先又不能预测是哪一种结果的现象.

随机现象发生时出现哪种结果虽然事前不能预测，但具有一定的规律性，这种规律性统称为统计规律.

1) 随机试验

实验是进行概率、统计相关研究的基础，对随机现象进行的观察或实验称为试验.

定义 1-1 若一个试验具有下列三个特点：

(1) 在相同条件下可重复进行.

(2) 每次试验的可能结果不止一个，并且事先可以知道试验的所有可能结果.

(3) 进行一次试验之前，不能确定会出现哪一个结果.

则把这一试验称为**随机试验**，简称**试验**，记作 E.

下面举一些随机试验的例子.

E_1：掷一枚骰子，观察出现的点数；

E_2：记录 110 报警台一天接到的报警次数；

E_3：在一批灯泡中任意抽取一个，测试它的寿命；

E_4：记录长度的测量误差．

上述试验均满足随机试验所需满足的三个条件，所以它们都是随机试验．

2）样本空间

在一个随机试验中，可能出现的结果有多种，有一组结果我们称之为**基本结果**．基本结果需满足：

（1）每进行一次试验，必然出现且只能出现这组结果中的一个结果．

（2）任何结果，都是由其中一些结果所组成，而这组结果中的每个结果不能由其他任何结果构成．

注：如何理解基本结果和结果的关系？结果是由基本结果中的一些构成的，而任一基本结果不可以由结果构成．比如，掷一颗骰子，"掷出偶数点"为一个随机事件，其由基本结果中的"2""4""6"这三个构成．

定义 1-2 随机试验 E 的所有可能结果组成的集合称为 E 的**样本空间**，记为 Ω；样本空间的元素，即试验 E 的每一个可能出现的结果称为一个**样本点**（同一个试验观测角度不同，样本点也可能不同）．

样本空间就是样本点的全体所构成的集合，样本空间的元素就是试验的每个结果．下面写出前面提到的试验 $E_k(k=1,2,3,4)$ 所对应的样本空间 Ω_k：

$\Omega_1 = \{1,2,3,4,5,6\}$；

$\Omega_2 = \{0,1,2,3,\cdots\}$；

$\Omega_3 = \{t \mid t \geqslant 0\}$；

$\Omega_4 = \{t \mid t \in (-\infty, +\infty)\}$.

值得注意的是，样本空间的元素可以是数，也可以不是数．样本空间所含的样本点可以是有限多个也可以是无限多个．当随机试验的内容确定之后，样本空间就随之确定了．

3. 随机事件

定义 1-3 在随机试验中，可能发生也可能不发生的结果称为**随机事件**，简称**事件**．通常用大写字母 A，B，C，$\cdots$ 表示．

它是样本空间 Ω 的子集．

样本空间 Ω 的仅含一个样本点 ω 的单元素集合 $\{\omega\}$ 也是一个随机事件，这个随机事件称为**基本事件**．如试验 E_1 中 $\{H\}$ 表示"正面朝上"，这是基本事件．

随机事件中有两个极端情况：

（1）**必然事件**：每次试验必然发生的事件称为必然事件，记作 Ω．例如，"在大气压力为101325Pa的条件下，纯水加热到100℃沸腾"即为必然事件．又如，在试验 E_1 中，事件"掷出的点数不超过6"就是必然事件．

（2）**不可能事件**：不可能发生的事件称为不可能事件，记作 $\varnothing$．例如，"抛一枚硬币，落下后，正面向上和反面向上同时发生"为不可能事件．又如，在试验 E_1 中，事件"掷出的点数大于6"就是不可能事件．

必然事件和不可能事件常看成随机事件的两个极端情形，必然事件包含试验中所有的样本点，不可能事件不包含任何样本点．

事件发生是指事件所包含的某个样本点发生．

1.2.2　事件之间的关系及其运算

在某些问题的研究中，我们讨论的往往不只是一个事件，而是多个事件，而这些事件又存在着一定的联系．为了用较简单的事件表示较复杂的事件，下面引入事件之间的几种主要关系以及作用在事件上的运算．事件是一些样本点构成的集合，因而我们可以比照集合之间的关系与运算来建立事件之间的关系与运算，现在我们采用概率论的专门术语来叙述．

事件的关系
及运算

1. 事件的包含：$B \supset A$（或 $A \subset B$）

如果事件 A 发生必然导致事件 B 发生，则称事件 B 包含事件 A，或称事件 A 包含于事件 B，记作 $B \supset A$（或 $A \subset B$）．

例如，掷一颗骰子，事件 A 表示"掷出偶数点"，事件 B 表示"掷出 2 点"，则 $A \supset B$．

注：（1）若 $A \subset B$ 且 $B \subset A$，则称事件 A 与事件 B 相等，记为 $A = B$．

（2）对于任意事件 A，都有 $\varnothing \subset A \subset \Omega$．

例如，抛一颗骰子，若事件 A 表示"出现 3 点"，事件 B 表示"出现奇数点"，则 $A \subset B$．

包含关系具有以下性质：

(1) $A \subset A$．

(2) 若 $A \subset B$，$B \subset C$，则 $A \subset C$．

(3) $\varnothing \subset A \subset \Omega$．

2. 事件的并（和）：$A \cup B$（或 $A + B$）

事件 A 与事件 B 中至少有一个事件发生，称为事件 A 与事件 B 的并(和)，记作 $A \cup B$（或 $A + B$）．

例如，抛两枚硬币，若事件 A 表示"恰好一个正面朝上"，事件 B 表示"恰好两个正面朝上"，事件 C "至少一个正面朝上"，则 $C = A \cup B$（或 $C = A + B$）．

注：（1）对任一事件 A 有 $A \cup \Omega = \Omega$，$A \cup \varnothing = A$．

（2）事件 A_1，A_2，$\cdots$，A_n 的和记为 $\bigcup\limits_{i=1}^{n} A_i$，或 $A_1 \cup A_2 \cup \cdots \cup A_n$，可以表示"$A_1$，$A_2$，$\cdots$，$A_n$"中至少有一个事件发生．

这里应该注意的是，$A \cup B$ 表示"A 和 B 至少有一个发生"，与"A 和 B 恰有一个发生"（即 A 发生、B 不发生，或者 B 发生、A 不发生）是不同的．

3. 事件的交（积）：$A \cap B$（或 AB）

事件 A 与事件 B 同时发生的事件，即"A 且 B"，称为事件 A 和事件 B 的交（积），记作 $A \cap B$（或 AB）．

例如，甲、乙两人射击同一目标，当两人同时击中时，目标才被击毁，设事件 A 表

示 "甲击中目标"，事件 B 表示 "乙击中目标"，事件 C 表示 "目标被击毁"，则 $C = A \cap B$（或 $C = AB$）.

事件积的概念，也可以推广到 n 个事件的情况. 事件 $A_1 A_2 \cdots A_n$ 称为事件 A_1，A_2，$\cdots$，A_n 之积，表示 n 个事件 A_1，A_2，$\cdots$，A_n 同时发生.

例如，掷一颗骰子，事件 A 表示 "掷出的点数小于4"，事件 B 表示 "掷出偶数点"，则 $A \cap B = \{2\}$.

4. 事件的差：$A - B$

事件 A 发生而事件 B 不发生，称为事件 A 与事件 B 的差事件，记作 $A - B$.

差事件 $A - B$ 是由在 A 中但不在 B 中的所有基本事件组成的新事件，是集合 A 与 B 的差集.

例如，掷一颗骰子，事件 A 表示 "掷出的点数小于4点"，事件 B 表示 "掷出偶数点"，则 $A - B = \{1, 3\}$.

显然可得
$$A - B = A - AB$$

注：对任一事件 A 有 $A - A = \varnothing$，$A - \varnothing = A$，$A - \Omega = \varnothing$.

5. 互斥（互不相容）事件：$A \cap B = \varnothing$

在同一次试验中，若事件 A 与事件 B 不能同时发生，即 $A \cap B = \varnothing$，则称 A 与 B 为互斥(或互不相容)事件. 例如，基本事件中任何两个事件均互不相容.

例如，若事件 A 表示 "出现偶数点"，事件 B 表示 "出现3点"，则 $A \cap B = \varnothing$，即 A 与 B 为互不相容事件，不能同时发生.

注：基本事件是两两互不相容的.

6. 对立（互逆）事件：$A \cup B = \Omega$ 且 $A \cap B = \varnothing$

如果事件 A 与事件 B 中必有一个发生，且仅有一个发生，即 $A \cup B = \Omega$，$A \cap B = \varnothing$，则称事件 A 与事件 B 互为对立事件（或逆事件），记为 $B = \bar{A}$，$A = \bar{B}$.

由此，"非A" 事件为 A 的对立事件（或逆事件），即 $\bar{A} = \Omega - A$.

例如，掷一颗骰子，事件 A 表示 "掷出奇数点"，事件 $\bar{A}$ 即为 "掷出偶数点".

注：（1）$\bar{\bar{A}} = A$，$A\bar{A} = \varnothing$，$A \cup \bar{A} = \Omega$，$\bar{\Omega} = \varnothing$，$\bar{\varnothing} = \Omega$.

（2）$A - B = A\bar{B} = A - AB$，$\bar{A} = \Omega - A$.

（3）对于任意的事件 A，B 有如下分解：
$$A = AB \cup A\bar{B},$$
$$A \cup B = A \cup (B\bar{A}) = B \cup (A\bar{B}).$$

（4）对立事件必为互不相容事件，反之不成立.

例如，掷一颗骰子，事件 A 表示 "掷出奇数点"，事件 B 表示 "掷出偶数点"，事件 C 表示 "掷出大于5的点"，则 A 与 B 为互不相容事件，A 与 C 也为互不相容事件，A 与 B 为对立事件，但 A 与 C 不是对立事件.

所谓 n 个事件互不相容，指的是其中任意两个事件都是互不相容的. 值得注意的是，

三个事件 A，B，C 即使满足 $ABC=\varnothing$，也不一定互不相容.

事件之间的关系可以用集合中的**文氏图**直观地进行描述：

若用平面上的一个矩形表示样本空间 Ω，矩形内的点表示样本点，圆 A 与圆 B 分别表示事件 A 与事件 B，则 A 与 B 的各种关系及运算如图 1-2-1 所示.

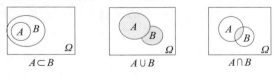

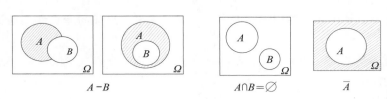

图 1-2-1

7. 事件的运算律

在进行事件运算时，经常要用到下述运算律. 设 A，B，C 为三个事件，则有：

（1）交换律：$A \cup B = B \cup A$，$A \cap B = B \cap A$.

（2）结合律：$(A \cup B) \cup C = A \cup (B \cup C)$，$(A \cap B) \cap C = A \cap (B \cap C)$.

（3）分配律：$A \cap (B \cup C) = (A \cap B) \cup (A \cap C)$，$A \cup (B \cap C) = (A \cup B) \cap (A \cup C)$.

分配律可推广到有限或无穷可数的情形：

$$A \cap \left(\bigcup_{i=1}^{n} A_i \right) = \bigcup_{i=1}^{n} (A \cap A_i), \quad A \cup \left(\bigcap_{i=1}^{n} A_i \right) = \bigcap_{i=1}^{n} (A \cup A_i);$$

$$A \cap \left(\bigcup_{i=1}^{\infty} A_i \right) = \bigcup_{i=1}^{\infty} (A \cap A_i), \quad A \cup \left(\bigcap_{i=1}^{\infty} A_i \right) = \bigcap_{i=1}^{\infty} (A \cup A_i).$$

（4）对偶律：$\overline{A \cup B} = \overline{A} \cap \overline{B}$，$\overline{A \cap B} = \overline{A} \cup \overline{B}$.

（5）德·摩根律（De Morgan）：

$$\overline{\bigcup_{i=1}^{n} A_i} = \bigcap_{i=1}^{n} \overline{A_i}, \quad \overline{\bigcap_{i=1}^{n} A_i} = \bigcup_{i=1}^{n} \overline{A_i};$$

$$\overline{\bigcup_{i=1}^{\infty} A_i} = \bigcap_{i=1}^{\infty} \overline{A_i}, \quad \overline{\bigcap_{i=1}^{\infty} A_i} = \bigcup_{i=1}^{\infty} \overline{A_i}.$$

例 1-6[事件间的运算] 设 A,B,C 为三个事件，用 A,B,C 的运算式表示下列事件：

（1）A 发生而 B 与 C 都不发生：可表示为 $A\overline{B}\overline{C}$ 或 $A - B - C$.

（2）A，B 都发生而 C 不发生：可表示为 $AB\overline{C}$ 或 $AB - C$.

（3）A，B，C 至少有一个事件发生：可表示为 $A \cup B \cup C$.

（4）A，B，C 至少有两个事件发生：可表示为 $(AB) \cup (BC) \cup (AC)$.

（5）A，B，C 恰好有两个事件发生：可表示为 $(AB\overline{C}) \cup (A\overline{B}C) \cup (\overline{A}BC)$.

（6）A，B，C 恰好有一个事件发生：可表示为 $(A\overline{B}\overline{C}) \cup (\overline{A}B\overline{C}) \cup (\overline{A}\overline{B}C)$.

(7) A，B至少有一个发生而C不发生：可表示为$(A \cup B) \cap \bar{C}$.

(8) A，B，C都不发生：可表示为$\bar{A}\bar{B}\bar{C}$或$\overline{A \cup B \cup C}$.

(9) A，B，C都发生：可表示为ABC.

(10) A，B，C不都发生：可表示为$\bar{A} \cup \bar{B} \cup \bar{C}$.

例1-7[事件间的运算]　在某学院的学生中任选一名学生.若事件A表示"被选学生是女生"，事件B表示"被选学生是二年级学生"，事件C表示"被选学生是运动员".

(1) 叙述事件ABC，$AB\bar{C}$，$A\bar{B}\bar{C}$，$\overline{ABC}$的意义.

(2) 在什么条件下，$ABC = C$成立？

解：(1) 事件ABC表示"被选的学生是二年级女生，并且是运动员"；

事件$AB\bar{C}$表示"被选的学生是二年级女生，但不是运动员"；

事件$A\bar{B}\bar{C}$表示"被选的学生是女生，但不是二年级学生，也不是运动员"；

事件$\overline{ABC}$表示"被选的学生不是二年级女运动员".

(2) 因为$ABC \subset C$，故要使$ABC = C$，则要求$C \subset ABC$，由于是在全院中任选一名运动员，故当全院运动员都是二年级女生时有$ABC = C$.

例1-8[对立事件]　设事件A表示"甲种产品畅销，乙种产品滞销"，求其对立事件.

解：设事件B表示"甲种产品畅销"，事件C表示"乙种产品滞销"，则$A = BC$，从而有

$$\bar{A} = \overline{BC} = \bar{B} \cup \bar{C},$$

该事件表示"甲种产品滞销或乙种产品畅销".

§1.3　概率、古典概型

概率论研究的是随机现象量的规律性.因此仅仅知道试验中可能出现哪些事件是不够的，有时候需要知道某些事件发生的可能性大小.例如，商业保险机构为了获得较大利润，就必须研究个别意外事件发生的可能性的大小，并由此去计算保险费用和赔偿金额.因此，我们必须要研究怎样去对这些随机事件发生的可能性进行量的描述，并用一个数值来表示.人们很早就发现事件在一次试验中发生的可能性大小与这一事件在过去若干次试验中发生的频繁程度关系很大，频繁程度即频率.

本节先介绍一些预备知识，然后再介绍概率的统计定义及公理化定义.

◎预备知识

1. 分类加法计数原理

(1)原理：完成一件事有两类不同方案，在第1类方案中有m种不同的方法，在第2类方案中有n种不同的方法，那么完成这件事共有$N = m + n$种不同的方法.

(2)一般结论：完成一件事有n类不同方案，在第1类方案中有m_1种不同的方法，在第2类方案中有m_2种不同的方法，…，在第n类方案中有m_n种不同的方法，

那么完成这件事共有 $N = m_1 + m_2 + \cdots + m_n$ 种不同的方法.

完成这件事的任何一种方法必属于某一类,并且分属于不同两类的两种方法是不同的方法.只有满足这些条件,即做到"不重不漏",才能运用分类加法计数原理.

2. 分步乘法计数原理

(1)原理:完成一件事需要两个步骤,做第1步有 m 种不同的方法,做第2步有 n 种不同的方法.那么完成这件事共有 $N = m \times n$ 种不同的方法.

(2)一般结论:完成一件事需要 n 个步骤,做第1步有 m_1 种不同的方法,做第2步有 m_2 种不同的方法,$\cdots$,做第 n 步有 m_n 种不同的方法.那么完成这件事共有 $N = m_1 \times m_2 \times \cdots \times m_n$ 种不同的方法.

在分步乘法计数原理中,完成一件事分为若干个有联系的步骤,只有前一个步骤完成后,才能进行下一个步骤.当各个步骤都依次完成后,这件事才算完成.但每个步骤中可以有多种不同的方法,而这些方法之间是相互独立的.

3. 排列及计算公式

从 n 个不同元素中,任取 $m(m \leq n)$ 个元素按照一定的顺序排成一列,叫作从 n 个不同元素中取出 m 个元素的一个排列;从 n 个不同元素中取出 $m(m \leq n)$ 个元素的所有排列的个数,叫作从 n 个不同元素中取出 m 个元素的排列数,用符号 A_n^m 表示.

$$A_n^m = n(n-1)(n-2)\cdots(n-m+1) = \frac{n!}{(n-m)!}.$$

特别规定,$0! = 1$.

4. 组合及计算公式

从 n 个不同元素中,任取 $m(m \leq n)$ 个元素并成一组,叫作从 n 个不同元素中取出 m 个元素的一个组合;从 n 个不同元素中取出 $m(m \leq n)$ 个元素的所有组合的个数,叫作从 n 个不同元素中取出 m 个元素的组合数.用符号 C_n^m 表示.

$$C_n^m = \frac{A_n^m}{A_m^m} = \frac{n!}{m!(n-m)!}.$$

特别规定,$C_n^n = C_n^0 = 1$.

排列与组合是既有联系又有区别的两类问题,它们都是从 n 个不同元素中任取 m 个不同元素.但是前者要求将元素按顺序排列,后者对此不做要求.若不理解排列问题和组合问题的区别,在分析实际问题时就会犯错误.

1.3.1 概率的定义

1. 频率

定义 1-4 在相同条件下,进行了 n 次试验.若随机事件 A 在这 n 次试验中发生了 k 次,则称比值 $\dfrac{k}{n}$ 为这 n 次试验中事件 A 发生的频率,记为 $f_n(A)$,即

$$f_n(A) = \frac{k}{n}.$$

由定义1-4易知频率具有下列性质：

(1) 对于任一事件A，有$0 \leqslant f_n(A) \leqslant 1$.

(2) $f_n(\Omega) = 1$.

(3) 若事件A，B互不相容，则

$$f_n(A \cup B) = f_n(A) + f_n(B).$$

一般，若A_1，A_2，$\cdots$，A_m互不相容，则

$$f_n\left(\bigcup_{i=1}^{m} A_i\right) = \sum_{i=1}^{m} f_n(A_i).$$

注：(1) $f_n(A)$表示A发生的频繁程度，$f_n(A)$越大，说明A在已完成的试验中发生得越频繁，那么A在一次试验中发生的可能性就越大，即$f_n(A)$也表示A在一次试验中发生的可能性的大小.

(2) 由于试验具有随机性，故同样进行n次试验，频率的值不一定相同.

例如，历史上有一些著名试验，蒲丰（Buffon）、皮尔逊（Pearson）、德·摩根（De Morgan）、罗曼诺夫斯基（Romanovschi）曾进行过大量抛硬币的试验，其结果如表1-3-1所示.

表1-3-1

试验者	抛硬币次数n	正面向上次数k	正面向上频率f
德·摩根	2048	1061	0.5181
蒲丰	4040	2048	0.5069
皮尔逊	24000	12012	0.5005
罗曼诺夫斯基	80640	40173	0.4982

从表1-3-1中可以看出，在n次重复试验中，事件A的频率虽然不尽相同，但是它们却在某一个固定的常数P（表1-3-1为0.5）附近波动，随着试验次数n的增加，波动的幅度越来越小，即频率$f_n(A)$逐渐稳定于某个常数P.这种"频率稳定性"即通常所说的统计规律性，已不断地为人类的实践所证实，它揭示了隐藏在随机现象中的规律性.因此这个频率稳定值可以作为随机事件发生的可能性大小的数值度量.

2. 概率的统计定义

定义1-5 设事件A在n次重复试验中发生了k次，当n很大时，频率$\frac{k}{n}$在某一数值p的附近波动，而随着试验次数n的增加，波动的幅度越来越小，则称p为事件A发生的概率，记为$P(A) = p$.

上述定义并没有提供确切计算概率的方法，不可能依此确切地定出任何一个事件的概率.

3. 概率的公理化定义

定义1-6 设E是随机试验，Ω是它的样本空间，如果对于E的每一个事件A，均有

一个实数 $P(A)$ 与之对应，且 $P(A)$ 满足以下条件：

(1) 非负性：$P(A) \geqslant 0$.

(2) 规范性：$P(\Omega) = 1$.

(3) 可列可加性：对于两两互不相容的可列无穷多个事件 A_1, A_2, $\cdots$, A_n, $\cdots$ 有

$$P\left(\bigcup_{i=1}^{\infty} A_i\right) = \sum_{i=1}^{\infty} P(A_i).$$

则称实数 $P(A)$ 为事件 A 的**概率**.

从概率的公理化定义可推得概率具有如下性质.

性质 1-1 $P(\varnothing) = 0$.

证：令 $A_1 = \Omega$，$A_n = \varnothing$，$n = 2, 3, \cdots$，则

$$\bigcup_{n=1}^{\infty} A_n = \Omega \quad \text{且} \quad A_i A_j = \varnothing \quad (i \neq j,\ i, j = 1, 2, \cdots).$$

由概率的公理化定义中的可列可加性及规范性可得

$$1 = P(\Omega) = P\left(\bigcup_{n=1}^{\infty} A_n\right) = \sum_{n=1}^{\infty} P(A_n) = 1 + \sum_{n=2}^{\infty} P(A_n),$$

即

$$\sum_{n=2}^{\infty} P(\varnothing) = 0.$$

又由概率的公理化定义的非负性得 $P(\varnothing) \geqslant 0$，

故

$$P(\varnothing) = 0.$$

性质 1-2(有限可加性) 若 A_1, A_2, $\cdots$, A_n 为两两互不相容的事件，则有

$$P\left(\bigcup_{k=1}^{n} A_k\right) = \sum_{k=1}^{n} P(A_k).$$

证：令 $A_{n+1} = A_{n+2} = \cdots = \varnothing$，则有

$$A_i A_j = \varnothing \quad (i \neq j,\ i, j = 1, 2, \cdots),$$

$$\bigcup_{k=1}^{\infty} A_k = \bigcup_{k=1}^{n} A_k.$$

由概率的公理化定义中的可列可加性得

$$P\left(\bigcup_{k=1}^{\infty} A_k\right) = \sum_{k=1}^{\infty} P(A_k).$$

由于 $P(\varnothing) = 0$，故

$$P\left(\bigcup_{k=1}^{n} A_k\right) = \sum_{k=1}^{n} P(A_k).$$

性质 1-3 设 A，B 为两个事件，则

(1) $P(B - A) = P(B) - P(AB)$（减法公式）.

(2) 若 $A \subset B$，则有

$$P(B - A) = P(B) - P(A) \quad \text{且} \quad P(A) \leqslant P(B).$$

证：(1) 要证 $P(B - A) = P(B) - P(AB)$，即证 $P(B) = P(B - A) + P(AB)$.

由于 $B=(B-A)\cup(AB)$，$B-A=B-AB$，且 $(B-A)\cap(AB)=\varnothing$，故

$$P(B)=P(B-A)+P(AB),$$

即

$$P(B-A)=P(B)-P(AB).$$

（2）由于 $A\subset B$，故 $AB=A$，所以 $P(AB)=P(A)$，故

$$P(B-A)=P(B)-P(A).$$

由概率的公理化定义中的非负性可知 $P(B-A)\geqslant0$，故

$$P(A)\leqslant P(B).$$

性质1-4　对于任一事件 A，有 $P(A)\leqslant1$.

证：因为 $A\subset\Omega$，由性质1-3得

$$P(A)\leqslant P(\Omega)=1.$$

性质1-5　对于任一事件 A，有

$$P(\bar{A})=1-P(A).$$

证：由于 $\Omega=A\cup\bar{A}$，$A\bar{A}=\varnothing$，即

$$1=P(\Omega)=P(A)+P(\bar{A}),$$

故

$$P(\bar{A})=1-P(A).$$

性质1-6(加法公式)　对于任意两个事件 A，B，有

$$P(A\cup B)=P(A)+P(B)-P(AB).$$

证：由于 $A\cup B=A\cup(B-AB)$，且 $A\cap(B-AB)=\varnothing$，由性质1-2、性质1-3得

$$P(A\cup B)=P(A\cup(B-AB))=P(A)+P(B-AB)$$
$$=P(A)+P(B)-P(AB).$$

注：该加法公式可以推广到三个事件的情形.例如，设 A_1，A_2，A_3 为任意三个事件，则有

$$P(A_1\cup A_2\cup A_3)=P(A_1)+P(A_2)+P(A_3)-P(A_1A_2)-P(A_1A_3)-$$
$$P(A_2A_3)+P(A_1A_2A_3).$$

一般地，设 A_1，A_2，$\cdots$，A_n 为任意 n 个事件，由归纳法有

$$P(A_1\cup A_2\cup\cdots\cup A_n)=\sum_{i=1}^{n}P(A_i)-\sum_{1\leqslant i<j\leqslant n}P(A_iA_j)+\sum_{1\leqslant i<j<k\leqslant n}P(A_iA_jA_k)-$$
$$\cdots+(-1)^{n-1}P(A_1A_2\cdots A_n).$$

例1-9[事件的概率]　设 A，B 为两个事件，$P(A)=0.5$，$P(B)=0.3$，$P(AB)=0.1$，试求：

（1）A 发生但 B 不发生的概率；　　（2）A 不发生但 B 发生的概率；

（3）A 和 B 至少有一个事件发生的概率；　　（4）A 和 B 至少有一个事件不发生的概率；

（5）A 和 B 都不发生的概率；　　（6）A 和 B 不都发生的概率；

（7）A 和 B 都发生的概率；　　（8）A 和 B 至多有一个发生的概率；

（9）A 和 B 至多有一个不发生的概率.

解：（1）A 发生但 B 不发生的事件为 $A\bar{B}$，则

$$P(A\bar{B})=P(A-B)=P(A-AB)=P(A)-P(AB)=0.5-0.1=0.4.$$

（2）A 不发生但 B 发生的事件为 $\bar{A}B$，则
$$P(B\bar{A})=P(B-AB)=P(B)-P(AB)=0.3-0.1=0.2.$$

（3）A 和 B 至少有一个事件发生的事件为 $A\cup B$，则
$$P(A\cup B)=P(A)+P(B)-P(AB)=0.5+0.3-0.1=0.7.$$

（4）A 和 B 至少有一个事件不发生的事件为 $\bar{A}\cup\bar{B}$，则
$$P(\bar{A}\cup\bar{B})=P(\overline{AB})=1-P(AB)=1-0.1=0.9.$$

（5）A 和 B 都不发生的事件为 $\bar{A}\bar{B}$，则
$$P(\bar{A}\bar{B})=P(\overline{A\cup B})=1-P(A\cup B)=1-0.7=0.3.$$

（6）A 和 B 不都发生的事件为 $\bar{A}\cup\bar{B}$，则
$$P(\bar{A}\cup\bar{B})=P(\overline{AB})=1-P(AB)=1-0.3=0.7.$$

（7）A 和 B 都发生的事件为 AB，则
$$P(AB)=0.1.$$

（8）A 和 B 至多有一个发生的事件为 $\overline{AB}$，则
$$P(\overline{AB})=1-P(AB)=1-0.1=0.9.$$

（9）A 和 B 至多有一个不发生的事件为 $\overline{\bar{A}\bar{B}}$，则
$$P(\overline{\bar{A}\bar{B}})=P(A\cup B)=P(A)+P(B)-P(AB)=0.7.$$

1.3.2　古典概型

概率的公理化定义只是告诉我们什么样的实数叫作事件发生的概率，并没有给出计算概率的具体方法，但给出了一些计算概率的依据．例如，抛硬币的试验，其样本空间为 $\Omega=\{H,T\}$，由概率的公理化定义可知，$P(\Omega)=1$，而事件 A "正面朝上"与事件 B "反面朝上"是等可能出现的，即 $P(A)=P(B)$，又 $\Omega=A\cup B$，$AB=\varnothing$，所以有 $P(A)=P(B)=0.5$，即"正面朝上"与"反面朝上"的概率为 0.5．该模型即为古典模型．

古典概型

定义 1-7　设随机试验 E 满足如下条件：

（1）试验的样本空间 Ω 只有有限个样本点，即
$$\Omega=\{\omega_1,\omega_2,\cdots,\omega_n\};$$

（2）每个样本点的发生是等可能的，即
$$P(\omega_1)=P(\omega_2)=\cdots=P(\omega_n).$$

则称这种随机试验为**古典概型**，也称为等可能概型．

称古典概型中事件 A 的概率为古典概率．

注：由定义 1-7 可知
$$P(\omega_i)=\frac{1}{n},\quad i=1,2,\cdots,n.$$

例如，掷一颗骰子，每面向上都是等可能的，只有 6 个样本点，故这是一个古典概型，且每面向上的概率为 $\frac{1}{6}$．

定义 1-8 在古典概型中，若基本事件总数为 n，事件 A 包含的基本事件个数为 k，则事件 A 的概率为

$$P(A) = \frac{k}{n} = \frac{A \text{所包含的样本点数}}{\Omega \text{中样本点总数}}.$$

古典定义中的"古典"表明了这种定义起源的古老，它源于赌博、博弈的形式多种多样，但是它们的前提是"公平"，即"机会均等"，而这正是古典定义适用的重要条件；同等可能，16 世纪意大利数学家和赌博家卡尔丹（1501—1576）所说的"诚实的骰子"，即道明了这一点。在卡尔丹以后约 300 年的时间里，帕斯卡、费马、伯努利等数学家都在古典概率的计算、公式推导和扩大应用等方面做了重要的工作。直到 1812 年，法国数学家拉普拉斯（1749—1827）在《概率的分析理论》中给出了概率的古典定义，事件 A 的概率等于一次试验中事件 A 的可能结果数与该试验中所有可能结果数之比。

例 1-10[抛掷硬币] 将一枚硬币抛掷两次，求：

（1）恰有一次出现正面的概率；　　　　（2）至少有一次出现正面的概率。

解： 在该试验中，只有有限个样本点，且每个样本点发生是等可能的，故是古典概型。

（1）设事件 A 表示"恰有一次出现正面"，则 $\Omega = \{HH, HT, TH, TT\}$，总的样本点个数为 4，$A = \{HT, TH\}$，其中 A 的样本点个数为 2，故

$$P(A) = \frac{2}{4} = 0.5.$$

（2）设事件 B 表示"至少有一次出现正面"，则 $\Omega = \{HH, HT, TH, TT\}$，总的样本点个数为 4，$B = \{HH, HT, TH\}$，其中 B 的样本点个数为 3，故

$$P(B) = \frac{3}{4}.$$

例 1-11[优秀生的分配] 15 名新生中有 3 名优秀生，将他们随机地平均分配到三个班中去，试求：

（1）每班各分配到 1 名优秀生的概率；　　（2）3 名优秀生分配到同一个班的概率。

解： 在该试验中，只有有限个样本点，且每个样本点发生是等可能的，故是古典概型。

（1）设事件 A 表示"每班各分配到 1 名优秀生"，15 名新生平均分配到 3 个班，故每班分到 5 人，共有 $C_{15}^5 C_{10}^5 C_5^5$ 种分法，所以样本空间 Ω 中所含样本点数为 $C_{15}^5 C_{10}^5 C_5^5$。

每个班分得 5 人，其中 1 名优秀生、4 名非优秀生，故 A 中所含样本点数为 $C_3^1 C_{12}^4 \times C_2^1 C_8^4 \times C_1^1 C_4^4$。所以

$$P(A) = \frac{C_3^1 C_{12}^4 \times C_2^1 C_8^4 \times C_1^1 C_4^4}{C_{15}^5 C_{10}^5 C_5^5}.$$

（2）设事件 B 表示"3 名优秀生分配到同一个班"，样本空间 Ω 中所含样本点数为 $C_{15}^5 C_{10}^5 C_5^5$，3 名优秀生分配到同一个班，一个班 5 人，故要在剩下的 12 人中选 2 人与优秀生分到同一个班，而 3 名优秀生分到同一个班共有 3 种分法，所以 B 中所含样本点数为 $3 C_{12}^2 C_{10}^5 C_5^5$。所以

$$P(B) = \frac{3 C_{12}^2 C_{10}^5 C_5^5}{C_{15}^5 C_{10}^5 C_5^5}.$$

注： 班级是分顺序的，但分到班里的学生是不分顺序的。

古典概型要求样本空间中样本点是有限个的，且每个样本点发生是等可能的，即古典概型只适用于计算有限个样本点的试验，若试验的结果有无穷多个，即当样本空间 Ω 中所含样本点数为无穷多时，古典概型失效.

1.3.3 几何概型

几何概型与古典概型一样具有"等可能性"，由于古典概率定义为"部分"比"全体"，又因为几何概型"部分"与"全体"的可度量性，故易得概率的几何定义.

定义 1-9 若试验具有如下特征：

(1) 样本空间 Ω 是一个几何区域，这个区域大小可以度量（如长度、面积、体积等），并把 Ω 的度量记作 $m(\Omega)$.

(2) 向区域 Ω 内任意投掷一个点，落在区域内任一点处都是"等可能的"，或者设落在 Ω 中的区域 A 内的可能性与 A 的度量 $m(A)$ 成正比，与 A 的位置和形状无关.

则称此试验为**几何概型**.

不妨用 A 表示"掷点落在 A 内"的事件，那么事件 A 的概率为

$$P(A) = \frac{m(A)}{m(\Omega)},$$

称为事件 A 的**几何概率**.

例 1-12[约会问题] 甲、乙两人约定在 6 时到 7 时之间在某地会面，并约定先到者等待 15 分钟，过时则可离去. 如果每人在这指定的一小时内任一时刻到达是等可能的，求约会的两人能会面的概率.

解： 由题意知，该试验为几何概型.

设 x 和 y 分别表示甲、乙两人到达约会地点的时间，则甲、乙两人能够会面的充要条件是：$|x-y| \leqslant 15$，在平面上建立直角坐标系，则 (x, y) 的所有可能结果是边长为 60 的正方形，而可能会面的时间如图 1-3-1 中的阴影部分所表示，事件 A 表示"两人能会面"，样本空间 $\Omega = \{(x, y) \mid 0 \leqslant x \leqslant 60, 0 \leqslant y \leqslant 60\}$，则

$$m(\Omega) = 60 \times 60 = 3600.$$

当且仅当两人相隔 15 分钟内到达预定地点，事件 A 发生，即

$$A = \{(x, y) \mid |x-y| \leqslant 15, 0 \leqslant x \leqslant 60, 0 \leqslant y \leqslant 60\},$$
$$m(A) = 60 \times 60 - 45 \times 45 = 1575.$$

于是所求概率为

$$P(A) = \frac{m(A)}{m(\Omega)} = \frac{60 \times 60 - 45 \times 45}{60 \times 60} = \frac{7}{16}.$$

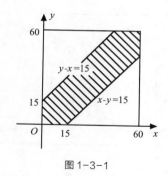

图 1-3-1

例 1-13[等车问题]　公共汽车站每隔 5 分钟有一辆汽车通过，乘客到达汽车站的任意时刻是等可能的，求乘客候车时间不超过 3 分钟的概率.

解： 由题意知，该试验为几何概型.

以 x 表示乘客到达车站的时刻，假定乘客到达车站后的第一辆公共汽车的发车时刻为 t，由题意知，乘客必须在 $(t-5, t]$ 内上车，故样本空间 $\Omega = \{t-5 < x \leqslant t\}$，且 Ω 的度量为 $m(\Omega) = t-(t-5) = 5$，这是一个几何概型问题. 设 $A = \{$乘客候车的时间不超过 3 分钟$\}$，则可等价表示为 $A = \{x \mid t-3 \leqslant x \leqslant t\}$，且 A 的度量为 $m(A) = t-(t-3) = 3$，于是所求的概率为

$$P(A) = \frac{m(A)}{m(\Omega)} = \frac{3}{5}.$$

§1.4　条件概率、全概率公式

1.4.1　概率的加法公式

加法公式： 任意两个事件 A 与 B 之和的概率等于其概率之和减去积事件 AB 的概率：

概率的加法公式

$$P(A+B) = P(A) + P(B) - P(AB). \tag{1-4-1}$$

式（1-4-1）的理解如图 1-4-1（a）所示，将 $P(A+B)$ 看作 $A+B$ 的面积，它等于 A 的面积 $P(A)$ 加上 B 的面积 $P(B)$，由于其中 AB 的面积 $P(AB)$ 被加了两次，所以再减去 AB 的面积 $P(AB)$.

（a）

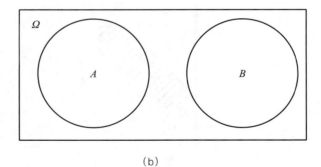

（b）

图1-4-1

几种常见情况结论如下：

（1）当事件 A，B 互不相容时，$P(AB)=P(\varnothing)=0$，所以
$$P(A+B)=P(A)+P(B).$$
此公式可以结合图1-4-1（b）来理解．

（2）对三个事件 A，B，C，有
$$P(A+B+C)=P(A)+P(B)+P(C)-P(AB)-P(AC)-P(BC)+P(ABC).$$
此公式可以结合图1-4-2（a）来理解．

（3）对立事件有 $P(\bar{A})=1-P(A)$，如图1-4-2（b）所示．

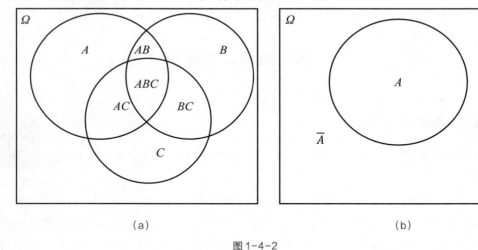

（a）   （b）

图1-4-2

（4）如果 n 个事件 A_1，A_2，$\cdots$，A_n 两两互不相容，则
$$P(A_1+A_2+\cdots+A_n)=P(A_1)+P(A_2)+\cdots+P(A_n),$$
此公式可以结合图1-4-3来理解．

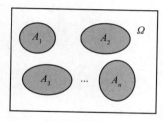

图 1-4-3

例 1-14[检查产品] 某种产品分为一等品、二等品与废品三种，若一等品的概率为 0.73，二等品的概率为 0.21，求该产品的合格率和废品率．

解： 设事件 A_1，A_2，A 分别表示"一等品""二等品"和"合格品"，则事件 $\bar{A}$ 表示"废品"，且 $A = A_1 + A_2$．

因为 A_1，A_2 互不相容，所以

$$P(A) = P(A_1 + A_2) = P(A_1) + P(A_2) = 0.73 + 0.21 = 0.94,$$
$$P(\bar{A}) = 1 - P(A) = 1 - 0.94 = 0.06.$$

例 1-15[订报家庭] 某城市有 50% 住户订日报，有 65% 住户订晚报，有 85% 住户至少订两种报的一种，求同时订这两种报纸的住户的概率．

解： 设事件 A 表示"住户订日报"，事件 B 表示"住户订晚报"，则 $A + B$ 表示"住户至少订两种报的一种"，根据加法公式 $P(A + B) = P(A) + P(B) - P(AB)$ 有

$$P(AB) = P(A) + P(B) - P(A + B)$$
$$= 0.5 + 0.65 - 0.85 = 0.3.$$

即同时订两种报纸的住户的概率为 30%．

例 1-16[抽球问题] 一个袋内装有大小相同的 7 个球，其中 4 个是白球，3 个是黑球．从中一次抽取 3 个，计算至少有 2 个白球的概率．

解： 设事件 A_i 表示"抽到的 3 个球中有 $i(i = 0，1，2，3)$ 个白球"，事件 A 表示"至少有 2 个白球"．

解法 1（利用古典概率计算）：

$$P(A) = \frac{C_4^2 C_3^1 + C_4^3}{C_7^3} = \frac{18 + 4}{35} = \frac{22}{35}.$$

解法 2（利用概率的加法公式）：显然 A_2 与 A_3 互不相容，则所求的概率为 $P(A_2 + A_3)$，即

$$P(A_2) = \frac{C_4^2 C_3^1}{C_7^3} = \frac{18}{35}, \quad P(A_3) = \frac{C_4^3}{C_7^3} = \frac{4}{35},$$

$$P(A_2 + A_3) = P(A_2) + P(A_3) = \frac{18}{35} + \frac{4}{35} = \frac{22}{35}.$$

解法 3（利用对立事件的概率公式）：事件 A 的对立事件 $\bar{A}$ 表示"最多有 1 个白球"，即 $\bar{A} = A_0 + A_1$，显然，A_0 与 A_1 互不相容，则

$$P(\bar{A}) = P(A_0 + A_1) = P(A_0) + P(A_1) = \frac{C_3^3}{C_7^3} + \frac{C_4^1 C_3^2}{C_7^3} = \frac{1}{35} + \frac{12}{35} = \frac{13}{35},$$

$$P(A) = 1 - P(\bar{A}) = 1 - \frac{13}{35} = \frac{22}{35}.$$

在应用公式 $P(A+B) = P(A) + P(B)$ 时，一定要验证 A，B 互不相容．如果不注意这个条件，就会犯错误．

1.4.2 条件概率与全概率公式

1. 条件概率

引例 1-1[抛掷硬币] 将一枚硬币抛掷两次，设事件 A 表示"至少有一次为正面 H"，事件 B 表示"两次掷出同一面"，现在来求已知事件 A 发生的条件下事件 B 发生的概率．

解：样本空间 $\Omega = \{HH, HT, TH, TT\}$，其中样本点个数为 4．

事件 $A = \{HH, HT, TH\}$，其中样本点个数为 3．

事件 $B = \{HH, TT\}$，其中样本点个数为 2．

已知 A 发生，则 B 中 TT 不能发生，即试验的所有可能结果组成的集合为 A，故在事件 A 发生的条件下，事件 B 发生的概率为 $\frac{1}{3}$．而 $P(B) = \frac{2}{4} = \frac{1}{2}$．两者不等．

引例 1-2[假阴性，假阳性] 每一个医学检测，都存在假阳性率和假阴性率．所谓假阳性，通俗地讲，就是没病，但是检测结果显示有病；假阴性正好相反．病人的检验结果为阳性记为事件 B，得病记为事件 A，则假阳性的概率表示在 B 发生的条件下，A 的对立事件发生的概率．

定义 1-10 设 A，B 为两个事件，且 $P(B) > 0$，则称 $\dfrac{P(AB)}{P(B)}$ 为事件 B 已发生的条件下事件 A 发生的条件概率，记为 $P(A \mid B)$，即

$$P(A \mid B) = \frac{P(AB)}{P(B)}.$$

注： $P(A \mid B)$ 符合概率的公理化定义的三个条件，即

(1) $P(A \mid B) \geqslant 0$；

(2) $P(\Omega \mid B) = 1$；

(3) $P\left(\bigcup_{i=1}^{\infty} A_i \mid B\right) = \sum_{i=1}^{\infty} P(A_i \mid B)$，其中 A_1，A_2，…为两两互不相容事件．

由此可见，条件概率也是概率，所以概率具有的所有性质，条件概率也满足．

例 1-17[产品抽样] 一个盒子装有 4 只产品，其中 3 只为一等品，1 只为二等品，从中取产品两次，每次任取 1 只，作不放回抽样．设事件 A 表示"第一次取到的是一等品"，事件 B 表示"第二次取到的是一等品"，试求条件概率 $P(B \mid A)$．

解： $P(B \mid A) = \dfrac{P(AB)}{P(A)}$，其中：

Ω 中样本点数为 $C_4^1 C_3^1 = 12$．

A 中样本点数为 $C_3^1 C_3^1 = 9$．

AB 中样本点数为 $C_3^1 C_2^1 = 6$．

故 $P(B \mid A) = \dfrac{6}{9} = \dfrac{2}{3}$.

定理 1-1 条件概率也可按如下公式计算：

$$P(A \mid B) = \frac{P(AB)}{P(B)} \quad (P(B) \neq 0). \tag{1-4-2}$$

$$P(B \mid A) = \frac{P(AB)}{P(A)} \quad (P(A) \neq 0). \tag{1-4-3}$$

例 1-18[英语六级通过情况] 在全年级100名同学中，有80名男生、20名女生．通过英语六级者有30人，其中女生12人，现在从班级名册中任意指定一个名字，试求：

(1) 被指定的同学通过英语六级的概率 $P(A)$；

(2) 被指定的同学是女生的概率 $P(B)$；

(3) 被指定的同学既是女生，又通过英语六级的概率；

(4) 如果发现被指定的是女生，其通过英语六级的概率．

解： (1) $P(A) = \dfrac{30}{100} = 0.3$.

(2) $P(B) = \dfrac{20}{100} = 0.2$.

(3) $P(AB) = \dfrac{12}{100} = 0.12$.

(4) $P(A \mid B) = \dfrac{P(AB)}{P(B)} = \dfrac{0.12}{0.2} = 0.6$.

2. 乘法定理

由条件概率计算公式 $P(A \mid B) = \dfrac{P(AB)}{P(B)}$，$P(B) > 0$，可得乘法公式．

定理 1-2(乘法定理) 对于两个事件 A，B，设 $P(A) > 0$，则有

$$P(AB) = P(A) \cdot P(B \mid A).$$

同样，当 $P(B) > 0$ 时，有

条件概率及
乘法公式

$$P(AB) = P(B) \cdot P(A \mid B).$$

例 1-19[灯泡检验] 在市场上供应的灯泡中，甲厂占70%，乙厂占30%，甲厂产品的合格率为95%，乙厂产品的合格率为80%，求从市场上买到一个灯泡是甲厂生产的合格灯泡的概率和乙厂生产的不合格灯泡的概率．

解： 设事件 A 表示"甲厂产品"，事件 B 表示"合格灯泡"，

$$P(AB) = P(A) \cdot P(B \mid A) = 70\% \times 95\% = 0.665.$$

$$P(\bar{A}\bar{B}) = P(\bar{A}) \cdot P(\bar{B} \mid \bar{A}) = 30\% \times 20\% = 0.06.$$

乘法公式推广到任意有限多个事件同时发生的情景如下．

(1) 对于三个事件 A_1，A_2，A_3，当 $P(A_1 A_2) > 0$ 时，概率的乘法公式为

$$P(A_1 A_2 A_3) = P(A_1 A_2) P(A_3 \mid A_1 A_2) = P(A_1) P(A_2 \mid A_1) P(A_3 \mid A_1 A_2).$$

(2) 一般地，对于 n 个事件 A_1，A_2，$\cdots$，A_n，当 $P(A_1 A_2 \cdots A_{n-1}) > 0$ 时，有

$$P(A_1A_2\cdots A_n)=P(A_1)P(A_2\mid A_1)P(A_3\mid A_1A_2)\cdots P(A_n\mid A_1A_2\cdots A_{n-1}).$$

例 1-20[能得到奖励吗] 一抽奖箱内装有8个白球、5个红球,现无放回地从中每次取1个球,共取3次.若取到红球则有奖.试求下列事件的概率:

(1) 第3次才取到红球;　　　　　　　　(2) 连续3次取得红球;

(3) 3次内取到红球.

解: 设事件 A_i 表示"第 i 次取到红球", $i=1$,2,3.

(1) 设事件 A 表示"第3次才取到红球",则 $A=\overline{A_1}\,\overline{A_2}A_3$,因此

$$P(A)=P(\overline{A_1}\,\overline{A_2}A_3)=P(\overline{A_1})P(\overline{A_2}\mid\overline{A_1})P(A_3\mid\overline{A_1}\,\overline{A_2})$$

$$=\frac{8}{13}\times\frac{7}{12}\times\frac{5}{11}\approx 0.1632.$$

(2) 设事件 B 表示"连续3次取得红球",则 $B=A_1A_2A_3$,因此

$$P(B)=P(A_1A_2A_3)=P(A_1)P(A_2\mid A_1)P(A_3\mid A_1A_2)$$

$$=\frac{5}{13}\times\frac{4}{12}\times\frac{3}{11}=\frac{5}{143}.$$

(3) 设事件 C 表示"3次内取到红球",则

$$C=A_1+\overline{A_1}A_2+\overline{A_1}\,\overline{A_2}A_3,$$

$$P(C)=P(A_1)+P(\overline{A_1}A_2)+P(\overline{A_1}\,\overline{A_2}A_3)$$

$$=\frac{5}{13}+\frac{8}{13}\times\frac{5}{12}+\frac{8}{13}\times\frac{7}{12}\times\frac{5}{11}\approx 0.8042.$$

例 1-21[破坏性质量检验] 设某光学仪器厂制造透镜,透镜第一次落下破损的概率为0.5,若第一次未破损,第二次落下破损的概率为0.7,若前两次落下未破损,第三次落下破损的概率为0.9,试求透镜落下三次而未破损的概率.

解: 设事件 A_i 表示"透镜第 i 次落下破损", $i=1$,2,3,事件 B 表示"透镜落下三次而未破损",则有

$$B=\overline{A_1}\,\overline{A_2}\,\overline{A_3},$$

故
$$P(B)=P(\overline{A_1}\,\overline{A_2}\,\overline{A_3})=P(\overline{A_1})P(\overline{A_2}\mid\overline{A_1})P(\overline{A_3}\mid\overline{A_1}\,\overline{A_2})$$

$$=0.5\times(1-0.7)\times(1-0.9)=0.015.$$

◎**延伸阅读**

　　为了保障产品质量,生产厂商和第三方检测机构经常会对产品进行抽检,其中有些检验是破坏性的,如汽车安全碰撞实验,就是在碰撞中完成对汽车质量的检验.汽车工业代表了一个国家的工业水平,从20世纪60年代开始,历过60多年努力,特别是改革开放以来的全面发展,中国汽车工业已形成具备生产多种轿车、载货车、客车和专用汽车,汽油与柴油车用发动机、汽车零部件、相关工业、汽车销售及售后服务、汽车金融及保险等完整汽车产业体系.

3. 全概率公式与贝叶斯公式

为建立这两个用来计算概率的重要公式,我们先引入样本空间划分的定义.

定义 1-11　设 Ω 为样本空间，A_1，A_2，$\cdots$，A_n 为 Ω 的一组事件，若满足：

(1) $A_i A_j = \varnothing$，$i \neq j$，i，$j = 1$，2，$\cdots$，n.

(2) $\bigcup\limits_{i=1}^{n} A_i = \Omega$.

则称 A_1，A_2，$\cdots$，A_n 为 Ω 的一个划分.

例如，掷一颗骰子，划分有{1}，{2}，{3}，{4}，{5}，{6}或{1，2}，{3，4，5}，{6}等.

注：（1）A，$\bar{A}$ 就是 Ω 的一个划分；

（2）若 A_1，A_2，$\cdots$，A_n 为 Ω 的一个划分，那么每次试验后，事件 A_1，A_2，$\cdots$，A_n 中必有且仅有一个发生.

例 1-22[随机抽取 1 件即为次品的可能性有多大]　设某工厂有甲、乙、丙 3 个车间生产同一种产品，产量依次占全厂的 45%，35%，20%，且各车间的次品率分别为 4%，2%，5%，现从一批产品中任取一件，求抽取的产品是次品的概率.

解：设事件 A_1，A_2，A_3 分别表示产品为甲、乙、丙车间生产的，事件 B 表示产品为次品.显然，A_1，A_2，A_3 是一个划分.依题意有

$$P(A_1) = 45\%，\qquad P(A_2) = 35\%，\qquad P(A_3) = 20\%，$$
$$P(B \mid A_1) = 4\%，\qquad P(B \mid A_2) = 2\%，\qquad P(B \mid A_3) = 5\%.$$

抽一件产品是次品的概率等于整个工厂产品的次品率，所以该件产品是次品的概率为

$$P(B) = \frac{45 \times 4\% + 35 \times 2\% + 20 \times 5\%}{100}$$
$$= 45\% \times 4\% + 35\% \times 2\% + 20\% \times 5\%，$$

即

$$P(B) = P(A_1)P(B \mid A_1) + P(A_2)P(B \mid A_2) + P(A_3)P(B \mid A_3)$$
$$= 45\% \times 4\% + 35\% \times 2\% + 20\% \times 5\%$$
$$= 0.035.$$

.定理 1-3（全概率公式）　设事件 B 为样本空间 Ω 中任一事件，A_1，A_2，$\cdots$，A_n 为 Ω 的一个划分，且 $P(A_i) > 0$，$i = 1$，2，$\cdots$，n，则有

$$P(B) = \sum_{i=1}^{n} P(A_i)P(B \mid A_i)，\tag{1-4-4}$$

称上式为**全概率公式**（或**先验概率公式**）.

注：A，$\bar{A}$ 就是 Ω 的一个划分，有 $P(B) = P(A)P(B \mid A) + P(\bar{A})P(B \mid \bar{A})$.

分析　全概率公式表明：在许多实际问题中，当事件 B 的概率不易直接求得时，如果容易找到 Ω 的一个划分 A_1，A_2，$\cdots$，A_n，且 $P(A_i)$ 和 $P(B \mid A_i)$ 为已知，或容易求得，那么就可以根据全概率公式求出 $P(B)$.

全概率公式

证：$P(A_i)P(B \mid A_i) = P(A_i)\dfrac{P(BA_i)}{P(A_i)} = P(BA_i)$，

由于

$$(BA_i) \cap (BA_j) = B \cap (A_i \cap A_j) = \varnothing，$$
$$\bigcup_{i=1}^{n} (BA_i) = B\bigcup_{i=1}^{n} A_i = B\Omega = B，$$

故由概率的有限可加性有

$$P(B) = P\left(\bigcup_{i=1}^{n}(BA_i)\right) = \sum_{i=1}^{n}P(BA_i) = \sum_{i=1}^{n}P(A_i)P(B \mid A_i).$$

例 1-23[吸烟的危害] 美国的一份资料显示，在美国总的来说患肺癌的概率约为 0.1%，在人群中有 20% 是吸烟者，他们患肺癌的概率约为 0.4%.求不吸烟者患肺癌的概率.

解：设事件 A 表示"吸烟"，事件 B 表示"患肺癌"，则有

$$P(A) = 20\%, \quad P(B) = 0.1\%, \quad P(B \mid A) = 0.4\%.$$

于是由全概率公式得

$$P(B) = P(A)P(B \mid A) + P(\bar{A})P(B \mid \bar{A}),$$

即

$$0.1\% = 20\% \times 0.4\% + (1 - 20\%)P(B \mid \bar{A}),$$

故

$$P(B \mid \bar{A}) = 0.025\%.$$

注：$\dfrac{\text{吸烟者患肺癌的概率}}{\text{不吸烟者患肺癌的概率}} = \dfrac{P(B \mid A)}{P(B \mid \bar{A})} = 16$，由此可见要"不吸烟".

定理 1-4（贝叶斯公式） 设样本空间为 Ω，B 为 Ω 中的任一事件，$A_1, A_2, \cdots, A_n$ 为 Ω 的一个划分，$P(B) > 0$ 且 $P(A_i) > 0$，$i = 1, 2, \cdots, n$.则

$$P(A_i \mid B) = \frac{P(B \mid A_i)P(A_i)}{\displaystyle\sum_{j=1}^{n}P(B \mid A_j)P(A_j)}, \quad i = 1, 2, \cdots, n. \tag{1-4-5}$$

称为**贝叶斯公式**，也称为**逆概率公式**（或**后验概率公式**）.

注：$A, \bar{A}$ 就是 Ω 的一个划分，有

$$P(A \mid B) = \frac{P(B \mid A)P(A)}{P(B \mid A)P(A) + P(B \mid \bar{A})P(\bar{A})}.$$

贝叶斯公式

例 1-24[次品追溯] 设某工厂有甲、乙、丙 3 个车间生产同一种产品，产量依次占全厂的 45%，35%，20%，且各车间的次品率分别为 4%，2%，5%，现从一批产品中检查出 1 个次品，问该次品是由哪个车间生产的可能性最大？

解：设 A_1 表示"抽取的产品来自甲车间"，A_2 表示"抽取的产品来自乙车间"，A_3 表示"抽取的产品来自丙车间"，B 表示"抽取的产品为次品"，则有

$$P(A_1) = 45\%, \quad P(B \mid A_1) = 4\%,$$
$$P(A_2) = 35\%, \quad P(B \mid A_2) = 2\%,$$
$$P(A_3) = 20\%, \quad P(B \mid A_3) = 5\%.$$

由全概率公式得

$$P(B) = P(A_1)P(B \mid A_1) + P(A_2)P(B \mid A_2) + P(A_3)P(B \mid A_3) = 0.035.$$

由贝叶斯公式得

$$P(A_1 \mid B) = \frac{P(B \mid A_1)P(A_1)}{P(B)} = \frac{45\% \times 4\%}{0.035} \approx 0.514,$$

$$P(A_2 \mid B) = \frac{P(B \mid A_2)P(A_2)}{P(B)} = \frac{35\% \times 2\%}{0.035} = 0.2,$$

$$P(A_3 \mid B) = \frac{P(B \mid A_3)P(A_3)}{P(B)} = \frac{20\% \times 5\%}{0.035} \approx 0.286.$$

故该次品来自甲车间的可能性最大.

例 1-25[机器是否良好] 对以往数据的分析结果表明, 当机器调整得良好时, 产品的合格率为 98%, 而当机器发生某种故障时, 其合格率为 55%. 每天早上机器开动时, 机器调整良好的概率为 95%. 试求已知某天早上第一件产品是合格品时, 机器调整良好的概率是多少?

解： 设事件 A 表示"产品合格", 事件 B 表示"机器调整良好", 则有

$$P(A \mid B) = 98\%, \quad P(A \mid \bar{B}) = 55\%, \quad P(B) = 95\%.$$

由贝叶斯公式得

$$P(B \mid A) = \frac{P(A \mid B)P(B)}{P(A \mid B)P(B) + P(A \mid \bar{B})P(\bar{B})} = \frac{98\% \times 95\%}{98\% \times 95\% + 55\% \times (1 - 95\%)}$$
$$\approx 97\%,$$

即已知第一件产品合格时, 机器调整良好的概率约为 97%.

◇**综合案例**

（1）案例背景：2021 年初石家庄市出现新冠肺炎疫情, 1 月 6 日 0 时至 8 日 24 时, 石家庄市完成了第一次全员核酸检测, 共采集样本 10251875 份, 检测出阳性 354 份, 检出率万分之零点三五. 自 1 月 12 日 0 时开始至 14 日 20 时, 石家庄市第二轮核酸检测全部完成, 共设置采样点 13758 个, 检测 1025 万余人, 累计发现阳性病例 247 例. 1 月 20 日至 22 日, 石家庄市进行了第三轮全员核酸检测, 共采样 10256424 人, 检测 10256424 人, 累计检出阳性样本 30 例. 多轮的检测保障了准确性.

（2）问题提出：检测试剂盒的有效性是疫情防控的关键, 请根据相关概率知识讨论如何估算检测试剂盒的有效性.

试剂盒的
有效性

§1.5　独立性

独立性

1.5.1　事件的独立性

在现实生活中, 有些事件的发生不互相影响.

例 1-26[两人能同时射中兔子吗] 两人去打猎, 甲击中目标的概率为 0.9, 乙击中目标的概率为 0.8, 两人齐射兔子倒下, 求两人同时射中兔子的概率.

解： 设事件 A 表示"甲击中兔子", 事件 B 表示"乙击中兔子", 则 AB 表示"两人同时击中兔子", 由概率乘法公式得

$$P(AB) = P(A)P(B \mid A).$$

若不考虑心理因素的影响, 则"乙是否击中目标"与"甲击中目标"无关, 即

$P(B\mid A)=P(B)$. 所以
$$P(AB)=P(A)P(B)=0.9\times0.8=0.72.$$

定义 1-12 若事件 A，B 满足 $P(AB)=P(A)P(B)$，则称事件 A，B 是相互独立的.

注：区分事件 A，B 互不相容、互为对立、相互独立的关系.

（1）A，B 互不相容：$A\cap B=\varnothing$.

（2）A，B 互为对立：$A\cap B=\varnothing$，且 $A\cup B=\Omega$.

（3）A，B 相互独立：$P(AB)=P(A)P(B)$.

由此可见，A，B 互不相容不一定表明 A，B 相互独立；A，B 相互独立也不一定表明 A，B 互不相容.

例如，当 $P(A)>0$，$P(B)>0$ 时，若 A，B 互不相容，则有 $AB=\varnothing$，故
$$P(AB)=0\neq P(A)P(B)>0,$$
若 A，B 相互独立，则有
$$P(AB)=P(A)P(B)>0,$$
故
$$AB\neq\varnothing.$$

定理 1-5 若事件 A，B 相互独立，则下列各事件也相互独立：
A 与 $\bar B$，$\bar A$ 与 B，$\bar A$ 与 $\bar B$.

证：要证 A 与 $\bar B$ 相互独立，即证
$$P(A\bar B)=P(A)P(\bar B).$$
由于 $A=A\Omega=A$，$(B\cup\bar B)=AB\cup A\bar B$，又因为 $AB\cap A\bar B=\varnothing$，故有
$$P(A)=P(AB\cup A\bar B)=P(AB)+P(A\bar B).$$
由 A，B 相互独立得
$$P(A)=P(A)P(B)+P(A\bar B),$$
故
$$P(A\bar B)=P(A)-P(A)P(B)=P(A)[1-P(B)]=P(A)P(\bar B),$$
所以 A 与 $\bar B$ 相互独立.

由于 A 与 $\bar B$ 相互独立，故有 $\bar A$ 与 $\bar B$ 相互独立，从而有 $\bar A$ 与 $\bar{\bar B}$ 即 $\bar A$ 与 B 相互独立.

定理 1-6 若事件 A，B 相互独立，且 $0<P(A)<1$，则
$$P(B\mid A)=P(B\mid\bar A)=P(B).$$

证：因为 $P(B\mid A)=\dfrac{P(AB)}{P(A)}=\dfrac{P(A)P(B)}{P(A)}=P(B)$，故
$$P(B\mid\bar A)=\frac{P(\bar A B)}{P(\bar A)}=\frac{P(\bar A)P(B)}{P(\bar A)}=P(B).$$

定义 1-13 设 A_1，A_2，A_3 是 3 个事件，如果满足
$$P(A_1A_2)=P(A_1)P(A_2),\qquad P(A_1A_3)=P(A_1)P(A_3),$$
$$P(A_2A_3)=P(A_2)P(A_3),\qquad P(A_1A_2A_3)=P(A_1)P(A_2)P(A_3),$$
则称 A_1，A_2，A_3 为相互独立的事件.

注：若 A_1，A_2，A_3 只满足前面 3 个关系，则 A_1，A_2，A_3 两两独立，只有当上面 4 个关系都满足时，才称为相互独立．

定义 1-14　对 n 个事件 A_1，A_2，$\cdots$，A_n，若以下 2^n-n-1 个等式成立：

$$P(A_iA_j)=P(A_i)P(A_j)，\ 1\leqslant i<j\leqslant n，$$

$$P(A_iA_jA_k)=P(A_i)P(A_j)P(A_k)，\ 1\leqslant i<j<k\leqslant n，$$

$$\cdots，$$

$$P(A_1A_2\cdots A_n)=P(A_1)P(A_2)\cdots P(A_n)，$$

则称 A_1，A_2，$\cdots$，A_n 是相互独立的事件．

由定义 1-14 可知：

（1）若事件 A_1，A_2，$\cdots$，$A_n(n\geqslant 2)$ 相互独立，则其中任意 $k(2\leqslant k\leqslant n)$ 个事件也相互独立；

（2）若 n 个事件 A_1，A_2，$\cdots$，$A_n(n\geqslant 2)$ 相互独立，则将 A_1，A_2，$\cdots$，A_n 中任意多个事件换成它们的对立事件，所得的 n 个事件仍相互独立．

例 1-27[击中目标]　设高射炮每次击中飞机的概率为 0.2，问至少需要多少门这种高射炮同时独立发射（每门射一次）才能使击中飞机的概率达到 95% 以上？

解：设需要 n 门炮，事件 A_i 表示"第 i 门炮击中"，$i=1$，2，$\cdots$，n；事件 A 表示"目标被击中"，则

$$P(A)=P(A_1\cup A_2\cup \cdots \cup A_n)=1-P(\overline{A_1\cup A_2\cup \cdots \cup A_n})$$

$$=1-P(\overline{A_1}\cap \overline{A_2}\cap \cdots \cap \overline{A_n})=1-P(\overline{A_1})P(\overline{A_2})\cdots P(\overline{A_n})$$

$$=1-P(\overline{A_1})^n=1-(1-0.2)^n\geqslant 0.95，$$

得

$$0.8^n\leqslant 0.05.$$

故

$$n\geqslant 14.$$

即至少需要 14 门高射炮才能有 95% 以上的把握击中飞机．

例 1-28[电路工作]　设某电路如图 1-5-1 所示，其中 1，2，3，4 为继电器的接点，设各继电器闭合与否是相互独立的，且每一继电器闭合的概率为 p，求该电路通路的概率．

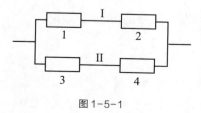

图 1-5-1

解：设事件 A_i 表示"第 i 个继电器通路"，$i=1$，2，3，4；事件 A 表示"该电路通路"，则有

$$A=(A_1A_2)\cup(A_3A_4)，$$

$$P(A) = P((A_1 A_2) \cup (A_3 A_4))$$
$$= P(A_1 A_2) + P(A_3 A_4) - P(A_1 A_2 A_3 A_4)$$
$$= P(A_1)P(A_2) + P(A_3)P(A_4) - P(A_1)P(A_2)P(A_3)P(A_4)$$
$$= 2p^2 - p^4.$$

1.5.2　伯努利概型

对许多随机试验，我们关心的是某事件 A 是否发生．例如，抛硬币时注意的是正面是否朝上；产品抽样检查时，注意的是抽出的产品是否为次品；射手向目标射击时，注意的是目标是否被命中；等等．

定义 1-15　若试验 E 只有两个可能的结果 A 与 $\overline{A}$，则称 E 为**伯努利试验**．

设 $P(A)=p$，则 $P(\overline{A})=1-p$，将 E 重复独立地进行 n 次，则称这一串重复的独立试验为 n 重伯努利试验．

注：n 重伯努利试验有下面四个约定：

（1）每次试验只有两个可能的结果 A 与 $\overline{A}$；

（2）结果 A 在每次试验中出现的概率均为 p；

（3）各次试验相互独立；

（4）共进行 n 次．

定理 1-7　对于 n 重伯努利试验，事件 A 在 n 次试验中出现 k 次的概率为

$$P_n(k) = C_n^k p^k (1-p)^{n-k}.$$

证：n 次试验中 A 出现 k 次，其余 $n-k$ 次 $\overline{A}$ 出现，且 A 出现 k 次有各种排列方式，共有 C_n^k 种，并且这 C_n^k 种排列所对应的 C_n^k 个事件是互不相容的，故

$$P_n(k) = C_n^k p^k (1-p)^{n-k}.$$

例 1-29[答题正确率]　一张英语试卷，有 10 道选择题，每题有 4 个选项，且其中只有一个是正确答案．某同学投机取巧，随意填空，试问他至少填对 6 道的概率是多大？

解：设事件 A 表示"该题答对"，事件 B 表示"至少填对 6 道"，则有

$$P(A) = \frac{1}{4}, \quad P_{10}(k) = C_{10}^k \frac{1}{4^k}\left(1-\frac{1}{4}\right)^{10-k},$$

$$P(B) = P_{10}(6) + P_{10}(7) + P_{10}(8) + P_{10}(9) + P_{10}(10) \approx 1.973\%.$$

由此可见，随意猜对选择题并及格的可能性很小．

◇**综合案例**

（1）案例背景：2021 年初，石家庄市发生新冠肺炎疫情，并且有蔓延的趋势．当地政府为了阻断疫情的发展，立即决定实行全员核酸检测．从 1 月 6 日开始到 1 月 22 日，石家庄市组织了三次全员核酸检测，三次检测每次均采集样本 1025 万余份，分别检测出阳性 354 例、247 例和 30 例．快速、高效、准确地完成了多轮检测工作，成功阻断了疫情的蔓延．

（2）问题提出：假设某地区突然暴发疫情，当地政府即刻决定进行全员核酸检测．面对大样本检测，请设计科学合理的检测方法，快速准确地完成检测工作．

◎知识扩展

中国古代谚语中的概率思想

中国古代谚语是我国古代人民智慧的体现,一句简单的谚语可能蕴含着一些数学思想.例如《庄子·天下篇》中提到的"一尺之棰,日取其半,万世不竭",体现了高等数学中无限小的思想.深入挖掘中国古代谚语中的数学思想有助于我们更深入地理解以及深层次地认识它们,有助于我们更加深入地了解中国古代劳动人民的智慧,有助于我们去深入地体会古代中国自然科学的发展.

1. 常在河边走,哪有不湿鞋

"常在河边走,哪有不湿鞋",这句话用概率论的思想来说,就是小概率事件在大量的重复的条件之下必然发生.其中"某一次在河边走而湿鞋"的概率是很小的,我们可以称其为"小概率事件".小概率原理,又称实际推断原理,是人们在长期的实践中总结得出的结论:"概率很小的事件在一次试验中实际上几乎不发生".但实际情况并非如此,小概率事件虽然在一次试验中发生的概率非常小,我们却不能忽略它们.无论是在工作中,还是对待生活上的问题,我们都要用科学严谨的思维去分析问题、解决问题.特别是在科学知识的学习中,更应该做到细致、谨慎,不能放过任何的小知识,蚁穴虽小,但能溃堤.

2. 三个臭皮匠,顶个诸葛亮

"三个臭皮匠,顶个诸葛亮"意思是指多个(古汉语中的"三"为虚数,泛指很多)水平一般的人,通过合作能够超过一个高水平的人.这体现了合作的重要性.现我们假设"诸葛亮"仅一人,并记为 A ,"臭皮匠"有 n 个人($n \geqslant 3$),记为 $B_1, B_2, \cdots, B_n$.对于一件事,"诸葛亮"做成功的概率为 $P(A)$,假设其值小于1,一群"臭皮匠"做成功的概率为 $P(B_1 \cup B_2 \cup \cdots \cup B_n) = 1 - \prod_{i=1}^{n}(B_i)$,那么总存在一组概率值 $P(B_1), P(B_2), \cdots, P(B_n)$,使得 $P(B_1 \cup B_2 \cup \cdots \cup B_n)$ 的值大于 $P(A)$.即对于同一件事,存在一组概率值使得"臭皮匠"做成功的概率大于"诸葛亮"做成功的概率,即 n 个"臭皮匠"可以胜过一个"诸葛亮".

3. 三人行,必有我师

"三人行,必有我师"这句话出自孔子的《论语》,意思是说:许多人在一起,其中一定有能当我老师的人."三"泛指多数,该句话意为许多人同行,其他人各具优点和缺点,他们的优点我要学习,他们的缺点,如果自己也有则要改正,如果没有则要注意并加以防范,避免重蹈他们的覆辙.所以,他们都可以是我的老师.

贝叶斯定理在疾病检测中的应用

每一个医学检测,都存在假阳性率和假阴性率.所谓假阳性,就是没病,但是检测结果显示有病.假阴性正好相反,即有病但是检测结果显示正常.假设某种疾病的发病率是0.001,即1000人中会有1个人得病.现有一种试剂可以检验患者是否得病,它的准确率是0.99,即在患者确实得病的情况下,它有99%的可能呈现阳性.它的误报率是5%,即在患者没有得病的情况下,它有5%的可能呈现阳性.现有一个病人的检验结果为阳性,请问他确实得病的可能性有多大?

第1步:分解问题

(1)要求解的问题:病人的检验结果为阳性,他确实得病的概率有多大?

病人的检验结果为阳性记为事件B,他得病记为事件A,那么求解的就是$P(A|B)$,即病人的检验结果为阳性,他确实得病的概率.

(2)已知信息:

疾病的发病率是0.001,即$P(A)=0.001$.

试剂可以检验患者是否得病,准确率是0.99,即在患者确实得病(A)的情况下,它有99%的可能呈现阳性(B),也就是$P(B|A)=0.99$.

试剂的误报率是5%,即在患者没有得病的情况下,它有5%的可能呈现阳性,即$P(B|\overline{A})=5\%$.

第2步:应用贝叶斯定理

代入贝叶斯公式求后验概率,我们得到了一个惊人的结果,$P(A|B)=1.94\%$.

也就是说,即使筛查的正确性已达到99%了,通过体检判断有没有得病的概率也只有1.98%.

贝叶斯垃圾邮件过滤器

垃圾邮件是一个令人头痛的问题,困扰着所有的互联网用户.全球垃圾邮件的高峰出现在2006年,那时候所有邮件中90%都是垃圾邮件,2015年6月份全球垃圾邮件的比例数字首次降低到50%以下.最初的垃圾邮件过滤是靠静态关键词加一些判断条件来实现的,效果不好,漏网之鱼多,被冤枉的也不少.2002年,Paul Graham提出使用"贝叶斯推断"过滤垃圾邮件.他说,这样做的效果,好得不可思议.1000封垃圾邮件可以过滤掉995封,且没有一个误判.因为典型的垃圾邮件词汇在垃圾邮件中会以更高的频率出现,所以在做贝叶斯公式计算时,肯定会被识别出来.之后用最高频的15个垃圾邮件词语做联合概率计算,若联合概率的结果超过90%,则说明它是垃圾邮件.用贝叶斯垃圾邮件过滤器可以识别很多改写过的垃圾邮件,而且错判率非常低.

习题1

1. 写出下列随机试验的样本空间:
   (1) 袋中有红球、黄球、白球各一个,从袋中随机地抽取两次,每次取一球,然后不放回;
   (2) 从袋中随机地取两次,每次取一球,然后放回.

2. 设 A,B,C 为三个事件,用 A,B,C 的运算关系表示下列各事件:
   (1) A 发生,B 与 C 不发生;   (2) A,B,C 中至少有一个发生;
   (3) A,B,C 都不发生;   (4) A,B,C 中不多于一个发生;
   (5) A,B,C 中不多于两个发生;   (6) A,B,C 中至少有两个发生;
   (7) A,B,C 恰有一个发生.

3. 设 A,B,C 是三个事件,且 $P(A)=P(B)-P(C)=\dfrac{1}{4}$,$P(AB)=P(BC)=0$,$P(AC)=\dfrac{1}{8}$,求 A,B,C 至少有一个发生的概率.

4. 设 A,B 是两个事件,且 $P(A)=0.6$,$P(B)=0.7$.试问:
   (1) 在什么条件下 $P(AB)$ 取得最大值,最大值是多少?
   (2) 在什么条件下 $P(AB)$ 取得最小值,最小值是多少?

5. 10 把钥匙中有 3 把能打开门,今任取 2 把,求能打开门的概率.

6. 把 10 本书任意地放在书架上,求其中指定的 3 本书放在一起的概率.

7. 在 1500 个产品中有 400 个次品、1100 个正品,任取 200 个.
   (1) 求恰有 90 个次品的概率;   (2) 求至少有 2 个次品的概率.

8. 汽车运载同类产品 50 件,其中甲厂 30 件、乙厂 20 件,途中损坏 2 件,设每件产品被损坏的可能性相同,求被损坏的产品正好是甲、乙两厂各一件的概率.

9. 已知在 10 只元件中有 2 只次品,在其中随机取 2 次,每次任取 1 只,做不放回抽样,求下列事件的概率:
   (1) 2 只都是正品;   (2) 2 只都是次品;
   (3) 1 只是正品,1 只是次品;   (4) 第二次取出的是次品.

10. 为了防止意外,在矿内同时设两个报警系统 A 与 B,每种系统单独使用时,系统 A 有效的概率为 0.92,系统 B 为 0.93;在 A 失灵的条件下,B 有效的概率为 0.85.试求:
    (1) 发生意外时,这两个报警系统至少有一个有效的概率;
    (2) 在 B 失灵的条件下,A 有效的概率.

11. 12 个乒乓球中有 9 个新的、3 个旧的,第一次比赛取出了 3 个,用完后放回去,第二次比赛又取出了 3 个,求第二次取到的 3 个球中有 2 个新球的概率.

12. 甲、乙两人对靶射击,甲命中的概率为 0.9,乙命中的概率为 0.8,今甲、乙各自独立射击一发.试求:
    (1) 两人都中靶的概率;   (2) 至少有一人中靶的概率.

13. 甲、乙、丙三人同时对飞机进行射击，三人击中的概率分别是0.4，0.5，0.7，飞机被一人击中而被击落的概率为0.2，被两人击中而被击落的概率为0.6，若三人都击中，飞机必定被击落，求飞机被击落的概率.

14. 三人独立地去破译一份密码，已知各人能译出的概率分别为1/5，1/3，1/4，问此密码被译出的概率.

15. 两人约定上午9:00—10:00在公园会面，求一人要等另一人0.5小时以上的概率.

16. 按以往概率论考试结果分析，努力学习的学生有90%的可能考试及格，不努力学习的学生有90%的可能考试不及格，据调查，学生中有80%的人是努力学习的.试问：
（1）考试及格的学生有多大可能是不努力学习的人？
（2）考试不及格的学生有多大可能是努力学习的人？

17. 某保险公司把被保险人分为三类："谨慎的""一般的""冒失的".统计资料表明，上述三类人在一年内发生事故的概率依次为0.05，0.15和0.30.如果"谨慎的"被保险人占20%，"一般的"占50%，"冒失的"占30%，现知某被保险人在一年内出了事故，则他是"谨慎的"概率是多少？

18. 如下图所示，1，2，3，4，5表示继电器接点，假设每一继电器接点闭合的概率为P，且设各继电器接点闭合与否是相互独立的，求L至R是通路的概率.

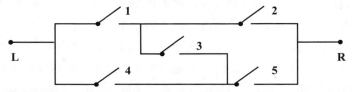

19. 已知某大批产品的一级品概率为0.2，现从中随机地抽查20只，问20只产品中至少有2只一级品的概率是多少？

20. 设某计算机有8个终端，各终端的使用情况是相互独立的，且每个终端的使用率均为40%，求下列事件的概率：
（1）恰有3个终端被使用；   （2）至少有1个终端被使用.

习题1参考答案

第2章 随机变量

为了进一步研究随机现象，希望把随机试验的结果数量化，所以我们将引入随机变量的概念.本章主要介绍了两种随机变量：离散型随机变量和连续型随机变量.

§2.1 随机变量及分布函数

概率的公理化定义指出："设 Ω 为样本空间，A 为事件，对每一个事件赋予一个实数，记作 $P(A)$，若 $P(A)$ 满足非负性、规范性、可数可加性，则称 $P(A)$ 为事件 A 的概率."由此可见，概率 $P(A)$ 可以作为事件 A 的一个函数，$A \to P(A)$，定义域为样本空间，值域为 R.在一些实际问题当中，随机事件与实数之间往往存在某种客观的联系.例如，掷一颗骰子，观察其上面出现的点数；每天火车站下火车的人数；七月份杭州的最高气温等.我们从例题开始讨论.

例2-1 抛一枚硬币，观察出现正面和反面的情况.样本空间 $\Omega = \{H, T\}$，以 X 表示出现正面 H 的次数，那么对样本空间中的每一个样本点 e，X 都有一个实数与之对应，即

$$e = H \to X = X(e) = 1,$$
$$e = T \to X = X(e) = 0.$$

X 是定义在样本空间 Ω 上的实值单值函数，定义域为样本空间 Ω，值域为实数集合 $\{0, 1\}$.

例2-2 抛两枚硬币，观察出现正面和反面的情况.样本空间 $\Omega = \{e\} = \{HH, HT, TH, TT\}$，以 X 表示出现正面 H 的次数，那么对样本空间中的每一个样本点 e，X 都有一个实数与之对应，即

$$e = HH \to X = X(e) = 2,$$
$$e = HT, TH \to X = X(e) = 1,$$
$$e = TT \to X = X(e) = 0.$$

X 是定义在样本空间 Ω 上的实值单值函数，定义域为样本空间 Ω，值域为实数集合 $\{0, 1, 2\}$.

定义2-1 设 E 是随机试验，它的样本空间为 Ω，如果对 Ω 中的每一个元素 e，都有唯一的实数 $X(e)$ 与之对应，这样就得到一个定义在 Ω 上的单值函数 $X = X(e)$，称为**随机**

变量. 通常用 X，Y，Z，… 表示随机变量.

从定义 2-1 可知，随机变量是一个函数，它定义在样本空间 Ω 上，而取值在实轴上. 与通常函数不同的是，它的自变量是随机试验的结果，在试验之前不能预知它取什么值，且它的取值有一定的概率. 这些性质也表明了随机变量与普通函数有着本质的差异. 在定义 2-1 中，由 e 可确定唯一的 $X(e)$，但 E 是随机试验，所以 e 的出现是随机的，因而 $X(e)$ 也跟着是随机的.

由于随机变量 X 的可能取值不一定能够逐个列出，因此在一般情况下需要研究随机变量落在某个区间中的概率.

定义 2-2 设 X 是一随机变量，X 为任意实数，函数

$$F(x) = P\{X \leqslant x\}$$

称为随机变量 X 的分布函数.

易知，对于任意实数 $x_1 < x_2$，有

$$P\{x_1 < X \leqslant x_2\} = P\{X \leqslant x_2\} - P\{X \leqslant x_1\} = F(x_2) - F(x_1). \tag{2-1-1}$$

分布函数是随机变量最重要的概率特征. 如果把 X 看成是数轴上随机点的坐标，那么 $F(x)$ 在 x 处的函数值就是 X 落在区间 $(-\infty, x]$ 的概率. 由式（2-1-1）可知，若已知 X 的分布函数，就能知道 X 落在任意区间 $(x_1, x_2]$ 上的概率. 从这个意义上说，分布函数完整地描述了随机变量的统计规律性.

分布函数具有如下性质：

（1）单调不减性. 即 $F(x)$ 为单调不减的函数.

事实上，由式（2-1-1）可知，对任意实数 x_1，x_2，不妨设 $x_1 < x_2$，则有

$$F(x_2) - F(x_1) = P\{x_1 < X \leqslant x_2\} \geqslant 0.$$

（2）有界性. $0 \leqslant F(x) \leqslant 1$，且 $\lim\limits_{x \to +\infty} F(x) = 1$，记为 $F(+\infty) = 1$；$\lim\limits_{x \to -\infty} F(x) = 0$，记为 $F(-\infty) = 0$.

从几何上来说明，将区间端点 x 沿数轴无限向左移动（即 $x \to -\infty$）时，则"随机点 X 落在点 x 左边"这一事件趋于不可能事件，从而其概率趋于 0，即有 $F(-\infty) = 0$；又若将点 x 无限右移（即 $x \to +\infty$），则"随机点 X 落在点 x 左边"这一事件趋于必然事件，从而趋于概率 1，即有 $F(+\infty) = 1$.

（3）右连续性. $F(x^+) = F(x)$.

可以证明，任一满足这三个性质的函数，一定可以作为某个随机变量的分布函数，也就是说，这三条性质是使得 $F(x)$ 为随机变量 X 的分布函数的充要条件.

有了随机变量，随机试验中的各个事件都可以通过随机变量的关系式表达出来，从而使得人们能用随机变量来描述各种随机现象，例如，用 X 表示单位时间内某信号台收到呼叫的次数，则 X 是一个随机变量. 事件{收到呼叫}$\Leftrightarrow\{X \geqslant 1\}$；{没有收到呼叫}$\Leftrightarrow\{X = 0\}$. 随机变量概念的产生是概率论发展史上的重大事件. 与此同时，引入随机变量和分布函数后，利用分布函数就能很好地表示各事件的概率，使得我们可以利用高等数学中的许多结果和方法来研究各种随机现象. 接下来，根据其取值的整体情况，我们主要介绍两种类型的随机变量：离散型随机变量和连续型随机变量.

分布函数及性质

§2.2　离散型随机变量及其分布

离散型随机变
量及其分布

定义 2-3　如果随机变量所有的可能取值为有限个或可数无穷多个，则称这种随机变量为**离散型随机变量**.

定义 2-4　设离散型随机变量 X 的可能取值为 $x_k(k=1,\ 2,\ \cdots)$，事件 $\{X=x_k\}$ 发生的概率为 P_k，即

$$P\{X=x_k\}=p_k,\ k=1,\ 2,\ \cdots, \tag{2-2-1}$$

称为随机变量 X 的**分布律**或概率**分布**或**分布列**.

分布律也常用表格来表示：

X	x_1	x_2	x_3	$\cdots$	x_n	$\cdots$
p_k	p_1	p_2	p_3	$\cdots$	p_n	$\cdots$

由概率的性质易得，离散型随机变量的分布律具有以下两个性质：

(1) $p_k \geqslant 0,\ k=1,\ 2,\ \cdots$； $\tag{2-2-2}$

(2) $\sum\limits_{k=1}^{\infty} p_k = 1$. $\tag{2-2-3}$

反之，任意一个具有上述两个性质的数列 $\{p_k\}$ 一定可以作为某个离散型随机变量的分布律.

例 2-3　从 1~10 这 10 个数字中随机取出 5 个数字，令 X 表示取出的 5 个数字中的最大值. 试求 X 的分布律.

解：X 的所有取值为 5，6，7，8，9，10. 易知分布律为

$$P\{X=k\}=\frac{C_{k-1}^4}{C_{10}^5}\ (k=5,\ 6,\ \cdots,\ 10).$$

或者写成表格形式：

X	5	6	7	8	9	10
p_k	$\dfrac{1}{252}$	$\dfrac{5}{252}$	$\dfrac{15}{252}$	$\dfrac{35}{252}$	$\dfrac{70}{252}$	$\dfrac{126}{252}$

例 2-4　设在 15 只同类型零件中有 2 只为次品，在其中取 3 次，每次任取 1 只，做不放回抽样，以 X 表示取出的次品个数，求 X 的分布律.

解：X 所有可能的取值为 $X=0$，1，2，则有

$$P\{X=0\}=\frac{C_{13}^3}{C_{15}^3}=\frac{22}{35},$$

$$P\{X=1\}=\frac{C_2^1 C_{13}^2}{C_{15}^3}=\frac{12}{35},$$

$$P\{X=2\}=\frac{C_{13}^1}{C_{15}^3}=\frac{1}{35}.$$

故 X 的分布律为

X	0	1	2
p_k	$\dfrac{22}{35}$	$\dfrac{12}{35}$	$\dfrac{1}{35}$

对于一般的离散型随机变量，由分布函数的定义可知，

$$F(x)=P\{X\leqslant x\}=\sum_{x_k\leqslant x}p_k=\sum_{x_k\leqslant x}P\{X=x_k\}. \tag{2-2-4}$$

此处的和式 $\sum\limits_{x_k\leqslant x}$ 表示对所有满足 $x_k\leqslant x$ 的 k 求和，即对那些所有满足 $x_k\leqslant x$ 所对应的 p_k 的累加.

例 2-5　求例 2-4 中 X 的分布函数 $F(x)$.

解：当 $x<0$ 时，$F(x)=P\{X\leqslant x\}=0$.

当 $0\leqslant x<1$ 时，$F(x)=P\{X\leqslant x\}=P\{X=0\}=\dfrac{22}{35}$.

当 $1\leqslant x<2$ 时，$F(x)=P\{X\leqslant x\}=P\{X=0\}+P\{X=1\}=\dfrac{34}{35}$.

当 $x\geqslant 2$ 时，$F(x)=P\{X\leqslant x\}=1$.

故 X 的分布函数为

$$F(x)=\begin{cases} 0, & x<0, \\ \dfrac{22}{35}, & 0\leqslant x<1, \\ \dfrac{34}{35}, & 1\leqslant x<2, \\ 1, & x\geqslant 2. \end{cases}$$

下面介绍几种常见的离散型随机变量及其概率分布.

2.2.1　(0-1)分布

常见离散型随机变量的分布

随机变量 X 只可能取 0 与 1 两值，其分布律为

$$P\{X=0\}=1-p\ (0<p<1),$$
$$P\{X=1\}=p.$$

则称 X 服从参数为 p 的 (0-1) 分布，记为 $X\sim(0-1)$ 分布.

(0-1) 分布的分布律如下：

X	0	1
p_k	$1-p$	p

例 2-6　"抛硬币"试验，观察正、反两面情况.

解：
$$X=X(e)=\begin{cases} 0, & e=\text{正面}, \\ 1, & e=\text{反面}. \end{cases}$$

显然，随机变量 X 服从 (0-1) 分布.

(0-1) 分布是最简单的一种分布，可以作为描述只有两个基本事件的数学模型.任何

一个只有两种可能结果的随机现象，比如新生婴儿是男还是女、明天是否下雨、种子是否发芽等，都属于(0-1)分布.

2.2.2 二项分布

若随机变量X的分布律为

$$P\{X=k\}=C_n^k p^k(1-p)^{n-k},\ k=0,\ 1,\ 2,\ \cdots,\ n, \qquad (2\text{-}2\text{-}5)$$

其中$0<p<1$，则称X服从参数为n，p的**二项分布**，记为$X\sim b(n,\ p)$.

特别当$n=1$时，二项分布为(0-1)分布，故(0-1)分布的分布律也可以写成

$$P\{X=k\}=p^k(1-p)^{1-k},\ k=0,\ 1.$$

显然，参数为p的(0-1)分布，是二项分布在$n=1$时的特殊情形.

注意到$C_n^k p^k(1-p)^{n-k}$恰好是二项式展开式中的一项，这也是二项分布名称的由来.

由第1章可知，n重伯努利试验中事件A出现k次的概率计算公式如下：

$$P_n(k)=C_n^k p^k(1-p)^{n-k},\ k=0,\ 1,\ 2,\ \cdots,\ n.$$

如果$X\sim b(n,\ p)$，X就可以用来表示n重伯努利试验中事件A出现的次数.因此，二项分布可以作为描述n重伯努利试验中事件A出现次数的数学模型.比如，抛硬币n次，出现正面的次数；抽验次品时，n件产品中次品的数量等.

例2-7 设有80台同类型设备，工作时各台设备是相互独立的，发生故障的概率都是0.01，且一台设备的故障可由一个人独立处理.考虑两种配备维修工人的方法：一是由4人维护，每人维护20台；二是由3人共同维护80台.试比较这两种方法在设备发生故障时不能及时维修的概率大小.

解： 采用第一种方法时，设事件A_i表示"第i人维护的20台设备发生故障不能及时维修"，$i=1,\ 2,\ 3,\ 4$，那么80台中发生故障不能及时维修的事件为$A_1\cup A_2\cup A_3\cup A_4$.

设X表示"第1人维护20台中同一时刻发生故障的台数"，则

$$X\sim b(20,\ 0.01),$$
$$P(A_1)=P\{X\geqslant 2\}=1-P\{X=0\}-P\{X=1\}$$
$$=1-C_{20}^0(0.01)^0(0.99)^{20}-C_{20}^1(0.01)^1(0.99)^{19}$$
$$=0.0169,$$
$$P(A_1\cup A_2\cup A_3\cup A_4)\geqslant P(A_1)=0.0169.$$

采用第二种方法时，设Y表示"80台设备同一时刻发生故障不能及时维修的台数"，则$Y\sim b(80,\ 0.01)$，80台设备发生故障不能及时维修的概率为

$$P\{Y\geqslant 4\}=1-P\{Y=0\}-P\{Y=1\}-P\{Y=2\}-P\{Y=3\}$$
$$=1-\sum_{k=0}^{3}C_{80}^k(0.01)^k(0.99)^{20-k}=0.0087.$$

由此可见，

$$P(A_1\cup A_2\cup A_3\cup A_4)>P\{Y\geqslant 4\}.$$

不难发现，采用第二种方法时，尽管任务重了，但工作效率并没有降低，反而提高了.

2.2.3 泊松分布

如果随机变量分布律为

$$P\{X=k\}=\frac{\lambda^k}{k!},\ k=0,\ 1,\ 2,\ \cdots, \tag{2-2-6}$$

其中 $\lambda>0$ 为常数，则称 X 服从参数为 λ 的**泊松分布**（Poisson distribution），记为 $X\sim P(\lambda)$.

显然，$P\{X=k\}\geqslant 0$，$k=0,\ 1,\ 2,\ \cdots$，且有

$$\sum_{k=0}^{\infty}P\{X=k\}=\sum_{k=0}^{\infty}\frac{\lambda^k\mathrm{e}^{-\lambda}}{k!}=\mathrm{e}^{-\lambda}\sum_{k=0}^{\infty}\frac{\lambda^k}{k!}=1.$$

在许多实际问题中，泊松分布可以作为描述大量试验中稀有事件出现次数的概率分布情况的数学模型. 具有泊松分布的随机变量很多，例如，某医院每天前来就诊的病人数，放射性物质在单位时间内的放射次数，某一服务设施在一定时间内到达的人数，汽车站台的候客人数，机器出现的故障数，自然灾害发生的次数，一块产品上的缺陷数，显微镜下单位分区内的细菌分布数，等等. 不难看出，泊松分布就是描述某段时间内事件具体的发生概率.

例 2-8[次品率] 计算机硬件公司制造某种特殊型号的机器零部件，次品的数量可以用参数 $\lambda=0.001$ 的泊松分布来描述，各零部件是否为次品相互独立，求在 1000 件产品中至少有 2 件次品的概率？

解：设 X 为"1000 件产品中次品的数量". 由于 $X\sim P(1)$，故

$$P\{X\geqslant 2\}=1-P\{X=0\}-P\{X=1\}$$
$$=1-\frac{1^0}{0!}\mathrm{e}^{-1}-\frac{1^1}{1!}\mathrm{e}^{-1}$$
$$\approx 0.26424.$$

接下来，我们介绍用泊松分布来逼近二项分布的定理.

定理 2-1（泊松定理） 设 $\lambda>0$ 是一常数，n 是任意整数，设 $np=\lambda$，则对任意一固定的非负整数 k，有

$$\lim_{n\to\infty}\mathrm{C}_n^k p_n^k(1-p_n)^{n-k}=\frac{\lambda^k\mathrm{e}^{-\lambda}}{k!}.$$

证明从略.

在实际计算当中，当 $n\geqslant 20$，$p\leqslant 0.05$ 时，记 $\lambda=np$，用 $\frac{\lambda^k}{k!}\mathrm{e}^{-\lambda}$ 作为 $b(k;\ n,\ p)$ 近似值时效果很好；当 $n\geqslant 100$，$np\leqslant 10$ 时，效果更好. 另外，对于某些 λ，$\sum_{k=0}^{\infty}\frac{\lambda^k}{k!}\mathrm{e}^{-\lambda}$ 的值可通过查表得到.

二项分布的泊松近似，常常被应用于研究稀有事件（即每次试验中事件出现的概率 p 很小），即常用于研究当伯努利试验的次数 n 很大时，事件发生频率的分布.

例 2-9[交通] 有一繁忙的汽车站，每天有大量汽车通过，设每辆汽车在一天的某段时间内出事故的概率为 0.0001，在每天的该段时间内有 1000 辆汽车通过该汽车站，问出

事故的次数不小于2的概率是多少?

解： 设1000辆汽车通过，出事故的次数为X，则$X \sim b(1000, 0.0001)$，所求概率为
$$P\{X \geqslant 2\} = 1 - P\{X = 0\} - P\{X = 1\}$$
$$= 1 - 0.9999^{1000} - C_{1000}^1 \times 0.0001 \times 0.9999^{999}.$$

由泊松定理得，$\lambda = 1000 \times 0.0001 = 0.1$，所以
$$P\{X \geqslant 2\} = 1 - P\{X = 0\} - P\{X = 1\}$$
$$\approx 1 - \frac{0.1^0}{0!} e^{-0.1} - \frac{0.1}{1!} e^{-0.1} \approx 0.0047.$$

◎**延伸阅读**

　　20世纪初，罗瑟福和盖克两位科学家在观察与分析放射性物质放出的粒子个数时，他们做了2608次观察(每次时间为7.5秒)，发现放射性物质在规定的一段时间内，其放射的粒子数X服从泊松分布．在生物学、医学、工业统计、保险科学及公用事业的排队等问题中，泊松分布是很常见的．例如地震、火山爆发、特大洪水、交换台的电话呼唤次数等，都服从泊松分布．历史上，泊松分布是作为二项分布的近似，于1837年由法国数学家泊松引入的．

§2.3　连续型随机变量及其分布

　　前面我们学习了离散型随机变量，其特点是它的所有可能取值及其相对应的概率可以被逐个列出．本节我们将要学习连续型随机变量，其特点是它的所有可能取值连续地充满某个区间甚至整个数轴．

　　定义2-5　设随机变量X的分布函数为$F(x)$，若存在非负函数$f(x)$，使得对于任意实数x，有
$$F(x) = \int_{-\infty}^{x} f(t)\mathrm{d}t,$$
则称X为连续型随机变量，称$f(x)$为X的**概率密度函数**，简称**概率密度**或**密度函数**．

　　注： $F(x)$是位于直线$y = 0$与$y = 1$之间的单调不减的连续曲线，但不一定光滑．另外，$f(x)$只要求非负，并不一定是小于1的．

由定义2-5可知，$f(x)$满足：

(1) 非负性，$f(x) \geqslant 0$；

(2) 规范性，$\int_{-\infty}^{+\infty} f(x)\mathrm{d}x = 1$.

连续型随机变量的密度函数

连续型随机变量具有下列性质：

(3) 对任意实数x_1，$x_2 (x_1 \leqslant x_2)$，有
$$P\{x_1 < X \leqslant x_2\} = F(x_2) - F(x_1) = \int_{x_1}^{x_2} f(x)\mathrm{d}x;$$

(4) 若$f(x)$在x点处连续，则有$F'(x) = f(x)$.

注意到，由性质（2）可知，介于曲线 $y=f(x)$ 与 $y=0$ 之间的面积为1.性质（3）说明，X 落在区间 $(x_1, x_2]$ 的概率 $P\{x_1 < X \leqslant x_2\}$ 等于区间 $(x_1, x_2]$ 上曲线 $y=f(x)$ 之下的曲边梯形面积.

接下来我们从几何角度，来看一下随机变量 X 的概率密度 $f(x)$ 与分布函数 $F(x)$ 之间的关系. 如图2-3-1所示，随机变量 X 落在区间 $[x_1, x_2]$ 中的概率 $P\{x_1 < X \leqslant x_2\}$ 也就是图2-3-2中阴影部分的面积.

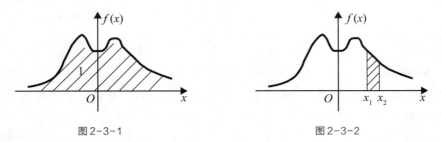

图2-3-1   图2-3-2

对连续型随机变量 X 和任意常数 a，总有 $P\{X=a\}=0$.事实上，令 $\Delta x > 0$，设 X 的分布函数为 $F(x)$，则由 $\{X=a\} \subset \{a-\Delta x < X \leqslant a\}$ 得

$$0 \leqslant P\{X=a\} \leqslant P\{a-\Delta x < X \leqslant a\} = F(a) - F(a-\Delta x).$$

由于 $F(x)$ 连续，所以

$$\lim_{\Delta x \to 0} F(a-\Delta x) = F(a).$$

由极限理论中的夹逼法则得

$$P\{X=a\}=0,$$

由此很容易推导出

$$P\{a \leqslant X < b\} = P\{a < X \leqslant b\} = P\{a \leqslant X \leqslant b\} = P\{a < X < b\}.$$

这条性质说明，连续型随机变量取任意一点的概率为零.同时也说明，从 $P(A)=0$，并不能推出 A 是不可能事件.即虽然 $P\{X=a\}=0$，但事件 $\{X=a\}$ 并非不可能事件.另外，也说明在计算连续型随机变量落在某区间上的概率时，可不必区分该区间端点的情况.

例2-10 连续型随机变量 X 的分布函数为

$$F(x)=\begin{cases}0, & x < 0, \\ Ax^2, & 0 \leqslant x < 2, \\ 1, & x \geqslant 2.\end{cases}$$

试求：（1）系数 A；（2）X 落在区间 $\left(\dfrac{1}{2}, \dfrac{3}{2}\right)$ 的概率；（3）X 的概率密度.

解：（1）由于 X 为连续型随机变量，故 $F(x)$ 是连续函数，因此有

$$1 = F(2) = \lim_{x \to 2^-} F(x) = \lim_{x \to 2^-} Ax^2 = 4A.$$

即 $A = \dfrac{1}{4}$，于是有

$$F(x) = \begin{cases} 0, & x < 0, \\ \dfrac{1}{4}x^2, & 0 \leqslant x < 2, \\ 1, & x \geqslant 2. \end{cases}$$

(2) $P\left\{\dfrac{1}{2} < x < \dfrac{3}{2}\right\} = F\left(\dfrac{3}{2}\right) - F\left(\dfrac{1}{2}\right) = \dfrac{1}{4}\left[\left(\dfrac{3}{2}\right)^2 - \left(\dfrac{1}{2}\right)^2\right] = \dfrac{1}{2}.$

(3) X 的概率密度可取为

$$f(x) = \begin{cases} \dfrac{1}{2}x, & 0 \leqslant x < 2, \\ 0, & \text{其他}. \end{cases}$$

例 2-11　设随机变量 X 的密度函数为

$$f(x) = \begin{cases} cx^3, & 0 < x < 1, \\ 0, & \text{其他}. \end{cases}$$

求：(1) 常数 c 的值；(2) X 的分布函数 $F(x)$；(3) $P\left\{-1 \leqslant X \leqslant \dfrac{1}{2}\right\}$.

解：(1) 由概率密度的规范性可得，$\displaystyle\int_{-\infty}^{+\infty} f(x)\mathrm{d}x = 1$，即 $\displaystyle\int_0^1 cx^3\mathrm{d}x = 1$，解得 $c = 4$；故 X 的概率密度为

$$f(x) = \begin{cases} 4x^3, & 0 < x < 1, \\ 0, & \text{其他}. \end{cases}$$

(2) 当 $x < 0$ 时，$F(x) = P\{X \leqslant x\} = \displaystyle\int_{-\infty}^{x} f(t)\mathrm{d}t = 0$；

当 $0 \leqslant x < 1$ 时，$F(x) = P\{X \leqslant x\} = \displaystyle\int_{-\infty}^{x} f(t)\mathrm{d}t$

$$= \int_{-\infty}^{0} f(t)\mathrm{d}t + \int_0^x f(t)\mathrm{d}t$$

$$= \int_0^x 4t^3\mathrm{d}t = x^4;$$

当 $x \geqslant 1$ 时，$F(x) = P\{X \leqslant x\} = \displaystyle\int_{-\infty}^{x} f(t)\mathrm{d}t$

$$= \int_{-\infty}^{0} f(t)\mathrm{d}t + \int_0^1 f(t)\mathrm{d}t + \int_1^x f(t)\mathrm{d}t$$

$$= \int_{-\infty}^{0} f(t)\mathrm{d}t + \int_0^1 f(t)\mathrm{d}t + \int_1^x f(t)\mathrm{d}t$$

$$= \int_0^1 4t^3\mathrm{d}t = 1;$$

即

$$F(x) = \begin{cases} 0, & x \leqslant 0, \\ x^4, & 0 < x < 1, \\ 1, & x \geqslant 1. \end{cases}$$

（3）$P\left\{-1\leqslant X\leqslant\dfrac{1}{2}\right\}=\displaystyle\int_{0}^{\frac{1}{2}}4x^{3}\mathrm{d}x=\dfrac{1}{16}$.

下面介绍 3 类常见的连续型随机变量.

2.3.1 均匀分布

设 X 为随机变量，对任意两个实数 a，$b(a<b)$，概率密度函数（见图 2-3-1）为

$$f(x)=\begin{cases}\dfrac{1}{b-a}, & a<x<b,\\ 0, & \text{其他}.\end{cases}$$

常见连续型随
机变量的分布

则称随机变量 X 服从区间 (a, b) 上的**均匀分布**，记为 $X\sim U(a, b)$.

若 $X\sim U(a, b)$，易求得相应的分布函数为

$$F(x)=\begin{cases}0, & x<a,\\ \dfrac{x-a}{b-a}, & a\leqslant x<b,\\ 1, & x\geqslant b.\end{cases}$$

均匀分布的概率密度 $f(x)$ 和分布函数 $F(x)$ 的图像分别如图 2-3-3 和图 2-3-4 所示.

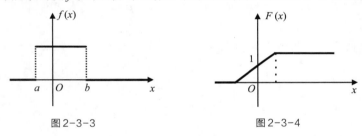

图 2-3-3   图 2-3-4

均匀分布通常用来描述在某个区间内的随机取值，如在某段时间内随机到达、误差分布等.

例 2-12 设某地铁站从上午 10：00 开始，每 15 分钟来一辆车，若某同学到达此站的时间是 10：00—10：30 之间的随机变量，如何求出他等车时间少于 5 分钟的概率.

解：设乘客于 10：00 过 X 分钟到达车站，由于 X 在 $[0, 30]$ 上服从均匀分布，即有

$$f(x)=\begin{cases}\dfrac{1}{30}, & 0\leqslant x\leqslant 30,\\ 0, & \text{其他}.\end{cases}$$

显然，只有在 10：10—10：15 之间或者 10：25—10：30 之间到达车站，该同学等车的时间才少于 5 分钟，因此所求概率为

$$P\{10<X\leqslant 15\}+P\{25<X\leqslant 30\}=\int_{10}^{15}\frac{1}{30}\mathrm{d}x+\int_{25}^{30}\frac{1}{30}\mathrm{d}x=\frac{1}{3}.$$

2.3.2 指数分布

设 X 为随机变量，概率密度函数为

$$f(x)=\begin{cases} \lambda e^{-\lambda x}, & x\geqslant 0,\lambda>0,\\ 0, & \text{其他},\end{cases}$$

则称随机变量 X 服从参数为 λ 的**指数分布**，记为 $X\sim E(\lambda)$.

若 $X\sim E(\lambda)$，则相应的分布函数为

$$F(x)=\begin{cases} 0, & x<0,\\ 1-e^{-\lambda x}, & x\geqslant 0.\end{cases}$$

对于任意 s，$t>0$，有

$$P\{X>s+t\mid X>s\}=\frac{P\{X>s,X>s+t\}}{P\{X>s\}}=\frac{P\{X>s+t\}}{P\{X>s\}}$$
$$=\frac{1-F(s+t)}{1-F(s)}=\frac{e^{-\lambda(s+t)}}{e^{-\lambda s}}=e^{-\lambda t}=P\{X>t\}.$$

从上面的推导可以发现，服从指数分布的随机变量 X，具有一个有趣的性质：

$$P\{X>s+t\mid X>s\}=P\{X>t\},$$

此性质称为"无记忆性".

通常，指数分布是独立事件的时间间隔的概率分布. 比如，世界杯比赛中进球之间的时间间隔，婴儿出生的时间间隔，来电的时间间隔，癌症病人从确诊到死亡的时间间隔，网站访问的时间间隔，等等.

2.3.3 正态分布

若连续型随机变量 X 的概率密度为 $f(x)=\dfrac{1}{\sqrt{2\pi}\,\sigma}e^{-\frac{(x-\mu)^2}{2\sigma^2}}$，$-\infty<x<$

$+\infty$，其中 μ，$\sigma(\sigma>0)$ 为常数，则称 X 服从参数为 μ，σ 的**正态分布**或者**高斯（Gauss）分布**，记为 $X\sim N(\mu,\sigma^2)$.

正态分布

显然 $f(x)\geqslant 0$，并且 $f(x)$ 的图形呈钟形（见图2-3-5），且具有如下特征：

（1）关于直线 $x=\mu$ 对称.

（2）在 $x=\mu$ 处取得最大值 $\dfrac{1}{\sqrt{2\pi}\,\sigma}$.

（3）在 $x\pm\sigma$ 处有拐点.

（4）当 $x\to\pm\infty$ 时，曲线以 x 轴为渐近线.

（5）若 σ 固定，改变 μ 的值，$y=f(x)$ 的图形沿 x 轴平移，但不改变形状，故称 μ 为**位置参数**；若 μ 固定，改变 σ 的值，$y=f(x)$ 的曲线形状随 σ 的增大而变得平坦，故称 σ 为**精度参数**（见图2-3-6）.

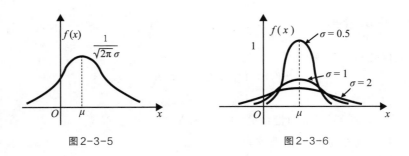

图 2-3-5   图 2-3-6

特别地，当 $\mu=0$, $\sigma=1$ 时，称随机变量 X 服从**标准正态分布**，其概率密度和分布函数分别用 $\varphi(x)$, $\Phi(x)$ 表示，即有

$$\varphi(x)=\frac{1}{\sqrt{2\pi}}\mathrm{e}^{-\frac{x^2}{2}},$$

$$\Phi(x)=\frac{1}{\sqrt{2\pi}}\int_{-\infty}^{x}\mathrm{e}^{-\frac{t^2}{2}}\mathrm{d}t.$$

标准正态分布

由概率密度函数 $\varphi(x)$ 为偶函数的性质易知，$\Phi(-x)=1-\Phi(x)$.

人们已经把 $\varphi(x)$ 的函数值制成标准正态分布表（见附表 3）.

引理 2-1　若 $X\sim N(0,1)$，则 $Z=\dfrac{X-\mu}{\sigma}\sim N(0,1)$.

证： $Z=\dfrac{X-\mu}{\sigma}$ 的分布函数为

$$P\{Z\leqslant x\}=P\left\{\frac{X-\mu}{\sigma}\leqslant x\right\}=P\{X\leqslant\mu+\sigma x\}$$

$$=\frac{1}{\sqrt{2\pi}}\int_{-\infty}^{\mu+\sigma x}\mathrm{e}^{-\frac{(t-\mu)^2}{2\sigma^2}}\mathrm{d}t,$$

令 $\dfrac{t-\mu}{\sigma}=u$，得

$$P\{Z\leqslant x\}=\frac{1}{\sqrt{2\pi}}\int_{-\infty}^{x}\mathrm{e}^{-\frac{u^2}{2}}\mathrm{d}u=\Phi(x),$$

由此知

$$Z=\frac{X-\mu}{\sigma}\sim N(0,1).$$

因此，若 $X\sim N(\mu,\sigma^2)$，则可以利用标准正态分布函数 $\Phi(x)$，通过查表求得 X 落在任一区间 $(x_1,x_2]$ 内的概率. 事实上，对任意区间 $(x_1,x_2]$，有

$$P\{x_1<X\leqslant x_2\}=P\left\{\frac{x_1-\mu}{\sigma}<\frac{X-\mu}{\sigma}\leqslant\frac{x_2-\mu}{\sigma}\right\}$$

$$=\Phi\left(\frac{x_2-\mu}{\sigma}\right)-\Phi\left(\frac{x_1-\mu}{\sigma}\right).$$

从而得到如下定理：

定理 2-2　若随机变量 $X\sim N(\mu,\sigma^2)$，则对任意区间 $(x_1,x_2]$，有

$$P\{x_1 < X \leqslant x_2\} = \Phi\left(\frac{x_2 - \mu}{\sigma}\right) - \Phi\left(\frac{x_1 - \mu}{\sigma}\right).$$

例如，设 $X \sim N(1.5, 4)$，可得

$$P\{-1 < X \leqslant 2\} = P\left\{\frac{-1 - 1.5}{2} < \frac{X - 1.5}{2} \leqslant \frac{2 - 1.5}{2}\right\}$$
$$= \Phi(0.25) - \Phi(-1.25)$$
$$= \Phi(0.25) - [1 - \Phi(1.25)]$$
$$= 0.5987 - 1 + 0.8944$$
$$= 0.4931.$$

设 $X \sim N(\mu, \sigma^2)$，由 $\Phi(x)$ 函数还能得到如图 2-3-7 所示曲线.

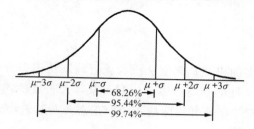

图 2-3-7

$$P\{\mu - \sigma < X \leqslant \mu + \sigma\} = \Phi(1) - \Phi(-1) = 2\Phi(1) - 1 = 68.26\%,$$
$$P\{\mu - 2\sigma < X \leqslant \mu + 2\sigma\} = \Phi(2) - \Phi(-2) = 2\Phi(2) - 1 = 95.44\%,$$
$$P\{\mu - 3\sigma < X \leqslant \mu + 3\sigma\} = \Phi(3) - \Phi(-3) = 2\Phi(3) - 1 = 99.74\%.$$

我们看到，尽管正态变量的取值范围是 $(-\infty, +\infty)$，但它的值落在 $(\mu - 3\sigma < X \leqslant \mu + 3\sigma)$ 内几乎是肯定的事，这就是人们常说的"3σ原则".

例 2-13　将一温度调节器放置在贮存着某种液体的容器内，调节器整定在 d（单位：℃），液体的温度 X 是一个随机变量，且 $X \sim N(d, 0.5^2)$.

（1）若 $d = 90$，求 X 小于 89℃ 的概率；

（2）若要求保持液体的温度至少为 80℃ 的概率不低于 0.99，问 d 至少为多少？

解：（1）$X \sim N(90, 0.5^2)$，故 $\dfrac{X - 90}{0.5} \sim N(0, 1)$，则

$$P\{X < 89\} = P\left\{\frac{X - 90}{0.5} < \frac{89 - 90}{0.5}\right\} = \Phi(-2) = 1 - \Phi(2) = 0.0228.$$

（2）$P\{X \geqslant 80\} \geqslant 0.99$，即 $P\left\{\dfrac{X - d}{0.5} \geqslant \dfrac{80 - d}{0.5}\right\} \geqslant 0.99$. 又因为

$$P\left\{\frac{X - d}{0.5} \geqslant \frac{80 - d}{0.5}\right\} = 1 - P\left\{\frac{X - d}{0.5} < \frac{80 - d}{0.5}\right\} = 1 - \Phi\left(\frac{80 - d}{0.5}\right),$$

亦即

$$\Phi\left(\frac{80 - d}{0.5}\right) \geqslant 0.99 = \Phi(2.327),$$

故有 $\dfrac{d - 80}{0.5} \geqslant 2.327$，从而 $d > 81.1635$.

设随机变量 $X \sim (0, 1)$，对给定的 α，$0 < \alpha < 1$，称满足条件

$$P\{X > z_\alpha\} = \int_{z_\alpha}^{+\infty} \varphi(x)\mathrm{d}x = \alpha$$

的点 z_α 为标准正态分布的上 α 分位点. 例如，查表可得 $z_{0.05} = 1.645$，$z_{0.001} = 3.01$，故 1.645 与 3.01 分别是标准正态分布的上 0.05 分位点与上 0.001 分位点. 标准正态分布 $N(0, 1)$ 的上 α 分位点 z_α，可以用图 2-3-8 来表示.

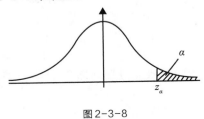

图 2-3-8

在实际问题中，许多随机变量都服从或者就近地服从正态分布. 例如，一门课程的考试成绩，一个地区成年女性的身高、体重，测量某零件长度的误差等，都服从正态分布. 在概率论与数理统计的理论研究和实际应用中，正态分布起着特别重要的作用.

§2.4　随机变量函数的分布

在许多实际问题中，我们常常对某些随机变量的函数（它当然也是随机变量）感兴趣. 这是因为我们所关注的量往往不能通过直接观测来得到，而它恰是某个能直接观测到的随机变量的函数. 比如，我们需要的是某一零件的体积 V，但我们直接能测量到的是零件的直径 D. 显然随机变量 V 是随机变量 D 的函数. 在本节内容中，我们将讨论如何由已知随机变量的分布，来求其函数的分布.

随机变量函数的分布

2.4.1　离散型随机变量的分布

例 2-14　设随机变量 X 的分布律如下：

X	-1	0	1	2
p_k	0.2	0.3	0.1	0.4

求 $Y = X^2$ 的分布律.

　　解：Y 的所有可能取值为 $\{0, 1, 4\}$.

　　　　$P\{X^2 = 0\} = P\{X = 0\} = 0.3$，

　　　　$P\{X^2 = 1\} = P\{X = 1\} + P\{X = -1\} = 0.1 + 0.2 = 0.3$，

　　　　$P\{X^2 = 4\} = P\{X = 2\} = 0.4$，

即 Y 的分布律为

Y	0	1	4
p_k	0.3	0.3	0.4

这个例子阐明了求离散型随机变量函数的分布的一般方法.即,记 Y 所有可能取值的集合为 $\{y_i,\ i=1,\ 2,\ \cdots\}$.对每个 y_i 来讲,至少要有一个 x_k 使得 $y_i=g(x_k)$.对每个 y_i 将所有满足 $y_i=g(x_k)$ 式子的 k 对应的 p_k 求和,并且记此和为 q_i,则 $P\{Y=y_i\}=q_i$,$i=1$,1,2,$\cdots$,就是随机变量 Y 的概率分布.

2.4.2　连续型随机变量函数的分布

例 2-15　设随机变量 $X\sim N(0,1)$,$Y=\mathrm{e}^x$,求 Y 的概率密度函数.

解：先求 Y 的分布函数 $F_Y(y)$.由于 $Y=\mathrm{e}^x>0$,故当 $y\leqslant 0$ 时,事件 "$Y\leqslant y$" 为不可能事件,其概率为 0,即

$$F_Y(y)=P\{Y\leqslant y\}=P\{\mathrm{e}^x\leqslant y\}=P(\varnothing)=0.$$

当 $y>0$ 时,因为 $y=\mathrm{e}^x$ 是 x 的严格单调增函数,所以有

$$F_Y(y)=P\{Y\leqslant y\}=P\{\mathrm{e}^x\leqslant y\}=P\{X\leqslant \ln y\}$$

$$=\frac{1}{\sqrt{2\pi}}\int_{-\infty}^{\ln y}\mathrm{e}^{-\frac{(\ln y)^2}{2}}\mathrm{d}x.$$

因为 $f_Y(y)=F'_Y(y)$,所以有

$$f_Y(y)=\begin{cases}\dfrac{1}{\sqrt{2\pi}\ y}\mathrm{e}^{-\frac{(\ln y)^2}{2}},&y>0,\\[2mm]0,&y\leqslant 0.\end{cases}$$

在上述例子中：

(1) 关键是将 "$Y\leqslant y$" 转化为 "$g(X)\leqslant y$",再运用 X 的概率密度或分布函数求出 Y 的概率密度；

(2) 在对 $F_Y(y)$ 求导时,使用了如下公式：

$$\frac{\mathrm{d}}{\mathrm{d}y}\left[\int_{\varphi(y)}^{\psi(y)}f(t)\mathrm{d}t\right]=f[\psi(y)]\psi'(y)-f[\varphi(y)]\varphi'(y).$$

易知,这个例子中所涉及的函数是严格单调函数.

对于所有严格单调函数 $y=g(x)$,定理 2-3 提供了计算 $Y=g(X)$ 的概率密度函数的方法.

定理 2-3　设随机变量 X 具有概率密度 $f_X(x)$,$x\in(-\infty,\ +\infty)$,$y=g(x)$ 处处可导,且恒有 $g'(x)>0$(或 $g'(x)<0$),则 $Y=g(X)$ 是连续型随机变量,其概率密度为

$$f_Y(y)=\begin{cases}f_X[h(y)]\,|h'(y)|,&\alpha<y<\beta,\\0,&\text{其他}.\end{cases}\qquad(2\text{-}4\text{-}1)$$

其中,$\alpha=\min\{g(-\infty),\ g(+\infty)\}$,$\beta=\max\{g(-\infty),\ g(+\infty)\}$,$h(y)$ 是 $g(x)$ 的反函数.

定理 2-3 的证明从略.

例 2-16 设随机变量 $X \sim N(\mu, \sigma^2)$, 试证明 X 的线性函数 $Y = aX + b(a \neq 0)$ 也服从正态分布.

解: X 的概率密度函数为

$$f_X(x) = \frac{1}{\sqrt{2\pi}\,\sigma} \mathrm{e}^{-\frac{(x-\mu)^2}{2\sigma^2}}, \quad -\infty < x < \infty,$$

令 $y = g(x) = ax + b$, 则 $g'(x) = a$, $a \neq 0$, 故 $g(x)$ 是严格单调的.

$$x = h(y) = \frac{y-b}{a}, \quad h'(y) = \frac{1}{a}.$$

由此可知, $Y = aX + b$ 的概率密度函数为

$$f_Y(y) = \frac{1}{|a|} f_X\left(\frac{y-b}{a}\right)$$

$$= \frac{1}{|a|\sqrt{2\pi}\,\sigma} \mathrm{e}^{-\frac{\left(\frac{y-b}{a} - \mu\right)^2}{2\sigma^2}}$$

$$= \frac{1}{\sqrt{2\pi}\,|a|\sigma} \mathrm{e}^{-\frac{[y-(b+a\mu)]^2}{2(a\sigma)^2}}, \quad -\infty < y < \infty,$$

即

$$Y \sim N(b + a\mu, (a\sigma)^2).$$

例 2-17 电压 $V = A\sin\theta$, 其中 A 是已知常数, 相角 θ 是一个随机变量, 且 $\theta \sim U\left(-\frac{\pi}{2}, \frac{\pi}{2}\right)$, 试求电压 V 的概率密度.

解: θ 的概率密度函数为

$$f_\theta(\theta) = \begin{cases} \dfrac{1}{\pi}, & \theta \in \left(-\dfrac{\pi}{2}, \dfrac{\pi}{2}\right), \\ 0, & \text{其他}. \end{cases}$$

令 $v = g(\theta) = A\sin\theta$, $v \in (-A, A)$, 则

$$g'(\theta) = A\cos\theta, \quad \theta = h(v) = \arcsin\frac{v}{A}, \quad h'(v) = \frac{1}{\sqrt{A^2 - v^2}}.$$

由此可知, $V = A\sin\theta$ 的概率密度函数为

$$\varphi_V(v) = \begin{cases} \dfrac{1}{\pi} \dfrac{1}{\sqrt{A^2 - v^2}}, & v \in (-A, A), \\ 0, & \text{其他}. \end{cases}$$

§ 2.5 本章实验

实验 2-1[交通] 有一繁忙的汽车站, 每天有大量汽车通过, 设每辆汽车在一天的某段时间内出事故的概率为 0.0001, 在每天的该段时间内有 1000 辆汽车通过该汽车站, 请

利用 Excel 求出事故的次数不小于 2 的概率.

实验准备：

学习"实验附录"中函数 BINOMDIST、函数 POISSON 的用法.

实验步骤：

第 1 步，在单元格 B2 中输入 n 值"1000"，在单元格 B3 中输入 p 值"0.0001"，在单元格 B4 中输入公式"=B2*B3"得 λ 值，在单元格 B5 中输入 k 值"1".

第 2 步，在单元格 B6 中输入公式"=1−BINOMDIST（B5−1，B2，B3，TRUE）".

第 3 步，在单元格 B7 中输入公式"=1−POSSION（B5−1，B4，TRUE）".

由此可得二项分布和泊松分布的结果，如图 2-5-1 所示.

	A	B	C	D	E
1	二项分布及泊松分布的计算				
2	n=	1000			
3	p=	0.0001			
4	λ=	0.1			
5	k=	2			
6	$P\{X \geqslant 2\}$=	0.004674768		二项分布计算结果	
7	$P\{X \geqslant 2\}$=	0.00467884		泊松分布计算结果	

图 2-5-1

实验 2-2 用 Excel 验证二项分布与泊松分布的关系，即泊松定理.

实验准备：

学习"实验附录"中函数 BINOMDIST、函数 POISSON 的用法.

实验步骤：

第 1 步，在单元格 B2 中输入 n 值"10"，在单元格 B4 中输入公式"=4"得 λ 值，在单元格 B3 中输入 p 值"B4/B2".

第 2 步，在单元格 A6～A15 中输入 k 值"1～10".

第 3 步，在单元格 B6 中输入公式"=BINOMDIST（A6，B2，B3，FALSE）"，并将公式复制到单元格区域 B7～B20.

第 4 步，在单元格 C6 中输入公式"=POSSION（A6，B4，FALSE）"，并将公式复制到单元格区域 C7～C20，结果如图 2-5-2 所示.

第 5 步，画折线图.选中单元格区域 B6：C20，单击"插入"选择"折线图"，即可得到概率分布的折线图，如图 2-5-3 所示.

第 6 步，修改单元格 B2 中 n 值，分别改为 20，50，100，可以看到二项分布的图像逐渐逼近泊松分布的图像，如图 2-5-4 所示.

	A	B	C
1	二项分布及泊松分布的计算		
2	$n=$	10	
3	$p=$	0.4	
4	$\lambda=$	4	
5	k	$B(n,p)$	$P(\lambda)$
6	1	0.040310784	0.073262556
7	2	0.120932352	0.146525111
8	3	0.214990848	0.195366815
9	4	0.250822656	0.195366815
10	5	0.200658125	0.156293452
11	6	0.111476736	0.104195635
12	7	0.042467328	0.059540363
13	8	0.010616832	0.029770181
14	9	0.001572864	0.013231192
15	10	0.000104858	0.005292477
16	11	#NUM!	0.001924537
17	12	#NUM!	0.000641512
18	13	#NUM!	0.000197388
19	14	#NUM!	5.63967E-05
20	15	#NUM!	1.50391E-05

图 2-5-2

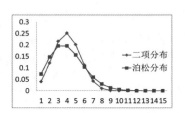

图 2-5-3

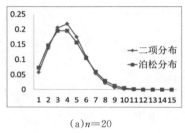

(a)$n=20$

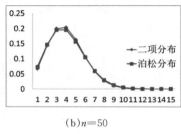

(b)$n=50$

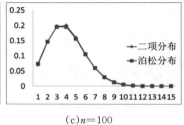

(c)$n=100$

图 2-5-4

实验 2-3 将一温度调节器放置在贮存着某种液体的容器内，调节器整定在 d（单位：℃），液体的温度 X 是一个随机变量，且 $X \sim N(90, 0.5^2)$，请利用 Excel 求出 X 小于 89℃的概率．

实验准备：

学习"实验附录"中函数 NORMDIST 的用法．

实验步骤：

在单元格 B3 中输入计算 $P\{X < 89\}$ 的公式" ＝NORMDIST（89，90，0.25，TRUE）"．由此可得计算结果，如图 2-5-5 所示．

	A	B
1	$X \sim N(90, 0.5^2)$	
2		
3	$P\{X < 89\}=$	0.022750132

图 2-5-5

◎知识扩展

正态分布的起源与发展

　　实际问题中涉及的随机变量大多服从正态分布,这个近似"中间高,两头低"的对称钟形分布,凭借其普遍的适用性,在各种概率分布中占据了首要地位.正态分布又名高斯分布,以纪念曾一度被认为是第一个提出它的高斯.不过另外一个说法是,正态分布是1733年棣莫弗率先提出来的概念.但因为高斯首次在天文学的探索中运用了正态分布,并且研究了它的性质,所以后人又称其为高斯分布.正态分布曲线虽然看上去很美,但它从出现到成为统计学中概率模型的理论基础经历了数百年.从表现形式来看,正态分布既为概率论所有,又是统计学的理论基础,因此它的出现与应用对后世有着重要的意义.

　　通过陈希孺先生的《数理统计学简史》,可以了解到正态分布的密度形式首次发现是在棣莫弗-拉普拉斯中心极限定理中.如此,我们就引入正态分布史上的首位主人公——棣莫弗.棣莫弗(Abraham de Moivre,1667—1754),英国数学家,原籍法国.1733年的一天,棣莫弗和几位朋友探讨自己的一篇7页纸论文,在采纳朋友们意见的基础上做了完善,最后这篇文章被收录在《机遇论(第2版)》一书中.也是在此篇文章中,棣莫弗第一次推导出正态概率曲线表达式.1730年,棣莫弗利用二项分布逼近得到了正态密度函数,并首次提出中心极限定理.1774年,拉普拉斯首先证明并开始推广棣莫弗的结论,用较一般的形式构建中心极限定理,也就是如今的棣莫弗-拉普拉斯中心极限定理.

　　进入18世纪,随着数学的发展,天文学也逐渐变得数学化起来.随着谷神星被发现,我们故事的第二位主人公高斯登场.高斯(Carl Friedrich Guass,1977—1855),德国数学家、物理学家和天文学家,近代数学的奠基者之一,后人称其为"数学王子".他在1809年出版了《天体绕日运动理论》一书,书中介绍了关于"数据结合"的问题,用人们意料之外的方法证明观测误差也服从正态分布,依据最大后验概率论证了观测参数的估计值就是算术平均值.对于如何解决误差分布,高斯通过拉普拉斯在1774年得到的结论,算出了误差分布的密度,从此高斯提出了误差正态分布.正态分布、中心极限定理的一般形式、最小二乘法的出现,对后世产生了深远的影响,所以后人将正态分布称为高斯分布.

　　20世纪,正态分布被概率学家们越拓越宽,而后数学家和物理学家们发现:条条曲径通正态.接下来,我们介绍故事的第三位主人公——麦克斯韦.麦克斯韦(James Clerk Maxwell,1831—1879),英国物理学家、数学家,他不仅在经典电动力学方面有所建树,而且是气体动理论的创始人之一,还在统计物理和热力学等学科领域为人类科学发展做出了突出贡献.1860年,麦克斯韦在考虑气体分子的运动速度分布时,在三维空间中推导出了气体分子的运动分布是正态分布,这个三维正态分布就是三个正态分布的乘积,这就是麦克斯韦-玻尔兹曼气体速率分布定律.

统计学是一门研究其他学科的方法论,例如,麦克斯韦把统计学引入物理学.而我们的第四位主人公——高尔顿,则最早把统计方法应用于生物学,他建立的回归分析模型对英国的生物统计学派的崛起做出了重要贡献.高尔顿(Francis Galton,1822—1911),英国遗传学家、统计学家,他也是生物统计学、人类遗传学及优生学的创立者.美国心理学家曾估算其幼年时的智商接近200.高尔顿在学术上遍地开花,以至于人颂"维多利亚时代的天才".高尔顿首先发现亲子两代的身高数据服从同一正态分布,进而通过"正态漏斗"实验、"种豌豆"实验这两个类比实验解决了前期存在的一些困惑.1884年,高尔顿建立了人体测量实验室,利用收集的数据绘成二维图来得到二维分布,以期发现这一现象背后的原因.

通过棣莫弗、高斯、麦克斯韦和高尔顿四个主人公的故事,正态分布早期历史的神秘面纱就揭开了.穿越百年历史,从最初被发现到被人们重视,到构成统计学的理论基础,正态分布曲线展示在世人面前,等候不同领域学者们的召唤.

习题2

1. 设有函数
$$F(x)=\begin{cases} \sin x, & 0\leqslant x\leqslant \pi, \\ 0, & 其他. \end{cases}$$
试说明 $F(x)$ 是不是某随机变量的函数.

2. 设随机变量 X 的分布律为
$$P\{X=k\}=\frac{k}{15}, \quad k=1,2,3,4,5.$$
求:(1) $P\{X=1或者X=2\}$; (2) $P\left\{\frac{1}{2}<X<\frac{5}{2}\right\}$; (3) $P\{1\leqslant X\leqslant 2\}$.

3. 在3次独立重复试验中,若已知 A 至少出现一次的概率等于 $\frac{19}{27}$,求事件 A 在一次试验中出现的概率.

4. 射手向目标独立地进行了3次射击,设每次击中率为0.8,求在3次射击中,击中目标的次数的分布律及分布函数,并求至少击中2次的概率.

5. (1) 设随机变量 X 的分布律为 $P\{X=k\}=a\frac{\lambda^k}{k!}$, $k=0,1,2,\cdots$,λ 为常数且 $\lambda>0$,试确定常数 a.

(2) 设随机变量 X 的分布律为 $P\{X=k\}=\frac{a}{N}$,$k=1,2,\cdots,N$,试确定常数 a.

6. 甲、乙两人投篮,投中的概率分别为0.6,0.7,今各投3次,求:

(1) 两人投中次数相等的概率; (2) 甲比乙投中次数多的概率.

7. 设一汽车在开往目的地的道路上需通过4盏信号灯，每盏灯以0.6的概率允许汽车通过，以0.4的概率禁止汽车通过（设各盏信号灯的工作相互独立）. 以X表示汽车首次停下时已经通过的信号灯盏数，求X的分布律.

8. 某一大批产品的合格率为98％，现随机地从这批产品中抽取20个. 问：抽得的20个产品中恰好有$k(k=1,2,\cdots,20)$个合格品的概率是多少？

9. 设事件A在每一次试验中发生的概率为0.3，当A发生不少于3次时，指示灯发出信号.

（1）进行了5次独立试验，试求指示灯发出信号的概率；

（2）进行了7次独立试验，试求指示灯发出信号的概率.

10. 一名学生每天骑自行车上学，从家到学校的途中有5个交通岗，假设他在各交通岗遇到红灯的事件是相互独立的，并且概率都是$\dfrac{1}{3}$.

（1）求这名学生在途中遇到红灯的次数X的分布律；

（2）求这名学生在首次遇到红灯或到达目的地停车前经过的路口数Y的分布律；

（3）求这名学生在途中至少遇到一次红灯的概率.

11. 进行某种试验，成功的概率为$\dfrac{3}{4}$，失败的概率为$\dfrac{1}{4}$. 以X表示试验首次成功所需试验的次数，试写出X的分布律，并计算X取偶数的概率.

12. 设电阻值R是一个随机变量，均匀地分布于900～1100Ω，试求R的概率密度，以及R落在950～1050Ω的概率.

13. 某仪器装有3只独立工作的同型号电子元件，其寿命（单位：小时）都服从同一指数分布，其密度函数为

$$f(x)=\begin{cases}\dfrac{1}{600}\mathrm{e}^{-\frac{x}{600}}, & x>0,\\ 0, & x\leqslant 0.\end{cases}$$

试求：在仪器使用的最初200小时内，至少有一只电子元件损坏的概率.

14. 已知X的密度函数为

$$f(x)=\begin{cases}c\mathrm{e}^{-3x}, & x>0,\\ 0, & \text{其他}.\end{cases}$$

（1）确定常数c；　　　　　　　　　　（2）求$P\{0<X<1\}$.

15. 设随机变量X的分布函数为

$$F(x)=\begin{cases}1-\mathrm{e}^{-x}, & x\geqslant 0,\\ 0, & x<0.\end{cases}$$

求：（1）概率密度$f(x)$；　　　　　　　　（2）$P\{-1<X\leqslant 1\}$.

16. 设随机变量X的分布函数为

$$F(x)=\begin{cases}1, & x<0,\\ Ax^2, & 0\leqslant x\leqslant 1,\\ 1, & x>1.\end{cases}$$

求：（1）A的值；（2）X落在$\left(-1,\dfrac{1}{2}\right)$及$\left(\dfrac{1}{3},2\right)$内的概率；（3）$X$的概率密度函数.

17. 设连续型随机变量 X 的概率密度函数为

$$f(x) = \begin{cases} kx, & 0 \leqslant x < 3, \\ 2 - \dfrac{x}{2}, & 3 \leqslant x \leqslant 4, \\ 0, & \text{其他}. \end{cases}$$

(1) 确定常数 k；　　　(2) 求 X 的分布函数；　　　(3) 求 $P\{1 < X < 3.5\}$.

18. 设 $X \sim N(2, \sigma^2)$，且 $P\{2 < X < 4\} = 0.3$，求 $P\{X < 0\}$.

19. 由某机器生产的螺栓长度（单位：cm）$X \sim N(10.05, 0.06^2)$，规定螺栓长度在 (10.05 ± 0.12)cm 内为合格品，求一螺栓为不合格品的概率.

20. 某人乘汽车去火车站，有两条路可走：第一条路程较短，但交通拥挤，所需时间（单位：分钟）$X \sim N(40, 10^2)$；第二条路程较长，但阻塞少，所需时间 $X \sim N(50, 4^2)$.

(1) 若动身时离火车开车只有 60 分钟，问应走哪条路赶上火车的把握更大些？

(2) 若动身时离火车开车只有 45 分钟，问应走哪条路赶上火车的把握更大些？

21. 有一批鸡蛋，其中优良品种占 $2/3$，一般品种占 $1/3$，优良品种蛋重（单位：克）$X_1 \sim N(55, 5^2)$，一般品种蛋重 $X_2 \sim N(45, 5^2)$.

(1) 从中任取一个，求其重量大于 50 克的概率；

(2) 从中任取两个，求它们的重量都小于 50 克的概率.

22. 设随机变量 X 的分布律为

X	2	1	0	1	3
p_k	1/5	1/6	1/5	1/15	11/30

试求 $Y = X^2$ 的分布律.

23. 设随机变量 X 的分布律为

X	2	1	0	1	2	3
p_k	$2a$	1/10	$3a$	a	a	$2a$

(1) 试确定常数 a；　　　　　　　(2) 求 $Y = X^2 - 1$ 的分布律.

24. 设 $X \sim N(0, 1)$.

(1) 求 $Y = e^x$ 的概率密度；　　　　　(2) 求 $Y = 2X^2 + 1$ 的概率密度；

(3) 求 $Y = |X|$ 的概率密度.

25. 设 X 分别为服从 $U\left[-\dfrac{\pi}{2}, \dfrac{\pi}{2}\right]$，$U[0, \pi]$，$U[0, 2\pi]$ 的随机变量，求 $Y = \sin X$ 的概率密度函数.

26. 设随机变量 X 的概率密度为

$$F(x) = \begin{cases} \dfrac{2x}{\pi^2}, & 0 < x < \pi, \\ 0, & \text{其他}. \end{cases}$$

试求 $Y = \sin x$ 的概率密度.

习题 2 参考答案

第3章　多维随机变量

在第2章中，我们学习了离散型和连续型随机变量的概率模型，事实上，在许多实际问题中，只用一个随机变量来描述是不够的，需要多个随机变量来描述随机现象．例如，考察某地区中学生的身体素质，随机地选取一名学生，观测学生的身高 X、体重 Y 和肺活量 Z 等指标，这就涉及三个随机变量；又如，考察某地区的气候状况，观测该地区的温度 X、湿度 Y，这就涉及两个随机变量，如果还需要考虑其他指标，则应引入更多的随机变量．一般情况下，同一随机试验所涉及的这些随机变量之间是有联系的，因而要把它们作为一个整体进行看待和研究．

本章着重讨论二维随机变量，讲述多个随机变量的一些基本内容．

§3.1　二维随机变量及其分布函数

3.1.1　二维随机变量的定义

二维随机变量的分布函数

一般的，设 E 是一个随机试验，它的样本空间是 $\Omega=\{e\}$．设 $X=X(e)$ 和 $Y=Y(e)$ 是定义在 Ω 上的随机变量，由它们构成的一个向量 $(X,\ Y)$，叫作**二维随机向量**或者**二维随机变量**，简记为 $(X,\ Y)$．

和一维随机变量类似，二维随机变量也可以通过分布函数来描述其概率分布规律．

定义 3-1　设 $(X,\ Y)$ 是二维随机变量，对任意实数 x，y，称二元函数

$$F(x,\ y)=P\{X\leqslant x,\ Y\leqslant y\} \tag{3-1-1}$$

为二维随机变量 $(X,\ Y)$ 的**分布函数**，或随机变量 X 和 Y 的**联合分布函数**．

如果我们将二维随机变量 $(X,\ Y)$ 看成是平面上随机点的坐标，那么，分布函数 $F(x,\ y)$ 在点 $(x,\ y)$ 处的函数值就是以 $(x,\ y)$ 为顶点而位于该点左下方的无穷矩形域内的概率（见图 3-1-1）．

根据上述解释，并根据图 3-1-2，容易计算出随机点落在矩形区域 $\{x_1<X\leqslant x_2,\ y_1<Y\leqslant y_2\}$ 内的概率为

$$P\{x_1<X\leqslant x_2,\ y_1<Y\leqslant y_2\}=F(x_2,\ y_2)-F(x_2,\ y_1)-F(x_1,\ y_2)+F(x_1,\ y_1)$$

$$\tag{3-1-2}$$

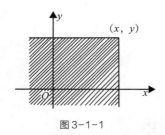

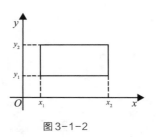

图 3-1-1　　　　　　　　图 3-1-2

容易得出 (X, Y) 的分布函数满足如下基本性质：

(1) $F(x, y)$ 是变量 x, y 的不减函数. 即对于任意固定的 y，当 $x_1 < x_2$ 时，有 $F(x_1, y) < F(x_2, y)$；对于任意固定的 x，当 $y_1 < y_2$ 时，有 $F(x, y_1) \leqslant F(x, y_2)$.

(2) $0 \leqslant F(x, y) \leqslant 1$，对任意的 y，则 $F(-\infty, y) = 0$；对任意的 x，$F(x, -\infty) = 0$，则

$$F(-\infty, -\infty) = 0, \quad F(+\infty, +\infty) = 1.$$

(3) $F(x, y)$ 关于 x, y 是右连续的，即

$$F(x, y) = F(x^+, y), \quad F(x, y) = F(x, y^+).$$

(4) 对任意的 (x_1, y_1) 和 (x_2, y_2)，$x_1 < y_1$，$x_2 < y_2$，有

$$F(x_2, y_2) - F(x_2, y_1) - F(x_1, y_2) + F(x_1, y_1) \geqslant 0.$$

3.1.2　二维离散型随机变量

定义 3-2　若二维随机变量 (X, Y) 的所有可能取值是有限对或无穷可数多对，则称 (X, Y) 为**二维离散型随机变量**.

二维离散型随机
变量及其分布

定义 3-3　若二维离散型随机变量 (X, Y) 的一切可能取值为 (x_i, y_j)，$i, j = 1, 2, \cdots$，且 (X, Y) 取各对值的概率为

$$P\{X = x_i, Y = y_j\} = p_{ij}, \quad i, j = 1, 2, \cdots, \tag{3-1-3}$$

则称式 (3-1-3) 为二维离散型随机变量 (X, Y) 的分布律或随机变量 X 和 Y 的联合分布律.

二维离散型随机变量 (X, Y) 的联合分布律，也可以用表 3-1-1 表示.

表 3-1-1

Y ＼ X	x_1	x_2	$\cdots$	x_i	$\cdots$
y_1	p_{11}	p_{21}	$\cdots$	p_{i1}	$\cdots$
y_2	p_{12}	p_{22}	$\cdots$	p_{i2}	$\cdots$
$\vdots$	$\vdots$	$\vdots$	$\vdots$	$\vdots$	$\vdots$
y_j	p_{1j}	p_{2j}	$\cdots$	p_{ij}	$\cdots$
$\vdots$	$\vdots$	$\vdots$	$\vdots$	$\vdots$	$\vdots$

由概率的定义可得，p_{ij} 具有下列性质：

（1）非负性，$p_{ij} \geqslant 0$.

（2）规范性，$\sum\limits_{i,j} p_{ij} = 1$.

二维离散型随机变量 (X, Y) 的分布函数与概率分布之间具有如下关系式：

$$F(x, y) = \sum_{x_i \leqslant x} \sum_{y_j \leqslant y} p_{ij} \qquad (3\text{-}1\text{-}4)$$

其中，等式右端 $\sum$ 指的是对一切满足 $x_i \leqslant x$，$y_j \leqslant y$ 的 i 和 j 求和.

例 3-1 设随机变量 X 表示在 1，2，3，4 这 4 个整数中等可能地取出的数，另一个随机变量 Y 表示在 $1 \sim X$ 中等可能地取出的一整数值，试求 (X, Y) 的分布律.

解： 由乘法公式容易求得 (X, Y) 的分布律，易知 $\{X = x_i, Y = y_j\}$ 的取值情况是：$i = 1$，2，3，4，j 取不大于 i 的正整数，且

$$P\{X = x_i, Y = y_j\} = P\{Y = j \mid X = i\} P\{X = i\}$$

$$= \frac{1}{i} \cdot \frac{1}{4}, \qquad i = 1, 2, 3, 4, \ j \leqslant i.$$

于是有 (X, Y) 的分布律表如下：

Y \ X	1	2	3	4
1	$\frac{1}{4}$	$\frac{1}{8}$	$\frac{1}{12}$	$\frac{1}{16}$
2	0	$\frac{1}{8}$	$\frac{1}{12}$	$\frac{1}{16}$
3	0	0	$\frac{1}{12}$	$\frac{1}{16}$
4	0	0	0	$\frac{1}{16}$

3.1.3 二维连续型随机变量

二维连续型随机
变量及其分布

定义 3-4 设 (X, Y) 为二维随机变量，$F(x, y)$ 为其分布函数. 若存在非负函数 $f(x, y)$，使得对任意实数 x，y，有

$$F(x, y) = P\{X \leqslant x, Y \leqslant y\} = \int_{-\infty}^{x} \int_{-\infty}^{y} f(u, v) \mathrm{d}u \mathrm{d}v, \qquad (3\text{-}1\text{-}5)$$

则称 (X, Y) 为二维连续型随机变量，称 $f(x, y)$ 为二维随机变量 (X, Y) 的概率密度，或称为随机变量 X 和 Y 的联合概率密度.

由定义 3-4 可知，概率密度 $f(x, y)$ 具有如下性质：

（1）$f(x, y) \geqslant 0$；

（2）$\int_{-\infty}^{+\infty} \int_{-\infty}^{+\infty} f(x, y) \mathrm{d}x \mathrm{d}y = 1$；

（3）若 $f(x, y)$ 在 (x, y) 处连续，则有 $\dfrac{\partial^2 F(x, y)}{\partial x \partial y} = f(x, y)$；

（4）设 G 为 xOy 平面上的任一个区域，随机点 (x, y) 落在 G 内的概率为

$$P\{(X,\ Y)\in G\}=\iint\limits_{G}f(x,\ y)\mathrm{d}x\mathrm{d}y.$$

在几何上，$z=f(x,\ y)$ 表示空间的一个曲面，由性质（2）可知介于 $z=f(x,\ y)$ 与 xOy 平面的空间区域的体积为 1. 根据二重积分的几何意义可知，$P\{(X,\ Y)\in G\}$ 的值等于以 G 为底，以曲面 $z=f(x,\ y)$ 为顶面的柱体体积. 所以，性质（4）是一个非常重要的结论，它将二维连续型随机变量 $(X,\ Y)$ 在平面区域内取值的概率问题转化为二重积分的运算问题.

例 3-2 设二维连续型随机变量 $(X,\ Y)$ 的概率密度为

$$f(x,\ y)=\begin{cases}A\mathrm{e}^{-(x+2y)}, & x>0,\ y>0, \\ 0, & \text{其他}.\end{cases}$$

（1）确定常数 A；　　　　　　　　　（2）求 $(X,\ Y)$ 的分布函数；
（3）求 $P\{Y\leqslant X\}$.

解：（1）由规范性得

$$\int_{-\infty}^{+\infty}\int_{-\infty}^{+\infty}f(x,\ y)\mathrm{d}x\mathrm{d}y=\int_{0}^{+\infty}\int_{0}^{+\infty}A\mathrm{e}^{-(x+2y)}\mathrm{d}x\mathrm{d}y$$

$$=A\int_{0}^{+\infty}\mathrm{e}^{-x}\mathrm{d}x\int_{0}^{+\infty}\mathrm{e}^{-2y}\mathrm{d}y=\frac{1}{2}A=1,$$

于是
$$A=2.$$

（2）由定义 3-4 可知

$$F(x,\ y)=\int_{-\infty}^{x}\int_{-\infty}^{y}f(u,\ v)\mathrm{d}u\mathrm{d}v=\iint\limits_{G}f(u,\ v)\mathrm{d}u\mathrm{d}v$$

其中，$G=\{(u,\ v)\,|-\infty<u\leqslant x,\ -\infty<v\leqslant y\}$.

显然，当 $x\leqslant 0$，$y\leqslant 0$ 时，$f(u,\ v)$ 在 G 内恒为零，因此
$$F(x,\ y)=0.$$

当 $x>0$，$y>0$ 时，

$$F(x,\ y)=\iint\limits_{G}f(u,\ v)\mathrm{d}u\mathrm{d}v=2\int_{0}^{x}\int_{0}^{y}\mathrm{e}^{-(x+2y)}\mathrm{d}x\mathrm{d}y$$

$$=(1-\mathrm{e}^{-x})(1-\mathrm{e}^{-2y}).$$

故
$$F(x,\ y)=\begin{cases}(1-\mathrm{e}^{-x})(1-\mathrm{e}^{-2y}), & x>0,\ y>0, \\ 0, & \text{其他}.\end{cases}$$

（3）由于事件 $\{Y\leqslant X\}$ 表示"随机变量 $(X,\ Y)$ 的取值落在直线 $y=x$ 的右下侧区域"，将 $(X,\ Y)$ 看作平面上随机点的坐标，即有

$$\{Y\leqslant X\}=\{(X,\ Y)\in G\},$$

其中，G 为 xOy 平面上直线 $y=x$ 及其下方的区域，如图 3-1-3 所示.
于是

$$P\{Y\leqslant X\}=P\{(X,\ Y)\in G\}=\iint\limits_{G}f(x,\ y)\mathrm{d}x\mathrm{d}y$$

$$=2\int_{0}^{+\infty}\mathrm{e}^{-x}\mathrm{d}x\int_{0}^{x}\mathrm{e}^{-2y}\mathrm{d}y=\frac{1}{3},$$

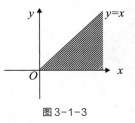

图 3-1-3

类似于一维连续型随机变量.接下来，我们给出两种常见的二维连续型随机变量及其分布.

1.均匀分布

设 G 是平面上的有界区域，其面积为 D，若二维随机变量 (X, Y) 具有概率密度

$$f(x, y)=\begin{cases} \dfrac{1}{D}, & (x, y)\in G, \\ 0, & \text{其他,} \end{cases}$$

则称 (X, Y) 在区域 G 上服从**均匀分布**.记作 $(X, Y)\sim U(G)$.

例 3-3 设 (X, Y) 在区域 $G=\{(x, y): x^2+y^2\leqslant 4\}$ 上服从均匀分布，求：

(1) (X, Y) 的概率密度；   (2) $P\{0<X<1, 0<Y<1\}$.

解： (1) 圆域 $x^2+y^2\leqslant 4$ 的面积 $A=4\pi$，故 (X, Y) 的概率密度为

$$f(x, y)=\begin{cases} \dfrac{1}{4\pi}, & x^2+y^2\leqslant 4, \\ 0, & \text{其他.} \end{cases}$$

(2) G 为不等式 $0<X<1, 0<Y<1$ 所确定的区域，所以

$$P\{0<X<1, 0<Y<1\}=\iint\limits_{G} f(x, y)\mathrm{d}x\mathrm{d}y=\int_0^1\mathrm{d}x\int_0^1\frac{1}{4\pi}\mathrm{d}y=\frac{1}{4\pi}.$$

2.正态分布

定义 3-5 若 (X, Y) 的概率密度为

$$f(x, y)=\frac{1}{2\pi\sigma_1\sigma_2\sqrt{1-\rho^2}}\exp\left\{-\frac{1}{2(1-\rho^2)}\left[\frac{(x-\mu_1)}{\sigma_1^2}-2\rho\frac{(x-\mu_1)(y-\mu_2)}{\sigma_1\sigma_2}+\frac{(y-\mu_2)^2}{\sigma_2^2}\right]\right\}$$

其中，$\mu_1, \mu_2, \sigma_1, \sigma_2, \rho$ 均为常数，且 $-\infty<\mu_1<+\infty, -\infty<\mu_2<+\infty, \sigma_1>0, \sigma_2>0, -1<\rho<1$，则称 (X, Y) 服从参数为 $\mu_1, \mu_2, \sigma_1, \sigma_2, \rho$ 的二维正态分布，记为 $(X, Y)\sim N(\mu_1, \mu_2, \sigma_1^2, \sigma_2^2, \rho)$.

边缘分布

§3.2 边缘分布

二维随机变量 (X, Y) 作为一个整体，它具有分布函数 $F(x, y)$，而 X 和 Y 也都是随机变量，它们各自具有分布函数.将它们分别记为 $F_X(x)$ 和 $F_Y(y)$，依次称为二维随机变量 (X, Y) 关于 X 和 Y 的边缘分布函数.边缘分布函数可以由 (X, Y) 的分布函数 $F(x, y)$ 来确定，事实上

$$F_X(x)=P\{X\leqslant x\}=P\{X\leqslant x, Y\leqslant +\infty\}=F(x, +\infty), \tag{3-2-1}$$

$$F_Y(y)=P\{Y\leqslant y\}=P\{X\leqslant +\infty, Y\leqslant y\}=F(+\infty, y). \tag{3-2-2}$$

3.2.1 二维离散型随机变量的边缘分布

设(X, Y)是二维离散型随机变量，其分布律为$P\{X=x_i, Y=y_j\}=p_{ij}$, i, $j=1$, 2, ⋯.由式（3-1-4）和式（3-2-1）可得

$$F_X(x)=F(x, +\infty)=\sum_{x_i\leqslant x}\sum_{y_j\leqslant y}p_{ij}=\sum_{x_i\leqslant x}\sum_j p_{ij},$$

与式（2-2-4）相比较可知，X的分布律为

$$P\{X=x_i\}=\sum_j p_{ij}, \quad i=1, 2, \cdots,$$

称其为(X, Y)关于X的**边缘分布律**.

同理，(X, Y)关于Y的边缘分布律为

$$P\{Y=y_j\}=\sum_i p_{ij}, \quad j=1, 2, \cdots.$$

记
$$p_{i\cdot}=P\{X=x_i\}=\sum_j p_{ij}, \quad i=1, 2, \cdots, \tag{3-2-3}$$

$$p_{\cdot j}=P\{Y=y_j\}=\sum_i p_{ij}, \quad j=1, 2, \cdots, \tag{3-2-4}$$

分别称$p_{i\cdot}$, $i=1$, 2, ⋯和$p_{\cdot j}$, $j=1$, 2, ⋯为X和Y的边缘分布律.

例3-4 某只箱子中装有10只开关，其中2只是次品，在其中取两次，每次任取1只，考虑两种试验：（1）有放回抽样；（2）不放回抽样.我们定义随机变量X, Y如下：

$$X=\begin{cases}0, & \text{若第一次取出的是正品,}\\ 1, & \text{若第一次取出的是次品;}\end{cases}$$

$$Y=\begin{cases}0, & \text{若第二次取出的是正品,}\\ 1, & \text{若第二次取出的是次品.}\end{cases}$$

试分别写出以上两种情况下，(X, Y)的联合分布律与边缘分布律.

解： （1）有放回抽样时，X和Y的联合分布律为

$$P\{X=0, Y=0\}=P\{X=0\}P\{Y=0\}=\frac{4}{5}\times\frac{4}{5}=\frac{16}{25},$$

$$P\{X=0, Y=1\}=P\{X=0\}P\{Y=1\}=\frac{4}{5}\times\frac{1}{5}=\frac{4}{25},$$

$$P\{X=1, Y=0\}=P\{X=1\}P\{Y=0\}=\frac{1}{5}\times\frac{4}{5}=\frac{4}{25},$$

$$P\{X=1, Y=1\}=P\{X=1\}P\{Y=1\}=\frac{1}{5}\times\frac{1}{5}=\frac{1}{25}.$$

X的边缘分布律为

$$P\{X=0\}=P\{X=0, Y=0\}+P\{X=0, Y=1\}=\frac{4}{5},$$

$$P\{X=1\}=P\{X=1, Y=0\}+P\{X=1, Y=1\}=\frac{1}{5}.$$

Y的边缘分布律为

$$P\{Y=0\}=P\{X=0, Y=0\}+P\{X=1, Y=0\}=\frac{4}{5},$$

$$P\{Y=1\}=P\{X=0,\ Y=1\}+P\{X=1,\ Y=1\}=\frac{1}{5}.$$

（2）无放回抽样时，X 和 Y 的联合分布律为

$$P\{X=0,\ Y=0\}=\frac{4}{5}\times\frac{7}{9}=\frac{28}{45},$$

$$P\{X=0,\ Y=1\}=\frac{4}{5}\times\frac{2}{9}=\frac{8}{45},$$

$$P\{X=1,\ Y=0\}=\frac{1}{5}\times\frac{8}{9}=\frac{8}{45},$$

$$P\{X=1,\ Y=1\}=\frac{1}{5}\times\frac{1}{9}=\frac{1}{45}.$$

X 的边缘分布律为

$$P\{X=0\}=P\{X=0,\ Y=0\}+P\{X=0,\ Y=1\}=\frac{4}{5},$$

$$P\{X=1\}=P\{X=1,\ Y=0\}+P\{X=1,\ Y=1\}=\frac{1}{5}.$$

Y 的边缘分布律为

$$P\{Y=0\}=P\{X=0,\ Y=0\}+P\{X=1,\ Y=0\}=\frac{4}{5},$$

$$P\{Y=1\}=P\{X=0,\ Y=1\}+P\{X=1,\ Y=1\}=\frac{1}{5}.$$

（1）和（2）两种情况下的 X 和 Y 的联合分布律及边缘分布律形式如下：

有放回抽样：

Y \ X	0	1	$P\{Y=y_j\}$
0	$\frac{16}{25}$	$\frac{4}{25}$	$\frac{4}{5}$
1	$\frac{4}{25}$	$\frac{1}{25}$	$\frac{1}{5}$
$P\{X=x_i\}$	$\frac{4}{5}$	$\frac{1}{5}$	

无放回抽样：

Y \ X	0	1	$P\{Y=y_j\}$
0	$\frac{28}{45}$	$\frac{8}{45}$	$\frac{4}{5}$
1	$\frac{8}{45}$	$\frac{1}{45}$	$\frac{1}{5}$
$P\{X=x_i\}$	$\frac{4}{5}$	$\frac{1}{5}$	

我们常常将边缘分布律写在联合分布率表格的边缘，这就是名词"边缘分布律"的由来.

3.2.2 二维连续型随机变量的边缘分布

设 $(X,\ Y)$ 是二维连续型随机变量，其概率密度函数为 $f(x,\ y)$，由式（3-2-1）和

式（3-1-5）可知，

$$F_X(x)=F(x,\ +\infty)=\int_{-\infty}^{x}\int_{-\infty}^{y}f(u,\ v)\mathrm{d}u\mathrm{d}v=\int_{-\infty}^{x}\Big[\int_{-\infty}^{+\infty}f(u,\ v)\mathrm{d}v\Big]\mathrm{d}u.$$

记为

$$f_X(u)=\int_{-\infty}^{+\infty}f(u,\ v)\mathrm{d}v,$$

则有

$$F_X(x)=\int_{-\infty}^{+\infty}f_X(u)\mathrm{d}u.$$

由第 2 章易知，X 是一个连续型随机变量，其概率密度为

$$f_X(x)=\int_{-\infty}^{+\infty}f(x,\ y)\mathrm{d}y. \tag{3-2-5}$$

同理可知，Y 也是连续型随机变量，其概率密度为

$$f_Y(y)=\int_{-\infty}^{+\infty}f(x,\ y)\mathrm{d}x. \tag{3-2-6}$$

分别称 $f_X(x)$ 和 $f_Y(y)$ 为 X 和 Y 的边缘概率密度.

例 3-5　设二维连续型随机变量 $(X,\ Y)$ 的联合概率密度为

$$f(x,\ y)=\begin{cases}x^2y, & x^2\leqslant y\leqslant 1,\\ 0, & \text{其他,}\end{cases}$$

求边缘概率密度 $f_X(x)$，$f_Y(y)$.

解：如图 3-2-1 所示，（1）当 $x<-1$ 或者 $x>1$ 时，$f(x,\ y)=0$，所以

$$f_X(x)=0;$$

（2）当 $-1\leqslant x\leqslant 1$ 时，

$$f_X(x)=\int_{x^2}^{1}f(x,\ y)\mathrm{d}y=\int_{x^2}^{1}x^2 y\mathrm{d}y=\frac{x^2}{2}-\frac{x^6}{2}.$$

综上所述，边缘概率密度 $f_X(x)$ 为

$$f_X(x)=\begin{cases}\dfrac{x^2}{2}-\dfrac{x^6}{2}, & -1\leqslant x\leqslant 1,\\ 0, & \text{其他.}\end{cases}$$

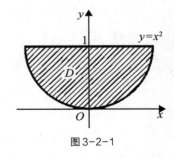

图 3-2-1

同理可得：

$$f_Y(y)=\begin{cases}\displaystyle\int_{0}^{\sqrt{y}}x^2 y\mathrm{d}x=\frac{1}{3}y^{\frac{5}{2}}, & -1\leqslant y\leqslant 1,\\ 0, & \text{其他.}\end{cases}$$

例 3-6　设随机变量 $(X,\ Y)$ 服从二维正态分布 $N(\mu_1,\ \mu_2,\ \sigma_1^2,\ \sigma_2^2,\ \rho)$，求 X 与 Y 的边缘概率密度.

解：$f_X(x)=\displaystyle\int_{-\infty}^{+\infty}f(x,\ y)\mathrm{d}y$，其中 $f(x,\ y)$ 见定义 3-5.由于

$$\frac{(y-\mu_2)^2}{\sigma_2^2}-2\rho\frac{(x-\mu_1)(y-\mu_2)}{\sigma_1\sigma_2}=\left(\frac{y-\mu_2}{\sigma_2}-\rho\frac{x-\mu_1}{\sigma_1}\right)^2-\rho^2\frac{(x-\mu_1)^2}{\sigma_1^2},$$

于是　　　$f_X(x)=\dfrac{1}{2\pi\sigma_1\sigma_2\sqrt{1-\rho^2}}\mathrm{e}^{-\frac{(x-\mu_1)^2}{2\sigma_1^2}}\displaystyle\int_{-\infty}^{+\infty}\mathrm{e}^{-\frac{1}{2(1-\rho^2)}\left(\frac{y-\mu_2}{\sigma_2}-\rho\frac{x-\mu_1}{\sigma_1}\right)^2}\mathrm{d}y.$

令 $t = \dfrac{1}{\sqrt{1-\rho^2}}\left(\dfrac{y-\mu_2}{\sigma_2} - \rho\dfrac{x-\mu_1}{\sigma_1}\right)$，则有

$$f_X(x) = \frac{1}{2\pi\sigma_1}e^{-\frac{(x-\mu_1)^2}{2\sigma_1^2}}\int_{-\infty}^{+\infty}e^{-\frac{t^2}{2}}dt = \frac{1}{2\pi\sigma_1}e^{-\frac{(x-\mu_1)^2}{2\sigma_1^2}}, \quad -\infty < x < +\infty.$$

同理可得：

$$f_Y(y) = \frac{1}{2\pi\sigma_1}e^{-\frac{(x-\mu_1)^2}{2\sigma_1^2}}, \quad -\infty < y < +\infty.$$

二维正态随机变量 (X, Y) 的两个分量都服从正态分布，并且与参数 ρ 无关．所以，对于给定的 μ_1，μ_2，σ_1^2，σ_2^2，当取不同的 ρ 时，对应了不同的二维正态分布，它们的边缘分布却都服从相同的正态分布．由此也说明，仅由 X 和 Y 的边缘概率密度一般不能确定 (X, Y) 的概率密度．

§ 3.3 条件分布

在第 1 章中，针对随机事件介绍了条件概率的定义．在本节内容中，我们将讨论二维离散型随机变量的条件分布．

3.3.1 离散型随机变量的条件概率分布

定义 3-6 设二维离散型随机变量 (X, Y) 的联合概率分布为 $P\{X=x_i, Y=y_j\}$，$i, j=1, 2, \cdots$，边缘概率分布分别为 $P\{X=x_i\}$，$i=1, 2, \cdots$ 和 $P\{Y=y_j\}$，$j=1, 2, \cdots$．对于固定的 j，若 $P\{X=x_i\} > 0$，则称

$$P\{X=x_i \mid Y=y_j\} = \frac{P\{X=x_i, Y=y_j\}}{P\{Y=y_j\}}, \quad i=1, 2, \cdots \tag{3-3-1}$$

为在 $Y=y_j$ 条件下随机变量 X 的条件分布律．

同样地，对于固定的 i，若 $P\{Y=y_j\} > 0$，则称

$$P\{Y=y_j \mid X=x_i\} = \frac{P\{X=x_i, Y=y_j\}}{P\{X=x_i\}}, \quad j=1, 2, \cdots \tag{3-3-2}$$

为在 $X=x_i$ 条件下随机变量 Y 的条件分布律．

例 3-7 求例 3-4 中 Y 的条件概率分布．

解：在例 3-4 中已求出 (X, Y) 的概率分布和边缘概率分布，这样由式（3-3-2）可得 Y 的条件概率分布如下．

在 $X=0$ 的条件下，

$$P\{Y=0 \mid X=0\} = \frac{\frac{28}{45}}{\frac{4}{5}} = \frac{7}{9}, \qquad P\{Y=1 \mid X=0\} = \frac{\frac{8}{45}}{\frac{4}{5}} = \frac{2}{9}.$$

或者如下表所示：

$Y=k$	0	1
$P\{Y=k\|X=0\}$	$\frac{7}{9}$	$\frac{2}{9}$

在 $X=1$ 的条件下，

$$P\{Y=0|X=1\}=\frac{\frac{8}{45}}{\frac{1}{5}}=\frac{8}{9},\quad P\{Y=1|X=1\}=\frac{\frac{1}{45}}{\frac{1}{5}}=\frac{1}{9}.$$

或者如下表所示：

$Y=k$	0	1
$P\{Y=k\|X=1\}$	$\frac{8}{9}$	$\frac{1}{9}$

例3-8 在一汽车工厂中，一辆汽车有两道工序是由机器人完成的：其一是紧固3只螺栓，其二是焊接2处焊点. 以 X 表示由机器人紧固的不良螺栓的数目，以 Y 表示由机器人焊接的不良焊接点的数目. 已往资料显示，(X,Y) 具有如下分布律：

Y \\ X	0	1	2	3	$P\{Y=j\}$
0	0.840	0.030	0.020	0.010	0.900
1	0.060	0.010	0.008	0.002	0.080
2	0.010	0.005	0.004	0.001	0.020
$P\{X=i\}$	0.910	0.045	0.032	0.013	1.000

(1) 求在 $X=1$ 的条件下，Y 的条件分布律；

(2) 求在 $Y=0$ 的条件下，X 的条件分布律.

解：边缘分布已经求出并列在上表中. 在 $X=1$ 的条件下，Y 的条件分布律为

$$P\{Y=0|X=1\}=\frac{P\{X=1,Y=0\}}{P\{X=1\}}=\frac{0.030}{0.045}=\frac{6}{9},$$

$$P\{Y=1|X=1\}=\frac{P\{X=1,Y=1\}}{P\{X=1\}}=\frac{0.010}{0.045}=\frac{2}{9},$$

$$P\{Y=2|X=1\}=\frac{P\{X=1,Y=2\}}{P\{X=1\}}=\frac{0.005}{0.045}=\frac{1}{9}.$$

或者写成如下表格形式：

$Y=k$	0	1	2
$P\{Y=k\|X=1\}$	$\frac{6}{9}$	$\frac{2}{9}$	$\frac{1}{9}$

同理可以得到在 $Y=0$ 的条件下，X 的条件分布律为

$X=k$	0	1	2	3
$P\{X=k\|Y=0\}$	$\frac{84}{90}$	$\frac{3}{90}$	$\frac{2}{90}$	$\frac{1}{90}$

3.3.2 连续型随机变量的条件概率密度

设 (X, Y) 是二维连续型随机变量，由于对任意 x，y，$P\{X=x\}=0$，$P\{Y=y\}=0$，因此不能像离散型随机变量那样引入条件分布，而要用极限的方法来处理.给定 y，对任意固定的正数 ε，概率 $P\{y-\varepsilon<Y\leqslant y+\varepsilon\}>0$，于是对于任意的 x，

$$P\{X\leqslant x|y-\varepsilon<Y\leqslant y+\varepsilon\}=\frac{P\{X\leqslant x,y-\varepsilon<Y\leqslant y+\varepsilon\}}{P\{y-\varepsilon<Y\leqslant y+\varepsilon\}},$$

这是在 $y-\varepsilon<Y\leqslant y+\varepsilon$ 条件下 X 的条件分布函数.

定义 3-7 设对任何固定的正数 ε，$P\{y-\varepsilon<Y\leqslant y+\varepsilon\}>0$，且若对于任意实数 x，极限

$$\lim_{\varepsilon\to 0^+}P\{X\leqslant x|y-\varepsilon<Y\leqslant y+\varepsilon\}=\lim_{\varepsilon\to 0^+}\frac{P\{X\leqslant x,y-\varepsilon<Y\leqslant y+\varepsilon\}}{P\{y-\varepsilon<Y\leqslant y+\varepsilon\}} \tag{3-3-3}$$

存在，则称此极限为在 $Y=y$ 条件下 X 的条件分布函数，记为 $P\{X\leqslant x|Y=y\}$ 或 $F_{X|Y}(x|y)$.与一维随机变量概率密度的定义类似，给出以下定义.

定义 3-8 设二维随机变量 (X, Y) 的概率密度为 $f(x, y)$，(X, Y) 关于 Y 的边缘概率密度为 $f_Y(y)$.若对于固定的 y，$f_Y(y)>0$，则称 $\dfrac{f(x,y)}{f_Y(y)}$ 为在 $Y=y$ 的条件下 X 的条件概率密度，记为

$$f_{X|Y}(x|y)=\frac{f(x,y)}{f_Y(y)}. \tag{3-3-4}$$

称 $\displaystyle\int_{-\infty}^{x}f_{X|Y}(x|y)\mathrm{d}x=\int_{-\infty}^{x}\frac{f(x,y)}{f_Y(y)}\mathrm{d}x$ 为在 $Y=y$ 的条件下 X 的条件分布函数，记为 $F_{X|Y}(x|y)$，即

$$F_{X|Y}(x|y)=P\{X\leqslant x|Y=y\}=\int_{-\infty}^{x}\frac{f(x,y)}{f_Y(y)}\mathrm{d}x.$$

类似地，若 (X, Y) 关于 Y 的边缘概率密度为 $f_X(x)$，则在 $X=x$ 的条件下，Y 的条件概率密度为

$$f_{Y|X}(y|x)=\frac{f(x,y)}{f_X(x)}, \tag{3-3-5}$$

且在 $X=x$ 的条件下，Y 的条件分布函数为

$$F_{Y|X}(y|x)=\int_{-\infty}^{y}\frac{f(x,y)}{f_X(x)}\mathrm{d}y.$$

例 3-9 设随机变量 $X\sim U(0, 1)$，当观察到 $X=x(0<x<1)$ 时，$Y\sim U(x, 1)$，求 Y 的概率密度 $f_Y(y)$.

解：由题意可知 X 具有概率密度

$$f(x, y)=\begin{cases}1, & 0<x<1, \\ 0, & 其他.\end{cases}$$

对于任意给定的 $x(0 < x < 1)$，在 $X = x$ 的条件下 Y 的条件概率密度为

$$f_{Y|X}(y|x) = \begin{cases} \dfrac{1}{1-x}, & x < y < 1, \\ 0, & \text{其他}. \end{cases}$$

由式（3-3-5）得 X 和 Y 的联合概率密度为

$$f(x, y) = f_{Y|X}(y|x)f_X(x) = \begin{cases} \dfrac{1}{1-x}, & 0 < x < y < 1, \\ 0, & \text{其他}. \end{cases}$$

于是关于 Y 的边缘概率密度为

$$f_Y(y) = \int_{-\infty}^{+\infty} f(x, y)\mathrm{d}x = \begin{cases} \displaystyle\int_0^y \dfrac{1}{1-x}\mathrm{d}x = -\ln(1-y), & 0 < y < 1, \\ 0, & \text{其他}. \end{cases}$$

§3.4 随机变量的独立性

通过第 1 章的学习，我们讨论了随机事件的相互独立，它在概率的计算中起着重要作用，是概率统计中一个十分重要的概念.下面我们利用两个事件相互独立的概念引出随机变量相互独立的定义.

定义 3-9 设 $F(x, y)$ 及 $F_X(x)$，$F_Y(y)$ 分别是二维随机变量 (X, Y) 的分布函数及边缘分布函数.若对所有 x，y，有

$$P\{X \leqslant x, Y \leqslant y\} = P\{X \leqslant x\}P\{Y \leqslant y\}, \tag{3-4-1}$$

即

$$F(x, y) = F_X(x)F_Y(y), \tag{3-4-2}$$

则称随机变量 X 和 Y 是相互独立的.

由定义 3-9 易知，随机变量 X 与 Y 相互独立是指对任意实数 x，y，随机事件 $\{X \leqslant x\}$ 与 $\{Y \leqslant y\}$ 相互独立.

设 (X, Y) 是离散型随机变量，则 X 与 Y 相互独立的条件，即式（3-4-2）等价于对 (X, Y) 的所有可能取值 (x_i, y_j) 有

$$P\{X = x_i, Y = y_j\} = P\{X = x_i\}P\{Y = y_j\}. \tag{3-4-3}$$

设 (X, Y) 是连续型随机变量，$f(x, y)$，$f_X(x)$，$f_Y(y)$ 分别为 (X, Y) 的概率密度和边缘概率密度，如果对一切 x 和 y 有

$$f(x, y) = f_X(x)f_Y(y), \tag{3-4-4}$$

则随机变量 X 与 Y 相互独立.

在实际应用中，使用式（3-4-3）或式（3-4-4）要比使用式（3-4-2）更方便.另外需要注意的是，若对任意的 x 和 y，式（3-4-4）成立是随机变量 X 与 Y 相互独立的充分条件，但非必要条件.

例如，对于例 3-2 中的随机变量 X 和 Y，由于

$$f_X(x) = \begin{cases} 2e^{-x}, & x > 0, y > 0, \\ 0, & \text{其他}, \end{cases} \qquad f_Y(y) = \begin{cases} e^{-2y}, & x > 0, y > 0, \\ 0, & \text{其他}, \end{cases}$$

故有 $f(x, y) = f_X(x)f_Y(y)$，因而 X, Y 是相互独立的.

又如例 3-4，有放回抽样时，X 与 Y 相互独立；而无放回抽样时，X 与 Y 不是相互独立的. 这些例子也说明，两个有相同分布的随机变量可以是独立的，也可以不是独立的.

例 3-10 设随机变量 (X, Y) 的联合概率密度为

$$f(x, y) = \begin{cases} 8xy, & 0 \leqslant x \leqslant y \leqslant 1, \\ 0, & \text{其他}, \end{cases}$$

问 X 和 Y 是否相互独立？

解： 当 $x < 0$ 或 $x > 1$ 时，$f_X(x) = 0$；

当 $0 \leqslant x \leqslant 1$ 时，$f_X(x) = \int_{-\infty}^{+\infty} f(x, y)\mathrm{d}y = \int_x^1 8xy\mathrm{d}y = 4x \cdot y^2 \big|_x^1 = 4x(1 - x^2)$.

因此

$$f_X(x) = \begin{cases} 4x(1 - x^2), & 0 \leqslant x \leqslant 1, \\ 0, & \text{其他}. \end{cases}$$

当 $y < 0$ 或 $y > 1$ 时，$f_Y(y) = 0$；

当 $0 \leqslant y \leqslant 1$ 时，$f_Y(y) = \int_{-\infty}^{+\infty} f(x, y)\mathrm{d}x = \int_0^y 8xy\mathrm{d}x = 4y \cdot x^2 \big|_0^y = 4y^3$.

因此

$$f_Y(y) = \begin{cases} 4y^3, & 0 \leqslant y \leqslant 1, \\ 0, & \text{其他}. \end{cases}$$

可见当 $0 \leqslant x \leqslant y \leqslant 1$ 时，$f(x, y) \neq f_X(x)f_Y(y)$，故 X 和 Y 不相互独立.

例 3-11 设 X 和 Y 是相互独立的随机变量，X 在 $(0, 0.2)$ 上服从均匀分布，Y 的概率密度为

$$f_Y(y) = \begin{cases} e^{-5y}, & y > 0, \\ 0, & \text{其他}. \end{cases}$$

求 X 和 Y 的联合概率密度 $f(x, y)$.

解： 因为 X 在 $(0, 0.2)$ 上服从均匀分布，所以 X 的密度函数为

$$f_X(x) = \begin{cases} \dfrac{1}{0.2} = 5, & 0 < x < 0.2, \\ 0, & \text{其他}. \end{cases}$$

所以由 X 和 Y 相互独立可知，

$$f(x, y) = f_X(x)f_Y(y) = \begin{cases} 5e^{-5y}, & 0 < x < 0.2 \text{ 且 } y > 0, \\ 0, & \text{其他}. \end{cases}$$

最后需要指出的是，与随机事件的独立性一样，在实际问题中，随机变量的独立性往往不是从其数学定义验证出来的，而是从随机变量产生的实际背景来判断它们的独立性，然后再使用独立性定义所给出的性质和结论.

◎知识扩展

2010 年 8 月 24 日,中国科学院院士彭实戈应邀在国际数学家大会(ICM)上作了题为 *Backward Stochastic Differential Equations, Nonlinear Expectation and Their Applications* 的大会报告.他是中国大陆学术界第一位作 1 小时报告者,这标志着中国概率论研究在某些方面已处于世界领先水平.

自华蘅芳(1833—1902)和傅兰雅(1839—1928)翻译的中国第一部概率论著作《决疑数学》问世,历经百年中西概率文化的融合和发展,中国概率论研究已从最初的引进融合、后来的奋起直追,至现在某些研究方向进入了前沿跟踪阶段.

中国概率论的发展可划分为以下五个阶段.

第一阶段:萌芽孕育时期(1880 年以前)

考古发现,卜筮活动在殷商时代就已盛行,而甲骨文计数系统也形成于同时代.随着原始赌具和计数系统的普遍应用,人们对随机现象逐渐形成了一些朴素的认识.研究表明,《周易》中已有一些统计原理,贾宪(1050 年左右)比 B. Pascal 早 500 余年发现了"贾宪三角"即西方"帕斯卡三角",而中国古代的置闰法中亦蕴含着一些概率原理.

第二阶段:引进传播时期(1880—1935)

《决疑数学》把西方概率论较为系统地引进了中国,同时一些留学生也逐渐把概率知识带回国内.周达(1878—1949)的"斯忒林公式解证"是中国学者对该公式的第一个初等证明.1915 年创办的《科学》月刊,先后刊载了一些有关概率论与数理统计的文章.

第三阶段:融合渗透时期(1936—1955)

西方概率论逐步渗透融合到中国传统数值算法.在西南联大期间,许宝騄(1910—1970)首次开设了"数理统计"课程,并招收概率统计方向研究生王寿仁(1916—2001)、钟开莱(1917—2009)等.许宝騄当时所发表的论文已接近或达到世界先进水平.1955 年郑曾同(1915—1980)所发表的"关于独立随机变数之和的渐近展式",是中国最早关于古典极限定理的论文.

第四阶段:发展壮大时期(1956—1976)

1956 年制定实施的《1956—1967 年科学技术发展远景规划》将"概率论与数理统计"确定为数学科学发展的重点学科之一.同年在苏联数学家 A.N. Kolmogorov 的建议下,北京大学成立了中国第一个概率统计教研室,此为中国概率论学科发展的重要里程碑.1956 年秋,北京大学数学系开始举办概率统计培训班,其间一批优秀学者如梁之舜、江泽培和王梓坤等前往苏联学习概率论.

第五阶段:繁荣昌盛时期(1977—现在)

目前中国概率论研究队伍已形成规模,且愈来愈强大.中国学者已在马尔可夫过程、测度值马尔可夫过程、马尔可夫骨架过程等领域取得了具有国际先进水平的科研成果.如陈木法运用耦合技巧解决了一系列特征值估计问题,彭实戈则在倒向随机微分方程方向取得了原创性研究成果等.

从国际上看,近30年来概率论不断与其他学科交叉融合而形成了一些新的学科分支和增长点,如半鞅的随机分析、大偏差、狄氏型、粒子系统与随机场、超过程、Malliavin分析、白噪声分析、量子概率、数理金融学和随机排队网络等.如今,概率论不仅汇入了数学科学主流,且逐步走向前沿而引领数学发展,这可从一些国际数学大奖中略见一斑.诸如2006年 K. Ito获首届高斯奖(Gauss Prize);同年 W. Werner和 A. Okounkov获得菲尔兹奖(Fields Medal);2007年 S. Varadhan获得阿贝尔奖(Abel Prize)等,其研究工作皆隶属于概率论范畴.

习题3

1. 将一硬币抛掷3次,以 X 表示在3次中出现正面的次数,以 Y 表示在3次中出现正面次数与出现反面次数之差的绝对值.试写出 X 和 Y 的联合分布律.

2. 盒子里装有3只黑球、2只红球、2只白球,在其中任取4只球,以 X 表示取到黑球的只数,以 X 表示取到红球的只数.求 X 和 Y 的联合分布律.

3. 设二维随机变量 (X, Y) 的联合分布函数为

$$F(x, y)=\begin{cases} \sin x \sin y, & 0 \leqslant x \leqslant \dfrac{\pi}{2},\ 0 \leqslant y \leqslant \dfrac{\pi}{2}, \\ 0, & \text{其他}. \end{cases}$$

求二维随机变量 (X, Y) 在长方形域 $\left\{0 < x \leqslant \dfrac{\pi}{4},\ \dfrac{\pi}{6} < y \leqslant \dfrac{\pi}{3}\right\}$ 内的概率.

4. 设随机变量 (X, Y) 的概率密度为

$$f(x, y)=\begin{cases} k(6-x-y), & 0 < x < 2,\ 2 < y < 4, \\ 0, & \text{其他}. \end{cases}$$

(1) 试确定常数 k;   (2) 求 $P\{X < 1,\ Y < 3\}$;

(3) 求 $P\{X < 1.5\}$;   (4) 求 $P\{X + Y \leqslant 4\}$.

5. 设 (X, Y) 在区域 $|x \pm y| \leqslant 4$ 上服从均匀分布,求:

(1) (X, Y) 的概率密度;   (2) $P\{0 < X < 1,\ 0 < Y < 1\}$.

6. 已知二维连续型随机变量 (X, Y) 的联合概率密度为

$$f(x, y)=\begin{cases} 4xy, & 0 \leqslant x \leqslant 1,\ 0 \leqslant y \leqslant 1, \\ 0, & \text{其他}. \end{cases}$$

(1) 求 X 的边缘概率密度 $f_X(x)$;   (2) 计算概率 $P\{X > Y\}$.

7. 设二维随机变量(X, Y)的概率密度为

$$f(x, y) = \begin{cases} e^{-2y}, & 0 < x < y, \\ 0, & \text{其他}, \end{cases}$$

求边缘概率密度.

8. 设二维随机变量(X, Y)的概率密度为

$$f(x, y) = \begin{cases} 4y(2-x), & 0 \leqslant x \leqslant 1, 0 \leqslant y \leqslant x, \\ 0, & \text{其他}, \end{cases}$$

求边缘概率密度.

9. 设二维随机变量(X, Y)的概率密度为

$$f(x, y) = \begin{cases} cx^2 y, & x^2 \leqslant y \leqslant 1, \\ 0, & \text{其他}. \end{cases}$$

(1) 试确定常数c;　　　　　　　　　　(2) 求边缘概率密度.

10. 已知(X, Y)的联合概率密度为

$$f(x, y) = \begin{cases} 12e^{-3x-4y}, & x > 0, y > 0, \\ 0, & \text{其他}, \end{cases}$$

(1) 求X, Y的边缘密度函数;　　　　　(2) 求$P\{0 < x \leqslant 1, 0 \leqslant y \leqslant 2\}$.

11. 设随机变量(X, Y)的概率密度为

$$f(x, y) = \begin{cases} 1, & |y| < x, 0 < x < 1, \\ 0, & \text{其他}, \end{cases}$$

求条件概率密度$f_{Y|X}(y|x)$, $f_{X|Y}(x|y)$.

12. 设A, B为随机事件，且$P(A) = \dfrac{1}{4}$, $P(B|A) = \dfrac{1}{3}$, $P(A|B) = \dfrac{1}{2}$, 令

$$X = \begin{cases} 1, & A\text{发生}, \\ 0, & A\text{不发生}, \end{cases}$$

$$Y = \begin{cases} 1, & B\text{发生}, \\ 0, & B\text{不发生}. \end{cases}$$

(1) 试求二维离散型随机变量(X, Y)的联合分布律;

(2) 判断X和Y是否相互独立.

13. 设随机变量(X, Y)的概率密度为

$$f(x, y) = \begin{cases} 6x, & 0 \leqslant x \leqslant y \leqslant 1, \\ 0, & \text{其他}. \end{cases}$$

(1) 试求X, Y的边缘密度函数;

(2) 判断X, Y是否相互独立，并说明理由.

14. 设二维随机向量 $(X，Y)$ 的联合分布律为

Y \ X	0	1	2
1	0.1	0.2	0.1
2	a	0.1	0.2

（1）求 a 的值；　　　　　　　　　　（2）求 X 与 Y 的边缘分布律；

（3）X 与 Y 是否独立？为什么？

习题 3 参考答案

第4章　随机变量的数字特征

随机变量的数字特征可以简单地理解为表征随机变量特性的一些数字量.常用的数字特征包括随机变量的数学期望、方差、相关系数和矩（包括原点矩、中心矩）等.本章重点介绍上述常用数字特征的定义、计算及相关性质.

前面章节中曾经详细地讨论过随机变量的分布情况,用以描述随机变量的各种特性和变化规律.但有时往往不需要全面地考察随机变量的各种特性,只需知道某些特征即可.此时,就可以利用随机变量的某个或某些数字特征去衡量我们关心的问题.

§4.1　数学期望

数学期望

4.1.1　数学期望的定义

在一段时间内,不同车床生产同一种标准件的次品数是一个随机变量,如果要比较多台车床生产情况的优劣,通常只需比较车床生产标准件的次品数平均值即可.平均值小就意味着这个车床生产的产品质量优秀.这时如果不去比较它们的平均值,而只看它们的分布列,虽然"全面",却使人不得要领,难以迅速地做出判断.

引例 4-1[平均发芽天数]　为测定一批种子发芽的平均天数,用100粒种子进行发芽试验,按发芽天数列成表4-1-1.

表4-1-1

发芽天数/天	1	2	3	4	5	6	7	总计
发芽种子数/粒	20	34	22	11	9	3	1	100
频率f_n	$\dfrac{20}{100}$	$\dfrac{34}{100}$	$\dfrac{22}{100}$	$\dfrac{11}{100}$	$\dfrac{9}{100}$	$\dfrac{3}{100}$	$\dfrac{1}{100}$	1

求这100粒种子的平均发芽天数.

解：这100粒种子的平均发芽天数为

$$\bar{x}=\frac{1\times20+2\times34+3\times22+4\times11+5\times9+6\times3+7\times1}{100}$$

$$=1\times\frac{20}{100}+2\times\frac{34}{100}+3\times\frac{22}{100}+4\times\frac{11}{100}+5\times\frac{9}{100}+6\times\frac{3}{100}+7\times\frac{1}{100}$$

$$=2.68\,（天）$$

可以看出，我们是把每一种可能发芽的天数，乘以这个天数种子发芽的频率，相加后得到这批种子发芽所需的平均天数.

由关于频率和概率关系的讨论可知，在求平均值时，理论上应该用概率 P_k 去代替上述求和式中的频率 f_k，这时得到的平均值才是理论上的（也是真的）平均值，这个平均值称为随机变量的**数学期望**或简称为**期望**（或均值）.

定义 4-1 若离散型随机变量 X 的可能取值为 $x_k(k=1,2,\cdots)$，其分布列为 $p_k(k=1,2,\cdots)$，则当 $\sum_{k=1}^{+\infty}|a_k|p_k<+\infty$ 时，称 X 存在数学期望，并且数学期望为 $EX=\sum_{k=1}^{+\infty}a_kp_k$；如果 $\sum_{k=1}^{+\infty}|a_k|p_k=+\infty$，则称 X 的数学期望不存在.随机变量 X 的数学期望记为 EX.

例 4-1[评价车床加工的产品质量] A，B 两台自动机床生产同一种标准件，生产1000只产品所出的次品数各用 X，Y 表示.经过一段时间的考察，X，Y 的分布列分别如下：

X	0	1	2	3
p_k	0.7	0.1	0.1	0.1

Y	0	1	2	3
p_k	0.5	0.3	0.2	0.0

问：哪一台机床加工的产品质量好些?

解：$EX=0\times0.7+1\times0.1+2\times0.1+3\times0.1=0.6$，

$EY=0\times0.5+1\times0.3+2\times0.2+3\times0=0.7$.

因为 $EX<EY$，所以自动机床 A 在1000只产品中所出现的次品数的数学期望比机床 B 少.从这个意义上来说，自动机床 A 加工的产品质量较高.

例 4-2 设 X 服从两点分布，求 EX.

解：由于 X 的分布列为 $P\{X=k\}=p^k(1-p)^{1-k}$，$0<p<1$，$k=0,1$，则

$$EX=\sum_{k=0}^{1}kp^k(1-p)^{1-k}=p.$$

例 4-3 设随机变量 X 服从参数为 λ 的泊松分布，试求 X 的数学期望 EX.

解：因为

$$P_k=P\{X=k\}=\frac{\lambda^k}{k!}e^{-\lambda},\quad k=0,1,2,\cdots,$$

于是

$$EX=\sum_{k=0}^{+\infty}k\cdot p_k=\sum_{k=1}^{+\infty}k\cdot\frac{\lambda^k}{k!}e^{-\lambda}=\lambda\cdot e^{-\lambda}\sum_{k=1}^{+\infty}\frac{\lambda^{k-1}}{(k-1)!}=\lambda.$$

由此可知，泊松分布的随机变量的数学期望就是这个分布的参数 λ.

定义 4-2 设 X 是一个连续型随机变量, 密度函数为 $f(x)$, 当 $\int_{-\infty}^{+\infty} |x| f(x) \mathrm{d}x < \infty$ (收敛) 时, 称 X 的数学期望存在, 且

$$EX = \int_{-\infty}^{+\infty} x f(x) \mathrm{d}x.$$

这里要求的理由与离散型时要求 $\sum_{i=1}^{\infty} |x_i| P(\xi = x_i) < \infty$ 的理由是相同的. 同离散型情形一样, 连续型随机变量 X 的数学期望 EX 是所有的可能取值 (关于概率) 的平均值.

例 4-4[平均等待时间] 设某个公交车站台每隔 10 分钟有一辆公交车通过, 试求在该公交车站台乘客的平均等待时间.

解: 设随机变量 X 表示乘客的等待时间, $X \sim U[0, 10]$, 其概率密度为

$$f(x) = \begin{cases} \dfrac{1}{10}, & 0 \leqslant x \leqslant 10, \\ 0, & 其他, \end{cases}$$

于是 X 的数学期望为

$$EX = \int_{-\infty}^{+\infty} x f(x) \mathrm{d}x = \int_0^{10} \frac{1}{10} x \mathrm{d}x = 5.$$

因此, 乘客的平均等待时间为 5 分钟.

例 4-5 设 X 在 $[a, b]$ 上服从均匀分布, 试求期望值.

解: X 的密度函数为

$$f(x) = \begin{cases} \dfrac{1}{b-a}, & a \leqslant x \leqslant b, \\ 0, & 其他, \end{cases}$$

故

$$EX = \int_a^b x \cdot \frac{1}{b-a} \mathrm{d}x = \frac{1}{b-a} \cdot \frac{x^2}{2} \Big|_a^b = \frac{a+b}{2}.$$

即随机变量 X 的平均值应该在 $[a, b]$ 的中点, 也就是 $\dfrac{a+b}{2}$.

例 4-6[电子元件的平均寿命] 已知某电子元件的寿命 X (单位: h) 服从参数为 $\lambda = 0.001$ 的指数分布, 即

$$f(x) = \begin{cases} \lambda \mathrm{e}^{-\lambda x}, & x \geqslant 0, \\ 0, & x < 0, \end{cases}$$

求这类电子元件的平均寿命 EX.

解: $EX = \int_0^{+\infty} x \lambda \mathrm{e}^{-\lambda x} \mathrm{d}x = -\int_0^{+\infty} x \mathrm{d}\mathrm{e}^{-\lambda x} = -\left(x \mathrm{e}^{-\lambda x} + \frac{\mathrm{e}^{-\lambda x}}{\lambda} \right) \Big|_0^{+\infty} = \frac{1}{\lambda}.$

又因为 $\lambda = 0.001$, 故

$$EX = \frac{1}{0.001} = 1000(\mathrm{h}).$$

指数分布是最有用的 "寿命分布" 之一, 由上述计算可知, 一种元器件的寿命分布如果服从参数为 λ 的指数分布, 则它的平均寿命为 $\dfrac{1}{\lambda}$. 如果某种元器件的平均寿命为 $10^k (k = 1, 2, \cdots)$ 小时, 则相应的 $\lambda = 10^{-k}$. 在电子工业中, 人们就称该产品是 "k 级" 产

品．由此可知，k 越大，产品的平均寿命越长，使用也就越可靠．

例 4-7[组合电子元件的平均寿命]　有两个独立工作的电子装置，它们的寿命 $X_k(k=1,2)$ 服从同一个指数分布 $E(\lambda)$，若将这两个装置串联组成整机，求整机寿命 N 的数学期望．

解： 由于整机是由两个相互独立的装置串联而成的，故整机寿命 $N=\min\{X_1,X_2\}$．由 $X_k\sim E(\lambda)$ 可得

$$F_{X_k}(x)=\begin{cases}1-\mathrm{e}^{-\lambda x}, & x>0,\\ 0, & 其他,\end{cases}$$

故

$$F_N(x)=1-[1-F_{X_1}(x)][1-F_{X_2}(x)]=\begin{cases}1-\mathrm{e}^{-2\lambda x}, & x>0,\\ 0, & 其他,\end{cases}$$

$$f_N(x)=F_N'(x)=\begin{cases}2\lambda\mathrm{e}^{-2\lambda x}, & x>0,\\ 0, & 其他,\end{cases}$$

得

$$EN=\int_{-\infty}^{+\infty}xf_N(x)\mathrm{d}x=\int_0^{+\infty}x2\lambda\mathrm{e}^{-2\lambda x}\mathrm{d}x$$

$$=\int_0^{+\infty}x\mathrm{e}^{-2\lambda x}\mathrm{d}(2\lambda x)=-\left(x\mathrm{e}^{-2\lambda x}\Big|_0^{+\infty}-\int_0^{+\infty}\mathrm{e}^{-2\lambda x}\mathrm{d}x\right)=\frac{1}{2\lambda}.$$

4.1.2　随机变量函数的数学期望

设已知随机变量 X 的分布，我们需要计算的不是 X 的数学期望，而是 X 的某个函数的数学期望，比如说 $g(X)$ 的数学期望．那么应该如何计算呢？

一种方法是，因为 $g(X)$ 也是随机变量，故应有概率分布，它的分布可以由已知的 X 的分布求出来，一旦我们知道了 $g(X)$ 的分布，就可以按照期望的定义把 $E[g(X)]$ 计算出来．

使用这种方法必须先求出随机变量函数 $g(X)$ 的分布，这种方法一般是比较复杂的．那么是否可以不先求 $g(X)$ 的分布，而只根据 X 的分布求得 $E[g(X)]$ 呢？

定理 4-1　设随机变量 Y 是随机变量 X 的函数：$Y=g(X)$（g 是连续函数）．

（1）当 X 为离散型随机变量，它的分布列为

$$P\{X=x_k\}=p_k \quad (k=1,2,\cdots)$$

时，若级数 $\sum_{k=1}^{\infty}g(x_k)p_k$ 绝对收敛，则有

$$EY=E[g(X)]=\sum_{k=1}^{\infty}g(x_k)p_k.$$

（2）当 X 为连续型随机变量，其概率密度函数为 $f(x)$ 时，若积分 $\int_{-\infty}^{+\infty}g(x)f(x)\mathrm{d}x$ 绝对收敛，则有

$$EY=E[g(X)]=\int_{-\infty}^{+\infty}g(x)f(x)\mathrm{d}x.$$

例 4-8 设随机变量 X 的分布列为

X	-2	0	2
P	0.4	0.3	0.3

且 $Y_1 = X^2$，$Y_2 = 3X^2 + 5$. 求：

(1) EX；　　　　　　(2) EY_1；　　　　　　(3) EY_2.

解：(1) $EX = -2 \times 0.4 + 0 \times 0.3 + 2 \times 0.3 = -0.2$.

(2) $EY_1 = EX^2 = (-2)^2 \times 0.4 + 0^2 \times 0.3 + 2^2 \times 0.3 = 2.8$.

(3) $EY_2 = E(3X^2 + 5)$

$$= [3 \times (-2)^2 + 5] \times 0.4 + (3 \times 0^2 + 5) \times 0.3 + (3 \times 2^2 + 5) \times 0.3 = 13.4.$$

例 4-9[正压力的平均值] 设风速 V 在 $(0, a)$ 上服从均匀分布，即具有概率密度

$$f(v) = \begin{cases} \dfrac{1}{a}, & 0 < v < a, \\ 0, & \text{其他.} \end{cases}$$

又设飞机机翼受到的正压力 W 是 V 的函数：$W = kV^2$（$k > 0$，常数），求 W 的数学期望.

解：由上面的公式可得

$$EW = \int_{-\infty}^{+\infty} kv^2 f(v) \mathrm{d}v = \int_0^a kv^2 \frac{1}{a} \mathrm{d}v = \frac{1}{3} ka^2.$$

定理 4-1 可推广到多维随机变量，对于二维随机变量，有下述结果.

推广：设 Z 是二维随机变量 (X, Y) 的函数，即 $Z = g(X, Y)$（$g(x, y)$ 是连续函数）.

(1) 若 (X, Y) 为离散型随机变量且联合分布律为

$$P\{X = x_i, Y = y_j\} = p_{ij}, \quad i, j = 1, 2, \cdots,$$

则当 $\sum_{j=1}^{\infty} \sum_{i=1}^{\infty} |g(x_i, y_j)| p_{ij} < +\infty$ 时，有

$$EZ = E(g(X, Y)) = \sum_{j=1}^{\infty} \sum_{i=1}^{\infty} g(x_i, y_j) p_{ij}.$$

(2) 若 (X, Y) 为连续型随机变量且联合概率密度为 $f(x, y)$，则当 $\int_{-\infty}^{+\infty} \int_{-\infty}^{+\infty} |g(x, y)| f(x, y) \mathrm{d}x\mathrm{d}y < \infty$ 时，有

$$EZ = E(g(X, Y)) = \int_{-\infty}^{+\infty} \int_{-\infty}^{+\infty} g(x, y) f(x, y) \mathrm{d}x\mathrm{d}y.$$

例 4-10 设随机变量 X 的分布律如下：

X	-1	0	2	3
p_k	0.1	0.2	0.4	0.3

求 EX，$E(-2X+1)$ 和 EX^2.

解：$EX = -1 \times 0.1 + 0 \times 0.2 + 2 \times 0.4 + 3 \times 0.3 = 1.6$,

$E(-2X+1) = [-2 \times (-1) + 1] \times 0.1 + [-2 \times 0 + 1] \times 0.2 +$

$\qquad [-2 \times 2 + 1] \times 0.4 + [-2 \times 3 + 1] \times 0.3$

$\qquad = -2.2$,

$$EX^2 = (-1)^2 \times 0.1 + 0^2 \times 0.2 + 2^2 \times 0.4 + 3^2 \times 0.3 = 4.4.$$

例 4-11[产品利润] 某公司设计开发一种新产品,并试图确定该产品的产量,他们估计出售一件产品可获利 m 元,而积压一件产品将导致 n 元的损失.再者,他们预测销售量 Y 服从指数分布 $E(\lambda)$.问:若要获得利润的数学期望最大,应生产多少件产品?

解: 设获得利润为 W,要生产 x 件产品,则有

$$W = \begin{cases} mY - n(x-Y), & Y < x, \\ mx, & Y \geqslant x. \end{cases}$$

由此可见,W 是随机变量 Y 的函数,即 $W = g(Y)$.

$$\begin{aligned}
EW &= \int_{-\infty}^{+\infty} w f_Y(y) \mathrm{d}y \\
&= \int_0^x [my - n(x-y)] \lambda \mathrm{e}^{-\lambda y} \mathrm{d}y + \int_x^{+\infty} mx \lambda \mathrm{e}^{-\lambda y} \mathrm{d}y \\
&= \int_0^x (m+n) y \lambda \mathrm{e}^{-\lambda y} \mathrm{d}y - \int_0^x nx \lambda \mathrm{e}^{-\lambda y} \mathrm{d}y + \int_x^{+\infty} mx \lambda \mathrm{e}^{-\lambda y} \mathrm{d}y \\
&= -(m+n) \left[y\mathrm{e}^{-\lambda y} \Big|_0^x - \int_0^x \mathrm{e}^{-\lambda y} \mathrm{d}y \right] + nx \left[\mathrm{e}^{-\lambda y} \Big|_0^x \right] - mx \left[\mathrm{e}^{-\lambda y} \Big|_x^{+\infty} \right] \\
&= (m+n) \frac{1}{\lambda} - (m+n) \frac{1}{\lambda} \mathrm{e}^{-\lambda x} - nx.
\end{aligned}$$

由 $\dfrac{\mathrm{d}EW}{\mathrm{d}x} = 0$ 得 $x = -\dfrac{1}{\lambda} \ln \dfrac{n}{m+n}$,又因为

$$\frac{\mathrm{d}^2 EW}{\mathrm{d}x^2} = -\lambda(m+n)\mathrm{e}^{-\lambda x} < 0,$$

故当 $x = -\dfrac{1}{\lambda} \ln \dfrac{n}{m+n}$ 时,EW 最大.

4.1.3 数学期望的性质

接下来进一步讨论数学期望的性质.

定理 4-2 设随机变量 X,Y 的数学期望存在,分别是 EX,EY.

(1)若 $a \leqslant X \leqslant b$($a$,$b$ 为常数),则有 $a \leqslant EX \leqslant b$.特别地,若 c 是一个常数,则 $Ec = c$.

(2)若 a 为常数,则 $E(aX) = a \cdot EX$.

(3)可加性:$E(X+Y) = EX + EY$.

此性质可推广到有限个随机变量和的情况,即 $E(\sum_{k=1}^n X_k) = \sum_{k=1}^n E(X_k)$.

(4)若 X,Y 是相互独立的,则 $E(XY) = EX \cdot EY$.

下面仅对部分情况进行证明.

证:(1)对离散型随机变量:由于 $\sum_{k=1}^{+\infty} p_k = 1$,故

$$Ec = \sum_{k=1}^{+\infty} c p_k = c \sum_{k=1}^{+\infty} p_k = c.$$

对连续型随机变量：由于 $\int_{-\infty}^{+\infty} f(x)\mathrm{d}x = 1$，故

$$Ec = \int_{-\infty}^{+\infty} cf(x)\mathrm{d}x = c \int_{-\infty}^{+\infty} f(x)\mathrm{d}x = c.$$

（2）对离散型随机变量：由于 $EX = \sum_{k=1}^{+\infty} x_k p_k$，故

$$E(aX) = \sum_{k=1}^{+\infty} ax_k p_k = a \sum_{k=1}^{+\infty} x_k p_k = a \cdot EX.$$

对连续型随机变量：由于 $EX = \int_{-\infty}^{+\infty} xf(x)\mathrm{d}x$，故

$$E(aX) = \int_{-\infty}^{+\infty} axf(x)\mathrm{d}x = a \int_{-\infty}^{+\infty} xf(x)\mathrm{d}x = a \cdot EX.$$

（3）对连续型随机变量：

$$\begin{aligned}
E(X+Y) &= \int_{-\infty}^{+\infty} \int_{-\infty}^{+\infty} (x+y)f(x,y)\mathrm{d}x\mathrm{d}y \\
&= \int_{-\infty}^{+\infty} \int_{-\infty}^{+\infty} xf(x,y)\mathrm{d}x\mathrm{d}y + \int_{-\infty}^{+\infty} \int_{-\infty}^{+\infty} yf(x,y)\mathrm{d}x\mathrm{d}y \\
&= \int_{-\infty}^{+\infty} xf_X(x)\mathrm{d}x + \int_{-\infty}^{+\infty} yf_Y(y)\mathrm{d}y \\
&= EX + EY.
\end{aligned}$$

（4）对连续型随机变量：若 X 与 Y 相互独立，则有 $f(x,y) = f_X(x)f_Y(y)$，故

$$\begin{aligned}
E(XY) &= \int_{-\infty}^{+\infty} \int_{-\infty}^{+\infty} xyf(x,y)\mathrm{d}x\mathrm{d}y = \int_{-\infty}^{+\infty} \int_{-\infty}^{+\infty} xyf_X(x)f_Y(y)\mathrm{d}x\mathrm{d}y \\
&= \int_{-\infty}^{+\infty} xf_X(x)\mathrm{d}x \cdot \int_{-\infty}^{+\infty} yf_Y(y)\mathrm{d}y = EX \cdot EY.
\end{aligned}$$

性质（4）可以推广为

$$E(c_1 X + c_2 Y) = c_1 \cdot EX + c_2 \cdot EY.$$

例 4-12[保险公司收益] 据统计，一位 40 岁的健康（一般体检未发现病症）者，在 5 年之内活着（或自杀死亡）的概率为 p（$0 < p < 1$，p 为已知），在 5 年内非自杀死亡的概率为 $1-p$，保险公司开办 5 年人寿保险，参保者需交保险费 a 元（a 已知），若 5 年之内非自杀死亡，公司赔偿 b 元（$b > a$）. b 应如何定才能使公司可期望获益？若有 m 人参加保险，公司可期望从中收益多少？

解： 设 X_i 表示公司从第 i 个参保者身上所得的收益，则 X_i 是一个随机变量，其分布如下：

X_i	a	$a-b$
p_k	p	$1-p$

公司期望获益为 $EX_i > 0$，而

$$EX_i = ap + (a-b)(1-p) = a - b(1-p).$$

因此，$a < b < a(1-p)^{-1}$. 对于 m 个人，获益 X 元，$X = \sum_{i=1}^{m} X_i$，则

$$EX = \sum_{i=1}^{m} EX_i = ma - mb(1-p).$$

例 4-13[电路中的应用] 设一电路中电流 I（单位：A）与电阻 R（单位：Ω）是两个相互独立的随机变量，其概率密度分别为

$$g(i)=\begin{cases}2i, & 0\leqslant i\leqslant 1,\\ 0, & \text{其他,}\end{cases} \qquad h(r)=\begin{cases}\dfrac{r^2}{9}, & 0\leqslant r\leqslant 3,\\ 0, & \text{其他.}\end{cases}$$

试求电压 $V=IR$ 的均值.

解： $E(V)=E(IR)=EI\cdot ER=\displaystyle\int_{-\infty}^{+\infty}ig(i)\mathrm{d}i\cdot\int_{-\infty}^{+\infty}rh(r)\mathrm{d}r$

$$=\int_0^1 ig(i)\mathrm{d}i\cdot\int_0^3 rh(r)\mathrm{d}r=\int_0^1 2i^2\mathrm{d}i\cdot\int_0^3\frac{r^3}{9}\mathrm{d}r=\frac{3}{2}.$$

4.1.4 常见分布的数学期望

1.(0-1)分布

设随机变量 X 服从(0-1)分布，则其分布律为

X	0	1
p_k	$1-p$	p

数学期望为

$$EX=0\times(1-p)+1\times p=p.$$

2.二项分布

设 $X\sim b(n,p)$，则 X 的数学期望为

$$EX=E(\sum_{i=1}^n X_i)=\sum_{i=1}^n EX_i=np.$$

证： 二项分布相当于 n 个相互独立的(0-1)分布，即

$$X=\sum_{i=1}^n X_i,\quad X_i\sim(0\text{-}1)分布,$$

X_i 的分布律表示为

X_i	0	1
p_k	$1-p$	p

故

$$EX=E(\sum_{i=1}^n X_i)=\sum_{i=1}^n EX_i=np.$$

3.泊松分布

设 $X\sim P(\lambda)$，则 X 的数学期望为

$$EX=\lambda\mathrm{e}^{-\lambda}\sum_{k=0}^\infty\frac{\lambda^k}{k!}=\lambda\mathrm{e}^{-\lambda}\mathrm{e}^\lambda=\lambda.$$

4.均匀分布

设 $X \sim U(a, b)$，则 X 的数学期望为

$$EX = \int_{-\infty}^{+\infty} xf(x)\mathrm{d}x = \int_a^b \frac{x}{b-a}\mathrm{d}x = \frac{a+b}{2}.$$

5.指数分布

设 $X \sim E(\lambda)$，则 X 的数学期望为

$$EX = \int_{-\infty}^{+\infty} xf(x)\mathrm{d}x = \int_0^{+\infty} x\lambda \mathrm{e}^{-\lambda x}\mathrm{d}x$$

$$= -\int_0^{+\infty} x\mathrm{d}\mathrm{e}^{-\lambda x} = -\left(x\mathrm{e}^{-\lambda x}\big|_0^{+\infty} - \int_{-\infty}^{+\infty} \mathrm{e}^{-\lambda x}\mathrm{d}x\right) = \frac{1}{\lambda}.$$

6.正态分布

设 $X \sim N(\mu, \sigma^2)$，则 X 的数学期望为

$$EX = \mu.$$

证：$EX = \int_{-\infty}^{+\infty} xf(x)\mathrm{d}x = \int_{-\infty}^{+\infty} x\frac{1}{\sqrt{2\pi}\,\sigma}\mathrm{e}^{-\frac{(x-\mu)^2}{2\sigma^2}}\mathrm{d}x.$

令 $\dfrac{x-\mu}{\sigma} = t$，则

$$EX = \int_{-\infty}^{+\infty} (\mu + t\sigma)\frac{1}{\sqrt{2\pi}\,\sigma}\mathrm{e}^{-\frac{t^2}{2}}\sigma\mathrm{d}t$$

$$= \frac{\mu}{\sqrt{2\pi}}\int_{-\infty}^{+\infty} \mathrm{e}^{-\frac{t^2}{2}}\sigma\mathrm{d}t + \frac{1}{\sqrt{2\pi}}\int_{-\infty}^{+\infty} t\sigma\mathrm{e}^{-\frac{t^2}{2}}\sigma\mathrm{d}t$$

$$= \mu + 0 = \mu.$$

◇综合案例

（1）案例背景：2020年初新冠肺炎疫情开始肆虐全球，中国在抗击疫情工作中取得了伟大的成就．从世界各国抗击疫情的情况来看，我国的抗疫工作是极成功的．2020年9月，习近平总书记在全国抗击新冠肺炎疫情表彰大会上指出："中国的抗疫斗争，充分展现了中国精神、中国力量、中国担当．"在抗疫工作中，早发现、早隔离、早治疗，是阻止疫情传播的有效方法．石家庄市发现疫情后于2021年1月6日启动全员核酸检测，1月8日24时完成首轮全员核酸检测．

（2）问题提出：假设某地区突然暴发疫情，当地政府即刻做出决定进行全员核酸检测．面对大样本检测请设计科学合理的检测方法，并快速准确地完成检测工作．

检测方案设计

§4.2 方 差

方差

4.2.1 方差的定义

数学期望 EX 反映了随机变量取值的平均状况，是随机变量的一个重要的数字特征．但在实际问题中，仅知道均值还不够，有时候还必须分析随机变量取值的波动程度，即随机变量取值与均值的离散程度．

引例 4-2[手表日走时误差] 有甲、乙两种牌号的手表，它们的日走时误差分别为 X_1 和 X_2，各具有如下的分布列：

X_1	-1	0	1
p_k	0.1	0.8	0.1

X_2	-2	-1	0	1	2
p_k	0.1	0.2	0.4	0.2	0.1

容易验证，这时有 $EX_1 = EX_2 = 0$．

从数学期望（即日走时误差的平均值)去比较这两种牌号的手表，是分不出它们的优劣的．如果仔细观察一下这两个分布列，就会得出结论：甲牌号的手表要优于乙牌号．何以见得呢？

先讨论甲牌号．已知 $EX_1 = 0$，从分布列可知，大部分手表（有 80%）的日走时误差为 0，有少部分手表（占 20%）的日走时误差分散在 EX_1 的两侧（± 1 秒）．再看乙牌号，虽然也有 $EX_2 = 0$，但是只有少部分手表（40%）的日走时误差为 0，大部分手表（占 60%）的日走时误差分散在 EX_2 的两侧，而且分散的范围也比甲牌号的大（± 2 秒）．由此看来，在两种牌号的手表中，甲牌号的手表日走时误差比较稳定，所以甲牌号比乙牌号好．

定义 4-3 设 X 是一个离散型随机变量，数学期望 EX 存在，如果 $E(X - EX)^2$ 存在，则称 $E(X - EX)^2$ 为随机变量 X 的**方差**，并记作 DX，则有

$$DX = E(X - EX)^2.$$

方差的平方根 $\sqrt{DX}$ 又称为**标准差**或**根方差**．

方差 DX 刻画了随机变量的取值对于其数学期望的离散程度，若 X 的取值比较集中，则 DX 较小；若 X 的取值比较分散，则 DX 较大．

4.2.2 方差的计算

（1）对离散型随机变量 X，设分布列为 $P\{X = x_k\} = p_k$，$k = 1, 2, \cdots$，有

$$DX = \sum_{k=1}^{\infty}(x_k - EX)^2 p_k.$$

（2）对连续型随机变量 X，设概率密度为 $f(x)$，有

$$DX = \int_{-\infty}^{\infty} (x - EX)^2 f(x) \mathrm{d}x.$$

（3）方差的简化计算．由方差的定义和期望的性质可得

$$DX = E(X - EX)^2 = E[X^2 - 2X \cdot EX + (EX)^2]$$
$$= EX^2 - 2EX \cdot EX + (EX)^2$$
$$= EX^2 - (EX)^2,$$

即

$$DX = EX^2 - (EX)^2.$$

例 4-14[评判测量方法] 两种测量方法得到零件长度的分布列如下：

长度	48	49	50	51	52
方法 1 的概率	0.1	0.1	0.6	0.1	0.1
方法 2 的概率	0.2	0.2	0.2	0.2	0.2

试判断哪一种测量方法较好．

解： 设用方法 1 与方法 2 所测得的结果分别记作 X，Y，得 $EX = EY = 50$．

由离散型随机变量方差的计算方法可知：

$$DX = (48-50)^2 \times 0.1 + (49-50)^2 \times 0.1 + (50-50)^2 \times 0.6 +$$
$$(51-50)^2 \times 0.1 + (52-50)^2 \times 0.1$$
$$= 1,$$
$$DY = (48-50)^2 \times 0.2 + (49-50)^2 \times 0.2 + (50-50)^2 \times 0.2 +$$
$$(51-50)^2 \times 0.2 + (52-50)^2 \times 0.2$$
$$= 2,$$

即知 $DX < DY$．由于方差表示的是随机变量与其均值的离散程度，方差越小，表明随机变量的取值越集中，故方法 1 优于方法 2．

例 4-15 设随机变量 X 的分布列为

X	-1	0	2
p_k	0.2	0.3	0.5

求 DX．

解： 我们用简化的计算公式来求方差：

$$EX = (-1) \times 0.2 + 0 \times 0.3 + 2 \times 0.5 = 0.8,$$
$$EX^2 = (-1)^2 \times 0.2 + 0^2 \times 0.3 + 2^2 \times 0.5 = 2.2,$$
$$DX = EX^2 - (EX)^2 = 2.2 - 0.8^2 = 1.56.$$

例 4-16 设随机变量 X 的概率密度为

$$f(x, y) = \begin{cases} 1+x, & -1 \leqslant x < 0, \\ 1-x, & 0 \leqslant x < 1, \\ 0, & 其他, \end{cases}$$

求 X 的方差．

解: $EX = \int_{-\infty}^{+\infty} xf(x)\mathrm{d}x = \int_{-1}^{0} x(1+x)\mathrm{d}x + \int_{0}^{1} x(1-x)\mathrm{d}x = 0,$

$EX^2 = \int_{-\infty}^{+\infty} x^2 f(x)\mathrm{d}x = \int_{-1}^{0} x^2(1+x)\mathrm{d}x + \int_{0}^{1} x^2(1-x)\mathrm{d}x = \frac{1}{6},$

故　　　　$DX = EX^2 - (EX)^2 = \frac{1}{6}.$

4.2.3　方差的性质

由方差的定义可知方差本身也是一个数学期望,所以由数学期望的性质可以推出方差有下述常用的基本性质.

设随机变量 X 与 Y 的方差存在,则:

(1) 若 c 为常数,则 $Dc = 0$.

(2) 若 c 为常数,则 $D(cX) = c^2 \cdot DX$.

(3) $D(X \pm Y) = DX + DY \pm 2E[(X - EX)(Y - EY)]$.

(4) 若 X 与 Y 是相互独立的随机变量,则 $D(X \pm Y) = DX + DY$.

(5) 对任意的常数 $c \neq EX$,有 $DX \leqslant E[(X - c)^2]$.

证: (1) 由于 $Ec = 0$, $Ec^2 = 0$, 故

$$Dc = Ec^2 - (Ec)^2 = 0.$$

(2) $D(cX) = E\{[cX - E(cX)]^2\} = c^2 \cdot E[(X - EX)^2] = c^2 \cdot DX.$

(3) $D(X \pm Y) = E\{[(X \pm Y) - E(X \pm Y)]^2\}$

$\qquad\qquad = E\{[(X - EX) \pm (Y - EY)]^2\}$

$\qquad\qquad = E(X - EX)^2 \pm 2E[(X - EX)][Y - EY] + E(Y - EY)^2$

$\qquad\qquad = DX + DY \pm 2E(X - EX)(Y - EY).$

(4) 若 X 与 Y 是相互独立的随机变量,则有 $E(XY) = EX \cdot EY$, 故

$E[(X - EX)(Y - EY)] = E[XY - X \cdot EY - Y \cdot EX + EX \cdot EY]$

$\qquad\qquad\qquad\qquad = EX \cdot EY - EX \cdot EY - EX \cdot EY + EX \cdot EY$

$\qquad\qquad\qquad\qquad = 0,$

故

$$D(X \pm Y) = DX + DY.$$

(5) $E[(X - c)^2] = E\{[(X - EX)] + (EX - c)]^2\}$

$\qquad\qquad = E[(X - EX)^2] + 2E[(X - EX)(EX - c)] + E[(EX - c)^2]$

$\qquad\qquad = DX + (EX - c)^2.$

由于 $(EX - c)^2 \geqslant 0$, 故

$$DX \leqslant E[(X - c)^2].$$

4.2.4　常见分布的方差

1.（0-1）分布

设随机变量 $X \sim (0-1)$ 分布，即

X	0	1
p_k	q	p

求 DX.

　　解：$EX = 0 \times (1-p) + 1 \times p = p$,

　　　　$EX^2 = 0^2 \times (1-p) + 1^2 \times p = p$,

　　　　$DX = EX^2 - (EX)^2 = p - p^2 = p(1-p) = pq$.

2.二项分布

设 X 服从参数为 n，p 的二项分布，分布律如下：

$$P\{X=k\} = C_n^k p^k (1-p)^{n-k}, \quad k = 0, 1, \cdots, n, \quad 0 < p < 1.$$

则

$$EX = np, \qquad DX = np(1-p).$$

　　证：由于二项分布相当于 n 个独立的 (0-1) 分布的和，即 n 次试验中事件 A 出现的次数为 $X = X_1 + X_2 + \cdots + X_n$，其中 X_i 表示第 i 次试验中事件出现的次数. 且 X_i 与 X_j 相互独立（$i \neq j$），故

$$DX = DX_1 + DX_2 + \cdots + DX_n = np(1-p).$$

3.泊松分布

若 X 服从参数为 λ 的泊松分布，试求 DX.

　　解：已知 $EX = \lambda$，而

$$EX^2 = \sum_{k=1}^{+\infty} k^2 \frac{\lambda^k}{k!} e^{-\lambda} = \lambda e^{-\lambda} \sum_{k=1}^{+\infty} k \frac{\lambda^{k-1}}{(k-1)!} = \lambda e^{-\lambda} \left[\sum_{k=1}^{+\infty} (k-1) \frac{\lambda^{k-1}}{(k-1)!} + \sum_{k=1}^{+\infty} \frac{\lambda^{k-1}}{(k-1)!} \right]$$

$$= \lambda e^{-\lambda} \left[\lambda \sum_{k=2}^{+\infty} \frac{\lambda^{k-2}}{(k-2)!} + e^{\lambda} \right] = \lambda(\lambda+1) = \lambda^2 + \lambda,$$

即有

$$DX = EX^2 - (EX)^2 = \lambda^2 + \lambda - \lambda^2 = \lambda.$$

　　数学期望和方差相同且都等于参数 λ，这是服从泊松分布的随机变量的特点. 在实际应用中，如 X 表示某电话交换台在单位时间内接到的呼唤次数，那么 $EX = DX$ 表明当电话交换台接到的平均呼唤次数很多时，其呼唤次数的离散程度也大，反之则离散程度也小. 即电话交换台愈忙，则时忙时闲，忙闲不均现象愈突出.

4.均匀分布

设 X 在 $[a, b]$ 上服从均匀分布，求 DX.

　　解：X 的密度函数为 $f(x) = \begin{cases} \dfrac{1}{b-a}, & a \leqslant x \leqslant b, \\ 0, & \text{其他}, \end{cases}$

$$EX = \frac{1}{2}(a+b).$$

由于
$$EX^2 = \int_{-\infty}^{+\infty} x^2 f(x)\mathrm{d}x = \int_a^b x^2 \frac{1}{b-a}\mathrm{d}x = \frac{1}{3}(b^2+ab+a^2),$$

于是得
$$DX = EX^2 - (EX)^2 = \frac{1}{3}(b^2+ab+a^2) - \frac{1}{4}(a+b)^2 = \frac{1}{12}(b-a)^2.$$

5. 指数分布

设 X 服从参数为 λ 的指数分布，求 DX.

解：X 的密度函数为 $f(x) = \begin{cases} \lambda \mathrm{e}^{-\lambda x}, & x \geqslant 0, \\ 0, & x < 0, \end{cases}$ 已得到 $EX = \frac{1}{\lambda}$.

由于
$$EX^2 = \int_{-\infty}^{+\infty} x^2 f(x)\mathrm{d}x = \int_0^{+\infty} x^2 \lambda \mathrm{e}^{-\lambda x}\mathrm{d}x = \frac{2}{\lambda^2},$$

于是得
$$DX = EX^2 - (EX)^2 = \frac{2}{\lambda^2} - \frac{1}{\lambda^2} = \frac{1}{\lambda^2}.$$

6. 正态分布

设 X 服从参数为 m，σ 的正态分布，其概率密度如下：

$$f(x) = \frac{1}{\sqrt{2\pi}\,\sigma} \mathrm{e}^{-\frac{(x-\mu)^2}{2\sigma^2}}, \qquad -\infty < x < +\infty, \ \sigma > 0,$$

$$EX = \mu, \quad DX = \sigma^2.$$

解：$DX = \int_{-\infty}^{+\infty} (x-EX)^2 f(x)\mathrm{d}x = \int_{-\infty}^{+\infty} (x-\mu)^2 \frac{1}{\sqrt{2\pi}\,\sigma} \mathrm{e}^{-\frac{(x-\mu)^2}{2\sigma^2}}\mathrm{d}x.$

令 $t = \dfrac{x-\mu}{\sigma}$，则有

$$DX = \frac{1}{\sqrt{2\pi}\,\sigma} \int_{-\infty}^{+\infty} (\sigma t)^2 \mathrm{e}^{-\frac{t^2}{2}} \sigma \mathrm{d}t = \frac{\sigma^2}{\sqrt{2\pi}} \int_{-\infty}^{+\infty} t^2 \mathrm{e}^{-\frac{t^2}{2}}\mathrm{d}t$$

$$= \frac{\sigma^2}{\sqrt{2\pi}} \left[-\int_{-\infty}^{+\infty} t \mathrm{e}^{-\frac{t^2}{2}} \mathrm{d}\left(-\frac{t^2}{2}\right) \right] = \frac{-\sigma^2}{\sqrt{2\pi}} \int_{-\infty}^{+\infty} t \mathrm{d}\mathrm{e}^{-\frac{t^2}{2}}$$

$$= \frac{-\sigma^2}{\sqrt{2\pi}} \left(t\mathrm{e}^{-\frac{t^2}{2}} \Big|_{-\infty}^{+\infty} - \int_{-\infty}^{+\infty} \mathrm{e}^{-\frac{t^2}{2}}\mathrm{d}t \right)$$

$$= \frac{\sigma^2}{\sqrt{2\pi}} \sqrt{2\pi} \cdot \left[\frac{1}{\sqrt{2\pi}} \int_{-\infty}^{+\infty} \mathrm{e}^{-\frac{t^2}{2}}\mathrm{d}t \right] = \sigma^2.$$

常见分布的数学期望与方差列于表 4-2-1 中.

表 4-2-1

分布名称	分布列或概率密度	数学期望	方差
两点分布 $X \sim (0-1)$分布	$P\{X=1\}=p,\ P\{X=0\}=1-p=q$ $(0 < p < 1,\ p+q=1)$	p	pq
二项分布 $X \sim B(n, p)$	$P\{X=k\} = C_n^k p^k q^{n-k}$ $(0 < p < 1,\ p+q=1,\ k=0, 1, 2, \cdots, n)$	np	npq

续表

分布名称	分布列或概率密度	数学期望	方差
泊松分布 $X \sim P(\lambda)$	$P\{X=k\}=\dfrac{\lambda^k \mathrm{e}^{-\lambda}}{k!}$ $(k=0, 1, 2, \cdots, \lambda>0)$	λ	λ
均匀分布 $X \sim U[a, b]$	$f(x)=\begin{cases} \dfrac{1}{b-a}, & a \leqslant x \leqslant b, \\ 0, & 其他, \end{cases} \quad (a<b)$	$\dfrac{a+b}{2}$	$\dfrac{(b-a)^2}{12}$
指数分布 $X \sim E(\lambda)$	$f(x)=\begin{cases} \lambda \mathrm{e}^{-\lambda x}, & x>0, \\ 0, & x \leqslant 0 \end{cases} \quad (\lambda>0)$	$\dfrac{1}{\lambda}$	$\dfrac{1}{\lambda^2}$
正态分布 $X \sim N(\mu, \sigma^2)$	$f(x)=\dfrac{1}{\sqrt{2\pi}\,\sigma} \mathrm{e}^{-\frac{(x-\mu)^2}{2\sigma^2}}$ $(-\infty<x<\infty, \sigma>0)$	μ	σ^2

例 4-17[次品数的均值和方差] 有一大批同种产品, 已知次品率为 20%, 从中任取 5 件, 求取出的次品数 X 的数学期望与方差.

解: 由题意可知随机变量服从二项分布, 即 $X \sim B(5, 0.2)$, 故

$$EX=np=5 \times 0.2=1,$$
$$DX=npq=5 \times 0.2 \times 0.8=0.8.$$

例 4-18 已知 $X \sim N(2, 2)$, $Y \sim P(5)$, 且 X, Y 相互独立, 试求:

(1) $E(2X-3Y+10)$; (2) $D(X-2Y-1)$; (3) EX^2.

解: 由表 4-2-1 可知 $EX=2$, $DX=2$, $EY=5$, $DY=5$, 再根据数学期望和方差的性质可知:

(1) $E(2X-3Y+10)=2EX-3EY+10=2 \times 2-3 \times 5+10=-1.$

(2) $D(X-2Y-1)=DX+4DY=2+4 \times 5=22.$

(3) $EX^2=DX+(EX)^2=2+4=6.$

例 4-19[元器件精度] 设活塞的直径 (单位: cm) $X \sim N(22.40, 0.03^2)$, 气缸的直径 $Y \sim N(22.50, 0.04^2)$, X, Y 相互独立, 任取一只活塞, 任取一只气缸, 求活塞能装入气缸的概率.

解: 由题意知需求 $P\{X<Y\}=P\{X-Y<0\}$, 令 $Z=X-Y$, 则由 $X \sim N(22.40, 0.03^2)$, $Y \sim N(22.50, 0.04^2)$ 得 $Z \sim N(-0.10, 0.05^2)$, 故

$$P\{X<Y\}=P\{Z<0\}$$
$$=P\left\{\frac{Z-(-0.10)}{0.05}<\frac{0-(-0.10)}{0.05}\right\}$$
$$=\Phi(2)$$
$$=0.9772.$$

§4.3　协方差及相关系数、矩

协方差与相关
系数

4.3.1　协方差及相关系数的定义

对于二维随机变量(X, Y)，EX 与 EY 只反映了 X 与 Y 各自的均值，而 DX 与 DY 反映的是 X 与 Y 各自偏离平均值的程度，它们都没有反映 X 与 Y 之间的关系.在实际应用中，这对随机变量往往是相互影响、相互联系的，而并不相互独立.例如，一个人的身高和体重、产品的销量与价格等等.

引例 4-3[经济增长与用电量]　已知某地区 2017—2021 年的 GDP 与用电量数据（见表 4-3-1），请考察这两个量之间的相关性.

表 4-3-1

年份	2017	2018	2019	2020	2021
GDP	25002	28657	32815	34668	37146
用电量	22570	27168	35055	45327	49847

在方差的性质中有一条，当 X 与 Y 之间是否存在相关关系未知时，有

$$D(X \pm Y) = DX + DY \pm 2E[(X - EX)(Y - EY)].$$

当 X 与 Y 相互独立时，有

$$D(X \pm Y) = DX + DY.$$

由此可见，$E[(X - EX)(Y - EY)]$ 在一定程度上反映了 X 与 Y 之间的关系，该变量即为 X 与 Y 之间的协方差.

定义 4-4　设 (X, Y) 为二维随机变量，称

$$E[(X - EX)(Y - EY)]$$

为 X 与 Y 的协方差，记为 $\text{Cov}(X, Y)$，即

$$\text{Cov}(X, Y) = E[(X - EX)(Y - EY)].$$

注：（1）$\text{Cov}(X, X) = DX$；

（2）$D(X \pm Y) = DX + DY \pm 2\text{Cov}(X, Y)$；

（3）$\text{Cov}(X, Y) = E(XY) - EX \cdot EY.$

协方差具有量纲，简而言之如果把数据都放大一定的倍数，则利用放大后的数据计算的协方差也会被放大.但本质上这两个随机变量之间的关系应该始终没有改变.因此在考察随机变量的相关性时，一定要消除量纲产生的影响.

定义 4-5　当 $DX > 0$，$DY > 0$ 时，称 $\dfrac{\text{Cov}(X, Y)}{\sqrt{DX}\sqrt{DY}}$ 为 X 与 Y 的**相关系数**，记为 ρ_{XY}，即

$$\rho_{XY} = \frac{\text{Cov}(X, Y)}{\sqrt{DX}\sqrt{DY}}.$$

相关系数 ρ_{XY} 反映了 X 与 Y 之间线性相关的程度.关于相关系数有下述结论：

(1) $|\rho_{XY}|$ 越接近于 1，则 X 与 Y 之间越线性相关；

(2) $|\rho_{XY}|=1$，则 X 与 Y 之间存在线性相关的概率为 1；

(3) $|\rho_{XY}|=0$，则 X 与 Y 之间存在线性相关的概率为 0.

特别地，若 X 与 Y 中任何一个与其数学期望的差很小，则无论 X 与 Y 有多么密切的关系，$\mathrm{Cov}(X, Y)$ 也可能接近于 0.

关于协方差，亦可将其推广到多维情况，有如下结论.

定义 4-6 (1) 若 (X, Y) 为二维离散型随机变量且分布律为

$$P\{X=x_i, Y=y_j\}=p_{ij}, \quad i, j=1, 2, \cdots,$$

则

$$\mathrm{Cov}(X, Y)=\sum_i \sum_j (x_i - EX)(y_j - EY)p_{ij}.$$

(2) 若 (X, Y) 为二维连续型随机变量且概率密度为 $f(x, y)$，则

$$\mathrm{Cov}(X, Y)=\int_{-\infty}^{+\infty}\int_{-\infty}^{+\infty}(x-EX)(y-EY)f(x, y)\mathrm{d}x\mathrm{d}y.$$

例 4-20 二维离散型随机变量 (X, Y) 的分布律如下：

Y \ X	0	1	2
1	0	0.2	0.3
2	0.2	0.1	0.2

试求 $EX, EY, DX, DY, \mathrm{Cov}(X, Y), \rho_{XY}$.

解： 由 (X, Y) 的联合分布律可知 X 与 Y 的边缘分布律分别为

X	0	1	2
p_k	0.2	0.3	0.5

Y	1	2
p_k	0.5	0.5

则计算可得：

$$EX=0\times0.2+1\times0.3+2\times0.5=1.3,$$
$$EY=1\times0.5+2\times0.5=1.5,$$
$$EX^2=0^2\times0.2+1^2\times0.3+2^2\times0.5=2.3,$$
$$EY^2=1^2\times0.5+2^2\times0.5=2.5,$$
$$DX=EX^2-(EX)^2=2.3-1.3^2=0.61,$$
$$DY=EY^2-(EY)^2=2.5-1.5^2=0.25.$$

计算协方差和相关系数为

$$\mathrm{Cov}(X, Y)=E(XY)-EX\cdot EY=1.8-1.3\times1.5=-0.15,$$

$$\rho_{XY}=\frac{\mathrm{Cov}(X,Y)}{\sqrt{DX}\sqrt{DY}}=\frac{-0.15}{\sqrt{0.61}\times\sqrt{0.25}}\approx-0.384.$$

例 4-21 二维连续型随机变量 (X, Y) 的概率密度为

$$f(x, y)=\begin{cases}x+y, & 0<x<1, 0<y<1,\\ 0, & \text{其他},\end{cases}$$

试求 EX，EY，DX，DY，$\mathrm{Cov}(X，Y)$，ρ_{XY}.

解：由 $(X，Y)$ 的联合概率密度可得 X 与 Y 的边缘概率密度：

当 $x \in (0，1)$ 时，$f_X(x) = \int_{-\infty}^{+\infty} f(x，y)\mathrm{d}y = \int_0^1 (x+y)\mathrm{d}y = x + \dfrac{1}{2}$；

当 $y \in (0，1)$ 时，$f_Y(y) = \int_{-\infty}^{+\infty} f(x，y)\mathrm{d}x = \int_0^1 (x+y)\mathrm{d}x = y + \dfrac{1}{2}$.

$$EX = \int_{-\infty}^{+\infty} x f_X(x)\mathrm{d}x = \int_0^1 x\left(x+\frac{1}{2}\right)\mathrm{d}x = \frac{7}{12};$$

$$EY = \int_{-\infty}^{+\infty} y f_Y(y)\mathrm{d}y = \int_0^1 y\left(y+\frac{1}{2}\right)\mathrm{d}y = \frac{7}{12};$$

$$E(XY) = \int_{-\infty}^{+\infty}\int_{-\infty}^{+\infty} xy f(x，y)\mathrm{d}x\mathrm{d}y = \int_0^1\int_0^1 xy(x+y)\mathrm{d}x\,\mathrm{d}y = \frac{1}{3};$$

$$EX^2 = \int_{-\infty}^{+\infty} x^2 f_X(x)\mathrm{d}x = \int_0^1 x^2\left(x+\frac{1}{2}\right)\mathrm{d}x = \frac{5}{12};$$

$$EY^2 = \int_{-\infty}^{+\infty} y^2 f_Y(y)\mathrm{d}y = \int_0^1 y^2\left(y+\frac{1}{2}\right)\mathrm{d}y = \frac{5}{12};$$

$$DX = EX^2 - (EX)^2 = \frac{11}{144};$$

$$DY = EY^2 - (EY)^2 = \frac{11}{144};$$

$$\mathrm{Cov}(X，Y) = E(XY) - EX \cdot EY = -\frac{1}{144};$$

$$\rho_{XY} = \frac{\mathrm{Cov}(X，Y)}{\sqrt{DX}\sqrt{DY}} = -\frac{1}{11}.$$

4.3.2　协方差的性质

根据协方差的定义，可得协方差有如下性质：

（1）若 X 与 Y 是相互独立的随机变量，则 $\mathrm{Cov}(X，Y) = 0$；

（2）$\mathrm{Cov}(X，Y) = \mathrm{Cov}(Y，X)$；

（3）对任意的常数 a，b，有 $\mathrm{Cov}(aX，bY) = ab\mathrm{Cov}(X，Y)$；

（4）$\mathrm{Cov}(X+Y，Z) = \mathrm{Cov}(X，Z) + \mathrm{Cov}(Y，Z)$.

证：（1）由于 $\mathrm{Cov}(X，Y) = E(XY) - EX \cdot EY$，又因为 X 与 Y 是相互独立的，故

$$E(XY) = EX \cdot EY,$$

即

$$\mathrm{Cov}(X，Y) = 0.$$

（2）$\mathrm{Cov}(X，Y) = E(XY) - EX \cdot EY = E(YX) - EY \cdot EX$
$$= \mathrm{Cov}(Y，X).$$

（3）$\mathrm{Cov}(aX，bY) = E(aXbY) - E(aX)E(bY)$
$$= ab[E(XY) - EX \cdot EY] = ab\mathrm{Cov}(X，Y).$$

（4）$\mathrm{Cov}(X+Y，Z) = E[(X+Y)Z] - E(X+Y) \cdot EZ$
$$= E(XZ) + E(YZ) - (EX + EY) \cdot EZ$$

$$=[E(XZ)-EX \cdot EZ]+[E(YZ)-EY \cdot EZ]$$
$$=\text{Cov}(X, Z)+\text{Cov}(Y, Z).$$

定理 4-3 设 $DX>0$，$DY>0$，ρ_{XY} 为 X 与 Y 的相关系数，则有：

(1) $|\rho_{XY}| \leqslant 1$；

(2) $|\rho_{XY}|=1$ 的充要条件是存在常数 a，b，使得 $P\{Y=aX+b\}=1$；

(3) 若 X 与 Y 是相互独立的随机变量，则 $\rho_{XY}=0$.

注：（1）当 X 与 Y 的相关系数 $\rho_{XY}=0$ 时，称 X 与 Y 不相关；

（2）若 X 与 Y 相互独立，则 X 与 Y 不相关，但 X 与 Y 不相关时，X 与 Y 不一定相互独立.

4.3.3 矩的定义

定义 4-7 设 X，Y 为随机变量，则有：

（1）若 EX^k（$k=1$，2，…）存在，则称其为 X 的 k 阶原点矩，简称 k 阶矩；

（2）若 $E(X-EX)^k$（$k=1$，2，…）存在，则称其为 X 的 k 阶中心矩；

（3）若 $E(X^k Y^l)$（k，$l=1$，2，…）存在，则称其为 X 和 Y 的 $k+l$ 阶混合原点矩；

（4）若 $E[(X-EX)^k(Y-EY)^l]$（k，$l=1$，2，…）存在，则称其为 X 和 Y 的 $k+l$ 阶混合中心矩.

注：（1）EX 是 X 的一阶原点矩；

（2）DX 是 X 的二阶中心矩；

（3）$\text{Cov}(X, Y)$ 是 X 与 Y 的 $1+1$ 阶混合中心矩.

例 4-22 连续型随机变量 X 的概率密度为

$$f(x)=\begin{cases} 2x, & 0<x<1, \\ 0, & \text{其他}, \end{cases}$$

试求 X 的四阶原点矩.

解：根据原点矩的定义，计算可得

$$EX^4=\int_{-\infty}^{+\infty} x^4 f(x)\mathrm{d}x=\int_0^1 x^4 \cdot(2x)\mathrm{d}x=\frac{1}{3}.$$

§4.4 本章实验

实验 4-1[评判测量方法] 两种测量方法得到零件长度的分布如表 4-4-1 所示，试利用 Excel 判断哪一种测量方法较好.

表 4-4-1

长度	48	49	50	51	52
方法 1 的概率	0.1	0.1	0.6	0.1	0.1
方法 2 的概率	0.2	0.2	0.2	0.2	0.2

实验准备：

学习"实验附录"中函数 SUMPRODUCT 的用法.

实验步骤：

第 1 步，在 Excel 中输入数据，如图 4-4-1 所示.

第 2 步，计算期望.在单元格 B7 中输入公式"＝SUMPRODUCT(A2：A6，B2：B6)"，得到期望.其结果如图 4-4-2 所示.

第 3 步，计算方差.首先计算 $(x-EX)^2$，在单元格 D2 中输入公式"＝(A2−B\$7)^2"，并将公式复制到单元格区域 D3：D6 中.其结果如图 4-4-2 所示.

第 4 步，在单元格 B8 中输入公式"＝SUMPRODUCT(D2：D6，B2：B6)"，得到方法 1 的方差；在单元格 C8 中输入公式"＝SUMPRODUCT(D2：D6，C2：C6)"，得到方法 2 的方差.其结果如图 4-4-2 所示.

	A	B	C
1	长度	方法1的概率	方法2的概率
2	48	0.1	0.2
3	49	0.1	0.2
4	50	0.6	0.2
5	51	0.1	0.2
6	52	0.1	0.2
7	期望=		
8	方差=		

图 4-4-1

	A	B	C	D
1	长度	方法1的概率	方法2的概率	$[x-E(X)]^2$
2	48	0.1	0.2	4
3	49	0.1	0.2	1
4	50	0.6	0.2	0
5	51	0.1	0.2	1
6	52	0.1	0.2	4
7	期望=	50	50	
8	方差=	1	2	

图 4-4-2

实验 4-2　二维离散型随机变量 $(X，Y)$ 的分布律如下：

Y \ X	0	1	2
1	0	0.2	0.3
2	0.2	0.1	0.2

试用 Excel 求 EX，EY，DX，DY，$\mathrm{Cov}(X，Y)$，ρ_{XY}.

实验准备：

学习"实验附录"中函数 SUM、函数 SUMPRODUCT、函数 SQRT 的用法.

实验步骤:

第1步,在Excel中输入数据,如图4-4-3所示.

	A	B	C	D	E
1	$Y\backslash X$	0	1	2	$P\{Y=y_j\}$
2	1	0	0.2	0.3	
3	2	0.2	0.1	0.2	
4	$P\{X=x_i\}$				
5					
6					
7	$E(XY)=$				
8	$EX=$		$DX=$		
9	$EY=$		$DY=$		
10					
11	$Cov(X,Y)=$				
12	$\rho_{XY}=$				

图4-4-3

第2步,计算边缘概率$P\{X=x_i\}$和$P\{Y=y_j\}$.

在单元格B4中输入公式"$=SUM(B2:B3)$",并将其复制到单元格区域C4:D4;

在单元格E2中输入公式"$=SUM(B2:D2)$",并将其复制到单元格区域E3.

第3步,计算期望$E(XY)$.首先在单元格B6中输入公式"$=SUMPRODUCT(\$A2:\$A3,B2:B3)$",并将其复制到单元格区域C6:D6,算出中间数组,然后在单元格B7中输入公式"$=SUMPRODUCT(B6:D6,B1:D1)$",即得期望$E(XY)$.其结果如图4-4-4所示.

	A	B	C	D	E
1	$Y\backslash X$	0	1	2	$P\{Y=y_j\}$
2	1	0	0.2	0.3	0.5
3	2	0.2	0.1	0.2	0.5
4	$P\{X=x_i\}$	0.2	0.3	0.5	
5					
6		0.4	0.4	0.7	
7	$E(XY)=$	1.8			

图4-4-4

第4步,计算期望EX,EY和方差DX,DY.

在单元格B8中输入公式"$=SUMPRODUCT(B1:D1,B4:D4)$";

在单元格B9中输入公式"$=SUMPRODUCT(A2:A3,E2:E3)$";

在单元格D8中输入公式"$=SUMPRODUCT(B1:D1,B1:D1,B4:D4)-B8\^2$";

在单元格D9中输入公式"$=SUMPRODUCT(A2:A3,A2:A3,E2:E3)-B9\^2$".

其结果如图4-4-5所示.

	A	B	C	D	E
1	$Y\backslash X$	0	1	2	$P\{Y=y_j\}$
2	1	0	0.2	0.3	0.5
3	2	0.2	0.1	0.2	0.5
4	$P\{X=x_i\}$	0.2	0.3	0.5	
5					
6		0.4	0.4	0.7	
7	$E(XY)=$	1.8			
8	$EX=$	1.3	$DX=$	0.61	
9	$EY=$	1.5	$DY=$	0.25	

图 4-4-5

第5步，计算协方差 $\text{Cov}(X, Y)$.

在单元格 B11 中输入公式"=B7−B8*B9".

第6步，计算相关系数 ρ_{XY}.

在单元格 B12 中输入公式"=B11/SQRT(D8*D9)".

其计算结果如图 4-4-6 所示.

	A	B	C	D	E
1	$Y\backslash X$	0	1	2	$P\{Y=y_j\}$
2	1	0	0.2	0.3	0.5
3	2	0.2	0.1	0.2	0.5
4	$P\{X=x_i\}$	0.2	0.3	0.5	
5					
6		0.4	0.4	0.7	
7	$E(XY)=$	1.8			
8	$EX=$	1.3	$DX=$	0.61	
9	$EY=$	1.5	$DY=$	0.25	
10					
11	$\text{Cov}(X,Y)=$	−0.15			
12	$\rho_{XY}=$	0.390512			

图 4-4-6

◎知识扩展

相关系数

　　相关系数是由统计学家卡尔·皮尔逊设计的一项统计指标,是研究变量之间线性相关程度的量.由于研究对象的不同,相关系数有多种定义方式.统计学的相关系数经常使用的有三种:皮尔森(Pearson)相关系数、斯皮尔曼(Spearman)相关系数和肯德尔(Kendall)相关系数.皮尔森相关系数用于衡量线性关联性的程度,对于中心化后的数据,其几何解释为两个随机变量对应相量的夹角的余弦值.

　　需要指出的是,相关系数有一个明显的缺点,即它接近于1的程度与数据组数 n 相关,这容易给人一种假象.因为,当 n 较小时,相关系数的波动较大,对有些样本来说相关系数的绝对值易接近于1；当n较大时，相关系数的绝对值容易偏小．因此在样本容量n较小时，我们仅凭相关系数较大就判定变量x与y之间有密切的线性关系是不妥当的．

习题4

1. 设某射手每次射击命中目标的概率为0.8，求连续射击60次，命中目标次数的数学期望．

2. 随机变量X的分布列为

X	-1	1	2
p_k	0.5	0.25	0.25

求：(1) EX；　　　　(2) EX^2；　　　　(3) $E(-2X+3)$．

3. 设离散型随机变量X的分布列为

X	$\dfrac{\pi}{2}$	π	$\dfrac{3}{2}\pi$
p_k	0.3	0.2	α

求：(1) α；　　　　(2) $E(\sin x)$．

4. 按规定，某车站每天8：00—9：00，9：00—10：00都恰有一辆客车到站，但到站的时刻是随机的，且两者到站的时间相互独立，其规律为

到站时刻	8：10，9：10	8：30，9：30	8：50，9：50
概率	$\dfrac{1}{6}$	$\dfrac{3}{6}$	$\dfrac{2}{6}$

(1) 一旅客8：00到车站，求其候车时间的数学期望；

(2) 一旅客8：20到车站，求其候车时间的数学期望．

5. 设电流I在区间$(0,1)$上服从均匀分布，电阻R的概率密度函数为

$$f(x)=\begin{cases} 2r, & 0<r<1, \\ 0, & 其他. \end{cases}$$

已知I和R相互独立，求：

(1) 电流I的数学期望；　　　　(2) 电阻R的数学期望；

(3) 电阻上电压的数学期望．

6. 设X的密度函数为

$$f(x)=\begin{cases} \sin x, & 0\leqslant x\leqslant \dfrac{\pi}{2}, \\ 0, & 其他, \end{cases}$$

求：(1) EX；　　　　(2) $E(3X+2)$．

7. 设分布密度为 $f(x) = Ax^3$, $0 \leqslant x \leqslant 2$, 求:

(1) 常数 A; (2) $F(x)$; (3) $P(\frac{1}{2} < X < \frac{3}{2})$; (4) EX.

8. 某厂生产一种设备,其平均寿命为 10 年,标准差为 2 年,如该设备的寿命服从正态分布,求整批设备中寿命不低于 9 年的所占比例为多少?

9. 设 (X, Y) 的概率密度为

$$f(x, y) = \begin{cases} 12y^2, & 0 \leqslant y \leqslant x \leqslant 1, \\ 0, & \text{其他}. \end{cases}$$

求 EX, EY, $E(XY)$, $E(X^2 + Y^2)$.

10. 对圆的直径作近似测量,设其值在区间 (a, b) 上服从均匀分布,求圆面积的数学期望.

11. 已知 $EX = -2$, $EX^2 = 5$, 求 $D(1 - 3X)$.

12. 随机变量 X 的分布列为

X	1	2	3
p_k	0.3	0.4	0.3

求其方差与标准差.

13. 设 X 的密度函数为

$$f(x) = \begin{cases} 2x, & 0 \leqslant x \leqslant 1, \\ 0, & \text{其他}, \end{cases}$$

求 DX, $D(1 - 4X)$.

14. 已知 $X \sim N(2, 1.5^2)$, $Y \sim B(5, 0.2)$, 且 X, Y 相互独立,求:

(1) $E(2X - Y + 1)$; (2) $D(2X - Y + 1)$; (3) EX^2.

15. 设随机变量 X 的概率密度为

$$f(x) = \begin{cases} ax^2 + bx + c, & 0 < x < 1, \\ 0, & \text{其他}, \end{cases}$$

且 $EX = \frac{2}{3}$, $DX = \frac{91}{180}$, 试确定常数 a, b, c.

16. 设随机变量 (X, Y) 具有概率密度

$$f(x, y) = \begin{cases} \dfrac{1}{x}, & x^2 + y^2 \leqslant 1, \\ 0, & \text{其他}, \end{cases}$$

求 EX, EY, $\text{Cov}(X, Y)$, ρ_{XY}, $D(X + Y)$.

17. 设二维随机变量 (X, Y) 的概率密度为

$$f(x, y) = \begin{cases} \dfrac{1}{x}, & x^2 + y^2 \leqslant 1, \\ 0, & \text{其他}, \end{cases}$$

试验证 X 与 Y 是不相关的,但 X 与 Y 不是相互独立的.

习题 4 参考答案

第5章　数理统计的基本概念

§5.1　总体、样本

　　在前面，我们学习了概率论的一些基本概念和方法. 我们知道，随机现象的统计规律性可以用随机变量及其概率分布来全面描述. 要研究一个随机现象，首先应该知道它的概率分布. 然而在实际情况中，一个随机现象服从什么样的分布往往并不能完全知道；或者虽然知道它属于什么概型，但不知道分布函数中所包含的参数. 例如，一段时间内某一公路上汽车的行驶速度、某种品牌的微波炉的使用寿命等，它们服从什么样的分布是不知道的. 又如，一个士兵对某目标连续射击 n 次，我们知道他每一次射击要么击中要么击不中，因此一次射击是击中还是击不中是服从（0-1）分布的，但是分布中的参数——命中率 p，却是不知道的. 如果我们要对这些问题或与之相关的一些问题进行研究，就必须要知道它们的分布及其参数. 那么怎样才能知道一个随机现象的分布或其参数呢？这就是数理统计中所要解决的一个基本问题.

5.1.1　数理统计的研究方法

　　数理统计是从局部观测资料的统计特性，来推断随机现象整体统计特性的一门科学. 要了解整体的情况，最可靠的是采用普查的方法. 但实际上，这往往是不必要、不可能或者不允许的. 比如我们要推断一批电视机显像管的使用寿命，如果将每一个显像管都拿来做寿命试验，当然可以准确地得出这批显像管使用寿命的概率分布情况. 但是寿命试验是破坏性的，所有显像管的寿命都测量出来了，这些显像管也都无法使用了. 这种方法显然是不现实的. 那么怎样做才合理呢？实际上，我们只要从中随机地抽取一部分进行试验，根据试验的结果对整批产品的使用寿命做出合理的推断就可以了. 数理统计的方法是：从所要研究的全体对象中，抽取一小部分来进行试验，然后进行分析和研究，根据这一小部分所显示的统计特性，来推断整体的统计特性.

　　当然，由于研究的对象是随机现象，依据部分的观测或试验对整体所做出的推论不可能绝对准确，多少总含有一定程度的不确定性，而不确定性利用概率的大小来表示是再恰当不过的了. 概率大, 推断就比较可靠; 概率小, 推断就比较不可靠, 这种伴随有一定概率的推断称为统计推断. 数理统计的任务就是研究如何有效地收集、整理、分析所获得的资料, 对所研究的问题尽可能地做出精确而可靠的结论.

5.1.2　总体和样本

定义 5-1　通常将研究对象的全体称为**总体**, 将组成总体的每个基本单元称为**个体**.

数理统计中的
基本概念

比如, 某企业在稳定生产条件下生产的一批国产轿车, 可以作为一个总体; 而其中的每辆轿车, 就是一个个体.

总体还可分成有限总体和无限总体两种. 如上例中某企业在稳定生产条件下生产的一批国产轿车, 我们就认为是有限总体, 而某企业在稳定生产条件下生产的所有国产轿车就可认为是无限总体了.

在实际应用中, 我们往往关心的是总体中的个体的某项指标. 比如, 对于某企业在稳定生产条件下生产的一批同型号的国产轿车, 我们关心的是它的耗油量. 当我们只考察同型号国产轿车的耗油量这项指标时, 一批同型号轿车中的每辆车子都有一个确定的值. 因此, 应该把这些耗油量值的全体当作总体. 这时, 每辆轿车的耗油量就是个体.

实际上, 即便是同一企业在稳定生产条件下产出的一批同型号的轿车, 由于偶然因素的影响, 其耗油量也不完全相同, 但有确定的概率分布. 这表明同型号国产轿车的耗油量 X 是一个随机变量. 实际上, 总体就是某个随机变量 X 取值的全体. 故由于每个个体的出现是随机的, 所以相应的数量指标的出现也带有随机性, 从而可以把这种数量指标看作一个随机变量 X, 因此随机变量 X 的分布就是该数量指标在总体中的分布.

总体分布一般是未知的, 或知道其分布类型但包含未知参数. 为推断总体分布及各种特征, 按一定规则从总体中抽取若干个体进行观察试验, 以获得有关总体的信息, 这一抽取过程称为 "抽样".

定义 5-2　在一个总体 X 中, 抽取 n 个个体 X_1, X_2, $\cdots$, X_n, 这 n 个个体称为总体 X 的一个**样本**, 样本所含个体数目称为**样本容量**. 由于 X_1, X_2, $\cdots$, X_n 是从总体 X 中随机抽取出来的可能结果, 可以看成是 n 个随机变量. 但是, 在一次抽取之后, 它们都是具体的值, 记作 x_1, x_2, $\cdots$, x_n, 称为**样本的观测值**, 简称**样本值**.

从同型号的一批国产轿车中抽 5 辆进行耗油量试验, 这 5 辆轿车就是一个样本, 样本容量为 5. 进行耗油量试验能得到这 5 辆汽车的耗油量值, 这就是样本值. 抽哪 5 辆汽车是随机的, 不能挑挑拣拣, 要排除人为的偏差.

从总体中抽取样本时, 必须满足如下三个条件:

(1) 随机性. 为了使样本具有充分的代表性, 抽样必须是随机的, 即应使得总体中每个个体都有同等的机会被抽取到.

(2) 独立性. 各次抽样必须是相互独立的, 即每次抽样的结果既不影响其他各次抽样的结果, 也不受其他各次抽样结果的影响.

(3) 代表性. 即 X_1, X_2, $\cdots$, X_n 中的每一个随机变量都与总体 X 有相同的概率分布.

这种随机的、独立的、具有代表性的抽样方法称作简单随机抽样.由简单随机抽样得到的样本，称为简单随机样本.

有放回地随机抽取，得到的是简单随机样本.在实际工作中，如果样本容量相对于总体容量来说是很小的，即使是无放回地抽取，也可以近似地认为得到的是一个简单随机样本.

5.1.3　样本的数字特征

当抽取一个样本后，首先面临的问题是如何对这些数据进行归纳、整理、分析，以推断总体的性质.计算样本数据的数字特征，以估计总体的数字特征是一类方法.

常用的样本的数字特征为两类：一类是表示数据总体水平的指标，如均值、加权平均数等；另一类是表示数据离散程度的指标，包括方差、标准差等.此处介绍常用的几种数字特征，先看简单的引例.

> ◎ 延伸阅读
>
> 　　我们常说的测量在学术上有一个相近的术语——测绘.测绘在经济建设和国防建设中有广泛的应用,包括城乡建设规划、国土资源利用、环境保护、地质勘探、矿产开发、水利和交通建设,以及军事、武器制导等方面.全球有四大卫星导航系统,包括美国的全球定位系统(GPS)、俄罗斯的格洛纳斯卫星导航系统(GLONASS)、欧盟的伽利略卫星导航系统(GALILEO)和中国的北斗卫星导航系统(BDS).其中,BDS较GPS多了区域短报文和全球短报文功能.GLONASS虽已服役全球,但其轨道倾角较大,导致其在低纬度地区性能较差.GALILEO的观测量质量较好,但星载钟稳定性稍差,导致系统可靠性较差.

引例5-1[测量误差]　对一段距离进行5次观测，其观测结果如表5-1-1所示.

表5-1-1

次序	1	2	3	4	5
观测值 l/m	123.457	123.450	123.453	123.449	123.451

求该组距离观测值的平均值和方差.

解：平均值的求法非常简单，中学时已经会求，即

$$\bar{l} = \frac{l_1 + l_2 + \cdots + l_5}{5} = 123.452(\text{m}).$$

故该组距离观测值的平均值为123.452m.

但方差的计算公式与中学时学的有些区别，此处我们定义后再求.

定义5-3　设 X_1，X_2，$\cdots$，X_n 是总体 X 的容量为 n 的样本，我们称

$$\bar{X} = \frac{1}{n}\sum_{i=1}^{n} X_i$$

为样本均值，称

$$S^2 = \frac{1}{n-1} \sum_{i=1}^{n} (X_i - \bar{X})^2$$

为样本方差，称 S^2 的算术平方根 S 为样本标准差.

样本均值反映出数据的集中位置，样本方差反映了数据的离散程度.样本方差越大，数据越分散；样本方差越小，数据越集中.样本均值和样本方差都是常用的统计量.当我们泛指任一次抽样时，样本 X_1, X_2, $\cdots$, X_n 为 n 个随机变量，所以样本均值与样本方差都是随机变量.当我们特指某一次具体的抽样时，样本 X_1, X_2, $\cdots$, X_n 的具体取值已经确定了，我们用 x_1, x_2, $\cdots$, x_n 表示.从而样本均值与样本方差的观测值也是具体的值，分别为

$$\bar{x} = \frac{1}{n} \sum_{i=1}^{n} x_i, \quad s^2 = \frac{1}{n-1} \sum_{i=1}^{n} (x_i - \bar{x})^2.$$

以后我们不加区别，也可用 $\bar{x}$, s^2 表示样本均值与样本方差.

故在引例 5-1 中，该组距离观测值的方差为

$$s^2 = \frac{1}{5-1} \sum_{i=1}^{5} (l_i - \bar{l})^2$$

$$= \frac{1}{4} [(123.457 - 123.452)^2 + (123.450 - 123.452)^2 +$$

$$(123.453 - 123.452)^2 + (123.449 - 123.452)^2 + (123.451 - 123.452)^2]$$

$$= 0.0001.$$

在实际的数据统计中，我们往往并不把每个样本值罗列出来，而是将这些数据进行整理，得到分组数据，但计算方法还是一样的，可沿用上面的公式.请看下例：

引例 5-2[冰箱的日销售量]　某商店 100 天内电冰箱的日销售情况如表 5-1-2 所示.

表 5-1-2

日销售台数 x_i	2	3	4	5	6	合计
天数 t_i	20	30	10	25	15	100

求该商店电冰箱的日平均销售量 $\bar{x}$ 和方差 s^2.

解： 由题意得

$$\bar{x} = \frac{1}{100} \times (2 \times 20 + 3 \times 30 + 4 \times 10 + 5 \times 25 + 6 \times 15) = 3.85(台),$$

$$s^2 = \frac{1}{100-1} \sum_{i=1}^{5} [t_i (x_i - \bar{x})^2]$$

$$= \frac{1}{100-1} \times [20 \times (2 - 3.85)^2 + 30 \times (3 - 3.85)^2 +$$

$$10 \times (4 - 3.85)^2 + 25 \times (5 - 3.85)^2 + 15 \times (6 - 3.85)^2]$$

$$\approx 1.9470.$$

即该商店电冰箱的日平均销售量为 3.85 台，方差为 1.9470.

除了上述介绍的样本均值和样本方差之外，常用的统计量还有样本的各阶原点矩和中心矩.现将常用的统计量及其观测值总结列于表 5-1-3 中.

表 5-1-3

名称	统计量	观测值
样本均值	$\bar{X}=\dfrac{1}{n}\sum\limits_{i=1}^{n}X_i$	$\bar{x}=\dfrac{1}{n}\sum\limits_{i=1}^{n}x_i$
样本方差	$S^2=\dfrac{1}{n-1}\sum\limits_{i=1}^{n}(X_i-\bar{X})^2$	$s^2=\dfrac{1}{n-1}\sum\limits_{i=1}^{n}(x_i-\bar{x})^2$
样本标准差	$S=\sqrt{\dfrac{1}{n-1}\sum\limits_{i=1}^{n}(X_i-\bar{X})^2}$	$s=\sqrt{\dfrac{1}{n-1}\sum\limits_{i=1}^{n}(x_i-\bar{x})^2}$
样本 k 阶原点矩	$A_k=\dfrac{1}{n}\sum\limits_{i=1}^{n}X_i^k$	$\dfrac{1}{n}\sum\limits_{i=1}^{n}x_i^k$
样本 k 阶中心矩	$B_k=\dfrac{1}{n}\sum\limits_{i=1}^{n}(X_i-\bar{X})^k$	$\dfrac{1}{n}\sum\limits_{i=1}^{n}(x_i-\bar{x})^k$

§5.2 常用统计量及其分布

统计量是样本的函数,具有随机性,也是一个随机变量.在使用统计量进行统计分析、推断之时,常常需要知道其分布规律.当总体随机变量的分布函数已知时,抽样分布是确定的.然而统计量是样本的函数,因此其精确分布还存在求解困难.这里着重介绍总体为正态分布的常用统计量.

常用统计量

样本均值 $\bar{X}=\dfrac{1}{n}\sum\limits_{i=1}^{n}X_i$ 与样本方差 $S^2=\dfrac{1}{n-1}\sum\limits_{i=1}^{n}(X_i-\bar{X})^2$ 的共同点是它们都是只与样本 X_1, X_2, $\cdots$, X_n 有关的函数,不含任何未知的参数.

正态总体统计量及其分布

定义 5-4 设 X_1, X_2, $\cdots$, X_n 为总体 X 的一个容量为 n 的样本,$T(X_1$, X_2, $\cdots$, $X_n)$ 是样本的一实值函数,它不包含总体 X 的任何未知参数,则称样本 X_1, X_2, $\cdots$, X_n 的函数 $T(X_1$, X_2, $\cdots$, $X_n)$ 为一个统计量.

样本均值、方差,以及样本的各种矩都是统计量.显然,统计量也是随机变量.如果 x_1, x_2, $\cdots$, x_n 是一组观测值,则 $T(x_1$, x_2, $\cdots$, $x_n)$ 是统计量 $T(X_1$, X_2, $\cdots$, $X_n)$ 的一组观测值.

例 5-1 设 $(X_1$, $X_2)$ 是从总体 $X\sim N(\mu$, $\sigma^2)$ 中抽取的一个二维样本,其中 σ 为未知参数,则 $X_1+\mu X_2$,$X_1^2+X_2^2-3$ 都是统计量,而 $\dfrac{X_2}{\sigma}$,$X_1+\mu X_2-\sigma$ 就不是统计量.

现将正态总体下,几个常用的统计量及其分布介绍如下.

5.2.1 U 统计量及其分布

设 X_1, X_2, $\cdots$, X_n 是来自正态总体 $X\sim N(\mu$, $\sigma^2)$ 的一个样本,由于总体服从正态分布,则可知样本均值也服从正态分布,又知

$$E\bar{X} = E\left(\frac{1}{n}\sum_{i=1}^{n}X_i\right) = \frac{1}{n}\left(\sum_{i=1}^{n}EX_i\right) = \mu,$$

$$D\bar{X} = D\left(\frac{1}{n}\sum_{i=1}^{n}X_i\right) = \frac{1}{n^2}\left(\sum_{i=1}^{n}DX_i\right) = \frac{\sigma^2}{n},$$

则

$$\bar{X} \sim N\left(\mu, \frac{\sigma^2}{n}\right).$$

将 $\bar{X}$ 标准化并记作 U，则

$$U = \frac{\bar{X} - \mu}{\sigma / \sqrt{n}} \sim N(0, 1)$$

称作 **U 统计量**，记作 $U \sim N(0, 1)$.

U 统计量服从标准正态分布 $N(0, 1)$，标准正态分布的概率密度如图 5-2-1 所示.

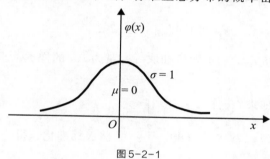

图 5-2-1

设 $U \sim N(0, 1)$，对给定的 $\alpha(0 < \alpha < 1)$，满足条件

$$P\{U > U_\alpha\} = \int_{U_\alpha}^{+\infty} \frac{1}{\sqrt{2\pi}} e^{-\frac{t^2}{2}} dt = \alpha$$

或

$$P\{U \leqslant U_\alpha\} = 1 - \alpha$$

的点 U_α，称为标准正态分布的上 α 分位点或上侧临界点，如图 5-2-2 所示.

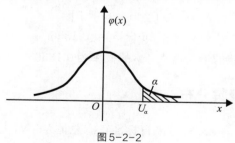

图 5-2-2

例如，$\alpha = 0.01$，而 $P\{U > 2.326\} = 0.01$，则 $U_\alpha = 2.326$.

我们称满足条件

$$P\left\{|U| > U_{\frac{\alpha}{2}}\right\} = \alpha$$

的点 $U_{\frac{\alpha}{2}}$ 为标准正态分布的双侧 α 分位点或双侧临界值，如图 5-2-3 所示.

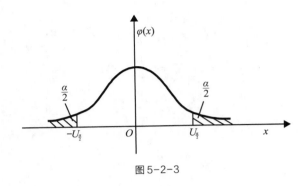

图 5-2-3

$U_{\frac{\alpha}{2}}$ 可由 $P\left\{U > U_{\frac{\alpha}{2}}\right\} = \frac{\alpha}{2}$ 查标准正态分布表得到. 例如,若想求 $U_{\frac{0.01}{2}}$,则由 $P\{U > 2.575\} = \frac{0.01}{2} = 0.005$,可知 $U_{\frac{0.01}{2}} = 2.575$.

例 5-2 在总体 $N(80, 20^2)$ 中随机抽取一容量为100的样本,求样本均值与总体均值的差的绝对值大于3的概率.

解: 由题意可知,即求 $P\left\{|\bar{X} - \mu| > 3\right\}$.

已知 $X \sim N(80, 20^2)$,故 $\bar{X} \sim N\left(80, \frac{20^2}{100}\right)$,将 $\bar{X}$ 标准化,得

$$\frac{\bar{X} - 80}{\frac{20}{10}} \sim N(0, 1),$$

$$P\left\{|\bar{X} - \mu| > 3\right\} = P\left\{|\bar{X} - 80| > 3\right\} = P\left\{\left|\frac{\bar{X} - 80}{2}\right| > \frac{3}{2}\right\}$$

$$= 1 - P\left\{\left|\frac{\bar{X} - 80}{2}\right| \leqslant \frac{3}{2}\right\}$$

$$= 1 - [2\Phi(1.5) - 1]$$

$$= 2 - 2\Phi(1.5) = 0.1336.$$

故样本均值与总体均值的差的绝对值大于3的概率为 0.1336.

5.2.2 χ^2 统计量及其分布

定义 5-5 设 $X_1, X_2, \cdots, X_n$ 是来自标准正态总体 $X \sim N(0, 1)$ 的一个样本,则称

$$\chi^2 = X_1^2 + X_2^2 + \cdots + X_n^2$$

服从自由度为 n 的 χ^2 分布,记作

$$\chi^2 \sim \chi^2(n).$$

所谓自由度,就是指统计量中独立变量的个数.其图形如图 5-2-4 所示.当 $n \to \infty$ 时, χ^2 分布趋于正态分布.

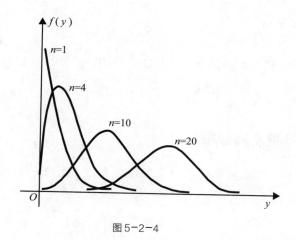

图 5-2-4

χ^2 分布的概率密度表达式较烦琐，相关计算主要通过查表求得. χ^2 分布表（见附表 5）中提供了不同自由度 n 及不同的 α 值（$0 < \alpha < 1$），类似于标准正态分布，我们称满足

$$P\{\chi^2(n) > \chi_\alpha^2(n)\} = \int_{\chi_\alpha^2(n)}^{+\infty} f(y)\mathrm{d}y = \alpha$$

的点 $\chi_\alpha^2(n)$ 为 χ^2 分布的上 α 分位点或上侧临界值，其几何意义如图 5-2-5 所示. 这里 $f(y)$ 是 χ^2 分布的概率密度.

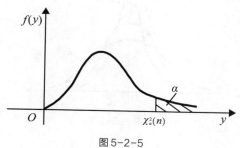

图 5-2-5

例如，当 $n = 21$，$\alpha = 0.05$ 时，由附表 5 查得

$$\chi_{0.05}^2(21) = 32.671,$$

即

$$P\{\chi^2(21) > 32.671\} = 0.05.$$

定理 5-1　如果 X_1，X_2，$\cdots$，X_n 是来自正态总体 $X \sim N(\mu, \sigma^2)$ 的一个样本，则

（1）样本均值 $\bar{X}$ 与样本方差 S^2 相互独立；

（2）$\dfrac{(n-1)S^2}{\sigma^2} = \dfrac{\sum\limits_{i=1}^{n}(X_i - \bar{X})^2}{\sigma^2} \sim \chi^2(n-1)$.

例 5-3　设 x_1，x_2，$\cdots$，x_{10} 是来自总体 $X \sim N(0, 1)$ 的一个样本，求 $P(\sum\limits_{i=1}^{10} x_i^2 > 12.549)$.

解：因 x_1，x_2，$\cdots$，x_{10} 是来自总体 $X \sim N(0, 1)$ 的一个样本，由定义 5-5 可知

$$\sum_{i=1}^{10} x_i{}^2 \sim \chi^2(10),$$

即求 $P(\chi^2(10) > 12.549)$.查 χ^2 分布表可知，$n=10$，$\chi_a^2(10)=12.549$，$\alpha=0.25$，故

$$P(\sum_{i=1}^{10} x_i{}^2 > 12.549) = 0.25.$$

5.2.3 t 统计量及其分布

定义 5-6 设 X 与 Y 是两个相互独立的随机变量，且 $X \sim N(0, 1)$，$Y \sim \chi^2(n)$，则统计量

$$T = \frac{X}{\sqrt{\dfrac{Y}{n}}}$$

服从自由度为 n 的 t 分布，记作 $T \sim t(n)$.

其概率密度函数图形如图 5-2-6 所示，形状类似标准正态分布的概率密度图形.当 n 较大时，t 分布近似于标准正态分布.

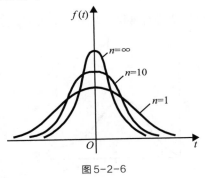

图 5-2-6

可以证明：如果 X_1，X_2，$\cdots$，X_n 是来自正态总体 $X \sim N(\mu, \sigma^2)$ 的一个样本，则在统计量 $U = \dfrac{\bar{X} - \mu}{\sigma / \sqrt{n}}$ 中，若用样本标准差 S 代替总体标准差 σ，得到的统计量 T，表述为

$$T = \frac{\bar{X} - \mu}{S / \sqrt{n}} \sim t(n-1)$$

对于给定的 $\alpha(0 < \alpha < 1)$，称满足条件

$$P\{t(n) > t_a(n)\} = \int_{t_a(n)}^{+\infty} f(t)\mathrm{d}t = \alpha.$$

的点 $t_a(n)$ 为 t 分布的上 α 分位点或上侧临界点，如图 5-2-7 所示.

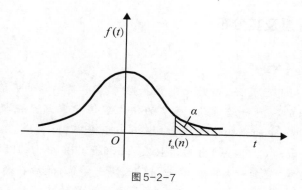

图 5-2-7

由 t 分布的对称性可知，称满足条件

$$P\left\{|t(n)| > t_{\frac{\alpha}{2}}(n)\right\} = \alpha$$

的点 $t_{\frac{\alpha}{2}}(n)$ 为 t 分布的双侧 α 分位点或双侧临界值，如图 5-2-8 所示.

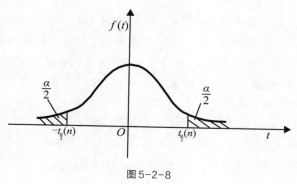

图 5-2-8

附表 4 中给出了 t 分布临界值. 例如，当 $n=15$，$\alpha=0.05$ 时，查 t 分布表可得

$$t_{0.05}(15) = 1.753, \qquad t_{\frac{0.05}{2}}(15) = 2.131.$$

其中，$t_{\frac{0.05}{2}}(15)$ 由 $P\{t(15) > t_{0.025}(15)\} = 0.025$ 查得.

定理 5-2　如果 X_1，X_2，$\cdots$，X_n 是来自正态总体 $X \sim N(\mu, \sigma^2)$ 的一个样本，样本均值 $\bar{X}$ 与样本方差 S^2 满足

$$\frac{\bar{X} - \mu}{S / \sqrt{n}} \sim t(n-1).$$

例 5-4　求下列各值中的 λ：

(1) $P(0 < \chi^2(4) < \lambda) = 0.05$；　　　　　(2) $P(|t(10)| < \lambda) = 0.9$.

解：(1) 即求 $P(\chi^2(4) \geqslant \lambda) = 0.95$，查表得 $\lambda = 0.711$.

(2) 即求 $P(t(10) \geqslant \lambda) = 0.05$，查表得 $\lambda = 1.812$.

5.2.4 F 统计量及其分布

定义 5-7 设 $U \sim \chi^2(n_1)$,$V \sim \chi^2(n_2)$ 且 U 与 V 相互独立,则随机变量

$$F = \frac{U/n_1}{V/n_2}$$

服从自由度为 (n_1, n_2) 的 F 分布,记为 $F \sim F(n_1, n_2)$.

F 分布经常被用来对两个样本方差进行比较,它是方差分析的一个基本分布.$F(n_1, n_2)$ 分布的概率密度为

$$\psi(y) = \begin{cases} \dfrac{\Gamma(\dfrac{n_1}{2} + \dfrac{n_2}{2})}{\Gamma(\dfrac{n_1}{2})\Gamma(\dfrac{n_2}{2})} \dfrac{n_1}{n_2} (\dfrac{n_1}{n_2} y)^{\frac{n_1}{2} - 1} (1 + \dfrac{n_1}{n_2} y)^{-\frac{n_1}{2} + \frac{n_2}{2}}, & y > 0, \\ 0 & \text{其他.} \end{cases}$$

$F(n_1, n_2)$ 分布的概率密度的图像如图 5-2-9 所示.

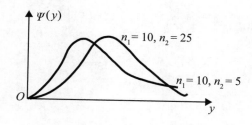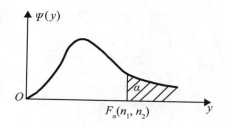

图 5-2-9

$F(n_1, n_2)$ 的上 α 分位点记为 $F_\alpha(n_1, n_2)$，即 $F(n_1, n_2)$ 满足

$$P\{F > F_\alpha(n_1, n_2)\} = \int_{F_\alpha(n)}^{\infty} \Psi(y)\,\mathrm{d}y = \alpha.$$

F 分布有如下的性质：

（1）若 $F \sim F(n_1, n_2)$，则 $\dfrac{1}{F} \sim F(n_2, n_1)$.

证： 由 $F \sim F(n_1, n_2)$ 得 $F = \dfrac{U/n_1}{V/n_2}$，其中 $U \sim \chi^2(n_1)$，$V \sim \chi^2(n_2)$，故

$$\frac{1}{F} = \frac{V/n_2}{U/n_1} \sim F(n_2, n_1).$$

（2）$F_{1-\alpha}(n_1, n_2) = \dfrac{1}{F_\alpha(n_1, n_2)}.$

§5.3　本章实验

实验 5-1[测量误差]　对一段距离进行 5 次观测，其观测结果如表 5-3-1 所示．

表 5-3-1

次序	1	2	3	4	5
观测值 l/m	123.457	123.450	123.453	123.449	123.451

利用 Excel 求该组距离观测值的平均值 $\bar{x}$ 和方差 S^2．

实验准备：

学习"实验附录"中函数 AVERAGE、函数 VAR、函数 STDEV 的用法．

实验步骤：

方法 1：

第 1 步，在 Excel 中输入数据，如图 5-3-1 所示．

	A	B	C	D	E	F
1	距离测量数据					
2	次序	1	2	3	4	5
3	观测值	123.457	123.45	123.453	123.449	123.451
4						
5	样本均值=					
6	样本方差=					
7	样本标准差=					

图 5-3-1

第 2 步，在单元格 B5 中输入公式："= AVERAGE(B3：F3)"．

第 3 步，在单元格 B6 中输入公式："= VAR(B3：F3)"．

第 4 步，在单元格 B7 中输入公式："= STDEV(B3：F3)"．

其结果如图 5-3-2 所示．

	A	B	C	D	E	F
1	距离测量数据					
2	次序	1	2	3	4	5
3	观测值	123.457	123.45	123.453	123.449	123.451
4						
5	样本均值=	123.452				
6	样本方差=	1E-05				
7	样本标准差=	0.0031623				

图 5-3-2

方法 2：

第 1 步，在 Excel 中输入数据，如图 5-3-3 所示．

第 2 步，在 Excel 主菜单中选择"数据"→"数据分析"，打开"数据分析"对话框，如图 5-3-4 所示，在列表中选择"描述统计"选项，单击"确定"．

第 3 步，在打开的"描述统计"对话框中，点击"输入区域"后 在 Excel 中选择数据，并在"标志位于第一行"和"汇总统计"前打钩，如图 5-3-5 所示，单击"确定"．描述统计的结果，如图 5-3-6 所示．

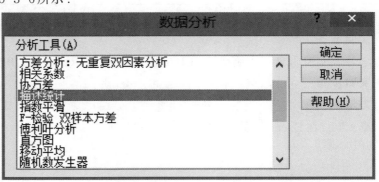

	A
1	距离
2	123.457
3	123.45
4	123.453
5	123.449
6	123.451

图 5-3-3   图 5-3-4

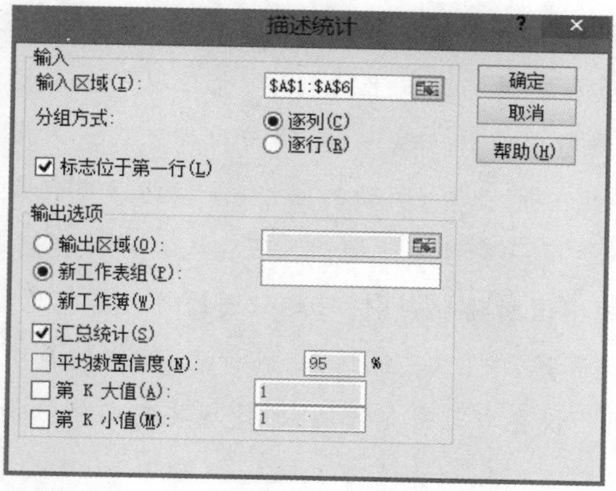

图 5-3-5

	A	B
1		距离
2		
3	平均	123.452
4	标准误差	0.001414
5	中位数	123.451
6	众数	#N/A
7	标准差	0.003162
8	方差	1E-05
9	峰度	1.05
10	偏度	1.185854
11	区域	0.008
12	最小值	123.449
13	最大值	123.457
14	求和	617.26
15	观测数	5

图 5-3-6

◎知识扩展

中国古代统计思想与实践

虽然现代统计理论不是产生于中国,也不是由中国统计实践活动总结发展而来,但中国传统文化仍对我们理解现代统计思想、掌握现代统计方法有着重要作用.统计思想就是统计实践工作、统计学理论及应用研究中必须遵循的基本理念和指导思想.

中国传统文化是中国统计思想发展的基础,尤其是在古代中国,中国的统计实践和理论在中国文化的推动下,获得了较大的发展,取得了辉煌的成就.在近代西方统计理论进入我国之前,我国古代的统计实践活动已有几千年的历史,夏、商、周时代就有关于人口统计的记录.此后各朝代直至清朝的 2000 多年的时间里,统计方法大量应用于人口、土地、战争、赋税、农业等诸多领域之中,积累了丰富的统计经验,一些简单的统计方法如分组法、图表法、平均数等逐渐形成.《尚书·禹贡》已按土质的优劣把九州的田、赋进行了复合分组,即首先按"等"分为上、中、下三等,然后按"级"在各等中再细分为上、中、下三级,共分为三等九级,这在世界统计史上占有领先的地位.

汉朝沿用了秦朝的制度,上计制度开始完善和发展,针对统计工作中报告不实、错报漏报等现象,专门制定了《上计律》,这与现代我国的《统计法》如出一辙;同时开始了统计表的应用,司马迁就曾根据周朝的谱牒编制了十个统计表,开创了统计表应用的先河,其表格的形式与现代统计表格相差无几.

在上计制度方面,宋朝开始编造月报、季报、半年报和年报,统计分组有了很大的发展,应用也更为广泛.唐仲久的《帝王经世图谱》和杨甲的《六经图》丰富和发展了中国统计图的理论和方法,这时期产生的图谱思想、估算思想,也较过去有了较大的创见性.

在人口统计方面,明朝完成了世界上最早的人口普查,创造了世界上最早试行全面人口普查的历史记录;卢象昇采用组平均数和总平均数相结合的方法,对其所管辖的三镇粮食亩产量进行统计,这既是中国统计史上的创举,也与现代在平均数应用分析中采用组平均数补充说明总平均数的统计方法一致;明清时期已广泛采用综合指标与动态数列相结合的方法进行统计分析.此外,明朝的邱浚、清朝的顾炎武等提出应重视社会调查资料,可根据调查资料运用一系列统计指标去研究人口和社会问题.

由此可以看出,在2000多年的中国封建社会中,一些先进的统计思想已经形成,如复合分组、统计指标、平均数、统计估算、中位数、统计图、统计表等,它们是中国传统文化的重要组成部分.这些统计思想不仅在当时是先进的,即使现在它们仍然是现代统计思想的重要组成部分.

习题 5

1. 对某河段水位进行5次观测,观测结果如下:

次序	1	2	3	4	5
观测值	12.57	12.34	13.45	12.49	13.41

根据该组数据求样本均值和样本方差的观测值.

2. 设总体随机变量服从参数为60,15^2的正态分布,从总体中随机抽取容量为100的样本,求样本均值和总体均值之差的绝对值大于2的概率.

3. 设某厂生产的灯泡的使用寿命服从参数为1000,x^2的正态分布,随机抽取容量为9的一组样本,并测得样本均值与样本方差.但是由于工作失误,事后失去了此试验的结果,只记得样本方差为1002,试求$P\{\bar{X} > 1062\}$.

4. 从一批机器零件毛坯中随机抽取8件,测得其重量(单位:千克)分别为

$$230, \quad 243, \quad 185, \quad 240, \quad 228, \quad 196, \quad 246, \quad 200.$$

(1) 写出总体、样本、样本值、样本容量; (2) 求样本的均值、方差及二阶原点矩.

5. 在总体$X \sim N(52, 6.3^2)$中随机抽一容量为36的样本,求样本的均值$\bar{X}$落在50.8~53.8的概率.

6. 设总体$X \sim N(a, 4)$,$(X_1, X_2, \cdots, X_n)$是取自总体X的一个样本,$\bar{X}$为样本均值,试问样本容量n应分别取多大,才能使以下各式成立:

(1) $E(|\bar{X} - a|^2) \leq 0.1$; (2) $E(|\bar{X} - a|) \leq 0.1$;

(3) $P\{|\bar{X} - a| \leq 1\} \geq 0.95$.

7. 查表写出$F_{0.1}(10.9)$,$F_{0.05}(10.9)$,$F_{0.01}(10.9)$,$F_{0.99}(28.2)$及$F_{0.999}(10, 10)$的值.

8. 已知$X \sim t(n)$,求证$X^2 \sim F(1, n)$.

习题5参考答案

第6章　参数估计

引例6-1[德国坦克问题]　第二次世界大战期间，德国人大规模地生产战斗力强悍的坦克.德军总共生产了多少辆坦克呢？为了解这个信息，苏军采取了两种方法：一是派间谍刺探军情；二是根据苏军发现和截获的德国坦克数据进行统计分析.根据谍报信息，德军坦克每个月的产量大约有1400辆，但概率统计推断的数量只有数百辆.第二次世界大战结束后，苏联对德国的坦克生产记录进行了检查，发现统计方法预测的答案（见表6-1-1）非常接近真实值.统计学家是怎么做到的呢？

表6-1-1

单位:辆

时间	统计估计值	情报估计值	德国记录值
1940年6月	169	1000	122
1941年6月	244	1550	271
1942年8月	327	1550	342

数理统计的核心内容是统计推断，即由样本信息推断关于总体的种种结论.统计推断的基本问题分为统计估计和统计假设检验两大类.参数估计是统计推断的重要分支.

在实际生活中，我们经常遇到这样的问题：已知某随机变量的分布类型及形式，但它的一个或多个参数是未知的，因此无法确定分布的确切形式.比如，要建一座立交桥，就要搞清车流量.假设车流量服从泊松分布，但λ未知；又如，从一批灯泡中抽查次品，抽查结果服从二项分布$b(n, p)$，但p未知.为了确定分布中的未知参数，可以通过抽样，得到总体的一组样本观测值，则可以利用这组数据对未知参数做出符合要求的估计，这类问题称作参数估计.参数估计主要包括两种方法：①点估计，构造适当的样本函数，利用样本函数的数值作为未知参数的估计值；②区间估计，将未知参数的数值估计在某个区间范围内.

§6.1 点估计

点估计

6.1.1 点估计的概念

所谓点估计，就是指总体 X 的分布函数形式已知，但分布函数中存在未知参数，借助于总体 X 的一个样本把总体的未知参数估计为某个确定的值或某个确定的点上，故点估计又称定值估计.

定义 6-1 设总体 X 的分布函数为 $F(x, \theta)$，θ 是未知参数，在总体 X 中取容量为 n 的样本 $X_1, X_2, \cdots, X_n$，样本值为 $x_1, x_2, \cdots, x_n$，构造一个统计量 $\hat{\theta} = \hat{\theta}(X_1, X_2, \cdots, X_n)$，用它的观察值 $\hat{\theta} = \hat{\theta}(x_1, x_2, \cdots, x_n)$ 作为未知参数 θ 的估计值，这种问题称为**点估计问题**，称随机变量 $\hat{\theta} = \hat{\theta}(X_1, X_2, \cdots X_n)$ 为未知参数 θ 的**估计量**，$\hat{\theta} = \hat{\theta}(x_1, x_2, \cdots, x_n)$ 为参数 θ 的估计值.

由于样本是随机的，所以样本函数对应的样本值也是随机的，因此估计出来的参数值不是精确不变的，只是一个估计值.

引例 6-2[零件长度测试] 某冰箱厂对为其提供零件的某加工厂的产品进行抽检，检验的主要指标为零件的长度. 设长度总体 $X \sim N(\mu, \sigma^2)$，其中 μ, σ^2 均未知. 随机抽取 8 个零件进行测试，结果分别为（单位：mm）：

$$25.3, \quad 25.7, \quad 25.4, \quad 25.25, \quad 25.35, \quad 25.5, \quad 25.6, \quad 25.1.$$

试求样本平均值 $\bar{x}$ 和样本方差 s^2.

解： $\bar{x} = \dfrac{1}{8}(25.3 + 25.7 + 25.4 + 25.25 + 25.35 + 25.5 + 25.6 + 25.1) = 25.4$，

$$s^2 = \frac{1}{8-1}[(25.3 - 25.4)^2 + (25.7 - 25.4)^2 + (25.4 - 25.4)^2 + (25.25 - 25.4)^2 +$$
$$(25.35 - 25.4)^2 + (25.5 - 25.4)^2 + (25.6 - 25.4)^2 + (25.1 - 25.4)^2] \approx 0.038.$$

由于样本来自总体，因此样本均值和样本方差都必然在一定程度上反映总体均值和总体方差的特性. 故当总体均值和方差未知时，我们用样本均值的观测值 $\bar{x}$ 作为总体均值 μ 的估计值，用样本方差的观测值 s^2 作为总体方差 σ^2 的估计值.

即以 $\hat{\mu} = \bar{x} = \dfrac{1}{n}\sum\limits_{i=1}^{n} x_i$ 作为 μ 的点估计值；以 $\hat{\sigma}^2 = s^2 = \dfrac{1}{n-1}\sum\limits_{i=1}^{n}(x_i - \bar{x})^2$ 作为 σ^2 的点估计值；同时 $\hat{\mu}(X_1, X_2, \cdots X_n) = \bar{X} = \dfrac{1}{n}\sum\limits_{i=1}^{n} X_i$ 作为 μ 的点估计量，$\hat{\sigma}^2(X_1, X_2, \cdots, X_n) = S^2 = \dfrac{1}{n-1}\sum\limits_{i=1}^{n}(X_i - \bar{X})^2$ 为 σ^2 的点估计量.

构造估计量 $\hat{\theta} = \hat{\theta}(X_1, X_2, \cdots, X_n)$ 的方法很多，本节主要介绍两种方法：

（1）矩估计法，用样本矩作为总体矩的估计；

（2）极大似然估计法，选取这样的 $\hat{\theta}$，当它作为 θ 的估计值时，使得观察值出现的可能性最大.

6.1.2 矩估计法

矩估计法的思想：用样本矩作为总体矩的估计.

设总体 X 的分布函数为 $F(X; \theta_1, \theta_2, \cdots, \theta_l)$，其中 $\theta_1, \theta_2, \cdots, \theta_l$ 未知，总体的 k 阶矩 $E(X^k)$ 存在，$X_1, X_2, \cdots, X_n$ 为来自总体 X 的样本，$x_1, x_2, \cdots, x_n$ 为观测值，求 $\theta_1, \theta_2, \cdots, \theta_l$ 的矩估计法的步骤如下：

（1）设
$$\begin{cases} \mu_1 = \mu_1(\theta_1, \theta_2, \cdots, \theta_l), \\ \mu_2 = \mu_2(\theta_1, \theta_2, \cdots, \theta_l), \\ \vdots \\ \mu_l = \mu_l(\theta_1, \theta_2, \cdots, \theta_l). \end{cases}$$

其中，$\mu_k = E(X^k)$，即为总体 X 的 k 阶矩.

（2）求解上述方程组，得到
$$\begin{cases} \theta_1 = \theta_1(\mu_1, \mu_2, \cdots, \mu_l), \\ \theta_2 = \theta_2(\mu_1, \mu_2, \cdots, \mu_l), \\ \vdots \\ \theta_l = \theta_l(\mu_1, \mu_2, \cdots, \mu_l). \end{cases} \tag{6-1-1}$$

（3）令
$$\begin{cases} \mu_1 = A_1, \\ \mu_2 = A_2, \\ \vdots \\ \mu_l = A_l. \end{cases} \tag{6-1-2}$$

其中，A_k 为样本 $X_1, X_2, \cdots, X_n$ 的 k 阶矩，即
$$A_k = \frac{1}{n} \sum_{i=1}^{n} X_i^{k} \quad (1 \leqslant k \leqslant l).$$

（4）将式（6-1-2）代入式（6-1-1），得到 $\theta_1, \theta_2, \cdots, \theta_l$ 的矩估计量：
$$\begin{cases} \hat{\theta}_1 = \hat{\theta}_1(X_1, X_2, \cdots, X_n), \\ \hat{\theta}_2 = \hat{\theta}_2(X_1, X_2, \cdots, X_n), \\ \vdots \\ \hat{\theta}_l = \hat{\theta}_l(X_1, X_2, \cdots, X_n). \end{cases} \tag{6-1-3}$$

（5）将样本的观测值代入式（6-1-3），得到 $\theta_1, \theta_2, \cdots, \theta_n$ 的矩估计值：
$$\begin{cases} \hat{\theta}_1 = \hat{\theta}_1(x_1, x_2, \cdots, x_n), \\ \hat{\theta}_2 = \hat{\theta}_2(x_1, x_2, \cdots, x_n), \\ \vdots \\ \hat{\theta}_l = \hat{\theta}_l(x_1, x_2, \cdots, x_n). \end{cases} \tag{6-1-4}$$

称 $\hat{\theta}_k = \hat{\theta}_k(X_1, X_2, \cdots, X_n)$ 为参数 θ_k 的**矩估计量**，$\hat{\theta}_k = \hat{\theta}_k(x_1, x_2, \cdots, x_n)$ 为参数 θ_k 的**矩估计值**.

例 6-1[估计发芽率] 要估计一批种子的发芽率 p，设 X_1，X_2，$\cdots$，X_n 是总体 X 的一个样本，求发芽率 p 的矩估计值.

解： 由题可知总体 X 服从两点分布

$$P\{X=x\}=(1-p)^{1-x}p^x, \quad x=0,\ 1.$$

要估计的参数只有一个 p，因此只需令 $\mu_1=EX=p$，则 $p=\mu_1$.

令

$$\mu_1=A_1=\frac{1}{n}\sum_{i=1}^{n}X_i=\bar{X},$$

由此可得

$$\hat{p}=A_1=\bar{X}.$$

例 6-2[估计成绩] 设学生的成绩 $X\sim N(\mu,\ \sigma^2)$，μ，σ^2 未知.在某班期末高数考试成绩中随机抽取 9 人的成绩，结果如表 6-1-1 所示.试求该班高数成绩的平均分数、标准差的矩估计值.

表 6-1-1

序号	1	2	3	4	5	6	7	8	9
分数	94	89	85	78	75	71	65	63	55

解： 设 X 为该班高数成绩，$\mu=EX$，$\sigma^2=DX$，由

$$\begin{cases}\mu_1=EX=\mu,\\ \mu_2=EX^2=DX+(EX)^2=\sigma^2+\mu^2,\end{cases}$$

得

$$\begin{cases}\mu=\mu_1,\\ \sigma^2=\mu_2-\mu_1{}^2.\end{cases}$$

令

$$\begin{cases}\mu_1=A_1=\dfrac{1}{n}\sum_{i=1}^{n}X_i,\\ \mu_2=A_2=\dfrac{1}{n}\sum_{i=1}^{n}X_i{}^2,\end{cases}$$

由此可得

$$\begin{cases}\hat{\mu}=A_1=\bar{X},\\ \hat{\sigma}^2=A_2-A_1{}^2=\dfrac{1}{n}\sum_{i=1}^{n}X_i{}^2-\left(\dfrac{1}{n}\sum_{i=1}^{n}X_i\right)^2=\dfrac{8}{9}S^2.\end{cases}$$

又由于

$$\bar{x}=\frac{1}{9}\sum_{i=1}^{9}x_i=\frac{1}{9}(94+89+\cdots+55)=75,$$

$$\sqrt{\frac{8}{9}s^2}=\sqrt{\frac{8}{9}\cdot\frac{1}{8}\sum_{i=1}^{9}(x_i-\bar{x})^2}=12.14.$$

则该班高数成绩的平均分数的矩估计值 $\hat{\mu}=\bar{x}=75$ 分，标准差的矩估计值

$$\hat{\sigma}=\sqrt{\frac{8}{9}s^2}=12.14.$$

矩估计法的优点是不管总体服从什么分布，都能求出总体矩的估计量，但它仍然存在一定的缺陷：矩估计量有时不唯一.

例6-3 设 $X \sim p(\lambda)$，λ 未知，试用矩估计法求 λ 的值.

解： 由 $\mu_1 = EX = \lambda$，得 $\lambda = \mu_1$.

令 $\mu_1 = A_1 = \dfrac{1}{n}\sum_{i=1}^{n} X_i$，由此可得 $\hat{\lambda} = A_1 = \bar{X}$.

另解：由 $\mu_2 = EX^2 = DX + (EX)^2 = \lambda + \lambda^2$，得 $\lambda = \dfrac{\sqrt{1+4\mu_2}-1}{2}$.

令 $\mu_2 = A_2 = \dfrac{1}{n}\sum_{i=1}^{n} X_i^2$，由此可得

$$\hat{\lambda} = \frac{\sqrt{1+4A_2}-1}{2} = \frac{\sqrt{1+\dfrac{4}{n}\sum_{i=1}^{n} X_i^2}-1}{2}.$$

进行矩估计时我们不需知道总体的概率分布，只需知道总体矩即可. 但是，矩估计法要求总体 X 的原点矩存在，若总体 X 的原点矩不存在，则不能用矩估计法，同时矩估计量有时是不唯一的，为此，高斯和费希尔提出了最（极）大似然估计法.

6.1.3 极大似然估计法

极大似然估计法是在已知总体分布的前提下进行的一种点估计方法. 下面我们结合例子介绍极大似然估计法的基本思想和方法.

引例6-3[摸球实验] 如图6-1-1所示，有两个外形完全相同的箱子，甲箱中有99只白球，1只黑球；乙箱中有99只黑球，1只白球. 一次试验取出1只球，结果取出的是黑球. 问黑球从哪个箱子中取出？

图6-1-1

由于乙箱中黑球数比较多，所以从乙箱中取出的概率一般大于从甲箱中取出的概率. 看来"黑球最像是从乙箱中取出的"."最像"就是"最大似然"之意，这个例子的推断已经体现了极大似然法的基本思想：

选取这样的 $\hat{\theta}$，当它作为 θ 的估计值时，使得观察值出现的可能性最大，即概率最大，亦即观测值 $(x_1, x_2, \cdots, x_n)$ 出现的概率 $P\{X_1 = x_1, X_2 = x_2, \cdots, X_n = x_n\}$ 最大. 实际上，这个概率即为似然函数.

1.似然函数

1）总体 X 为离散型随机变量

定义6-2 设总体 X 为离散型随机变量，其分布律为 $P\{X=x\} = p(x, \theta)$，其中 θ 为未知待估参数，$x_1, x_2, \cdots, x_n$ 为样本 $X_1, X_2, \cdots, X_n$ 的一组观测值.

$$P\{X_1=x_1,\ X_2=x_2,\ \cdots,\ X_n=x_n\}=P\{X_1=x_1\}\cdot P\{X_2=x_2\}\cdot\cdots\cdot P\{X_n=x_n\}$$
$$=p(x_1,\ \theta)\cdot p(x_2,\ \theta)\cdot\cdots\cdot p(x_n,\ \theta)$$
$$=\prod_{i=1}^{n}p(x_i,\ \theta).$$

将 $\prod\limits_{i=1}^{n}p(x_i,\ \theta)$ 看作参数 θ 的函数，记为 $L(\theta)$，即

$$L(\theta)=\prod_{i=1}^{n}p(x_i,\ \theta),$$

则称 $L(\theta)$ 为**似然函数**.

2）总体 X 为连续型随机变量

定义 6-3　设总体 X 为连续型随机变量，其概率密度函数为 $f(x,\ \theta)$，其中 θ 为未知待估参数，x_1，x_2，$\cdots$，x_n 为样本 X_1，X_2，$\cdots$，X_n 的一组观测值，则样本 $(X_1,\ X_2,\ \cdots,\ X_n)$ 的联合概率密度为

$$f^*(x_1,\ x_2,\ \cdots,\ x_n,\ \theta)=f(x_1,\ \theta)\cdot f(x_2,\ \theta)\cdot\cdots\cdot f(x_n,\ \theta)=\prod_{i=1}^{n}f(x_i,\ \theta).$$

将 $\prod\limits_{i=1}^{n}f(x_i,\ \theta)$ 看作参数 θ 的函数，记为 $L(\theta)$，即

$$L(\theta)=\prod_{i=1}^{n}f(x_i,\ \theta),$$

则称 $L(\theta)$ 为**似然函数**.

注：由此可见，只要知道总体的概率密度或者分布律，总可以找到一个关于参数 θ 的似然函数 $L(\theta)$.

2.极大似然估计

极大似然估计法的思想是：如果随机抽样得到的样本观测值为 x_1，x_2，$\cdots$，x_n，则应当选取未知参数 θ 的值，使得出现 x_1，x_2，$\cdots$，x_n 的可能性最大，即使得似然函数 $L(\theta)$ 取最大值，亦即求似然函数 $L(\theta)$ 的极值问题.我们可以通过 $\dfrac{\mathrm{d}L(\theta)}{\mathrm{d}\theta}=0$ 解决该极值问题，但由于 $L(\theta)$ 是 n 个函数的连乘积，故直接求导较复杂，需要对其进行变换.

因为 $\ln L(\theta)$ 是 $L(\theta)$ 的单调增函数，所以 $L(\theta)$ 与 $\ln L(\theta)$ 在 θ 的同一点处取得极大值，于是求解 $\dfrac{\mathrm{d}L(\theta)}{\mathrm{d}\theta}=0$ 与求解 $\dfrac{\mathrm{d}\ln L(\theta)}{\mathrm{d}\theta}=0$ 等价.并且 $\ln L(\theta)$ 是 n 个函数连加的形式，易于求导，所以通常选用求解 $\dfrac{\mathrm{d}\ln L(\theta)}{\mathrm{d}\theta}=0$ 来求得 $L(\theta)$ 的极大值点.

我们称 $\ln L(\theta)$ 为对数似然函数，$\dfrac{\mathrm{d}\ln L(\theta)}{\mathrm{d}\theta}=0$ 为对数似然方程.

如果总体 X 的分布中含有 k 个未知参数 θ_1，θ_2，$\cdots$，θ_k，极大似然估计法同样适用.此时似然函数为 $L(\theta_1,\ \theta_2,\ \cdots,\ \theta_k)$，解下列方程组即可得 θ_1，θ_2，$\cdots$，θ_k 的极大似然估计值：

$$\begin{cases} \dfrac{\partial \ln L(\theta_1, \theta_2, \cdots, \theta_k)}{\partial \theta_1} = 0, \\ \quad\vdots \\ \dfrac{\partial \ln L(\theta_1, \theta_2, \cdots, \theta_k)}{\partial \theta_k} = 0, \end{cases} \qquad (6\text{-}1\text{-}5)$$

称该方程组为**似然方程组**.

综上所述,用极大似然估计法求参数的步骤:

设总体 X 分布函数为 $F(x; \theta_1, \theta_2, \cdots, \theta_l)$,其中 $\theta_1, \theta_2, \cdots, \theta_l$ 均未知,$x_1, x_2, \cdots, x_n$ 为样本 $X_1, X_2, \cdots, X_n$ 的一组观测值.

(1)由 X 的分布函数写出 X 的分布律或概率密度.

(2)写出似然函数 $L(\theta_1, \theta_2, \cdots, \theta_l)$,其中:

离散型总体:$L(\theta_1, \theta_2, \cdots, \theta_l) = \prod\limits_{i=1}^{n} p(x_i, \theta_1, \theta_2, \cdots, \theta_l)$;

连续型总体:$L(\theta_1, \theta_2, \cdots, \theta_l) = \prod\limits_{i=1}^{n} f(x_i, \theta_1, \theta_2, \cdots, \theta_l)$.

(3)变换似然函数,使其易求最大值(灵活变形,易于求导——似然函数的单调函数即可).

(4)求解似然方程组.

(5)写出极大似然估计量与极大似然估计值.

例 6-4[中奖率问题] 某超市发放 10000 张奖券,中奖率 p 保密.现从中有放回地随机抽取 100 张奖券,其中只有 2 张中奖,试估计中奖率 p 的值.

解: 设随机变量 X 表示每次抽奖券中奖的情况,即

$$X = \begin{cases} 1, & 中奖, \\ 0, & 不中奖. \end{cases}$$

则 X 服从(0-1)分布,即

X	1	0
p	p	$1-p$

随机抽取 100 张奖券,每次抽奖情况用随机变量 $X_i (i=1, 2, \cdots, 100)$ 表示,则 X_i 服从两点分布,设 $x_1, x_2, \cdots, x_{100}$ 为样本观测值,则

$$P(x_i; p) = P\{X_i = x_i\} = p^{x_i}(1-p)^{1-x_i}, \qquad x_i = 0, 1.$$

故似然函数为

$$L(p) = \prod_{i=1}^{n} p^{x_i}(1-p)^{1-x_i} = p^{\sum\limits_{i=1}^{n} x_i}(1-p)^{n - \sum\limits_{i=1}^{n} x_i}.$$

两边取对数,并记 $\bar{x} = \dfrac{1}{n}\sum\limits_{i=1}^{n} x_i$,得

$$\ln L(p) = n\bar{x}\ln p + n(1-\bar{x})\ln(1-p).$$

对 p 求导，得似然方程为

$$\frac{n\bar{x}}{p} - \frac{n(1-\bar{x})}{1-p} = 0.$$

解此方程得 p 的极大似然估计值为

$$\hat{p} = \bar{x} = \frac{1}{n}\sum_{i=1}^{n} x_i.$$

由题意知

$$n = 100, \qquad \sum_{i=1}^{n} x_i = 2,$$

故中奖率的极大似然估计值为

$$\hat{p} = \bar{x} = \frac{2}{100} = 2\%.$$

例 6-5[使用寿命] 某电子管的使用寿命 X 服从指数分布，其概率密度函数为

$$f(x) = \begin{cases} \lambda e^{-\lambda x}, & x > 0, \\ 0, & x \leqslant 0. \end{cases}$$

现随机抽取 1000 个电子管，测得平均寿命为 8.2 年，试求参数 λ 的极大似然估计.

解： 设 $x_1, x_1, \cdots, x_{1000}$ 为 1000 个电子管的使用寿命，似然函数为

$$L(\lambda) = \prod_{i=1}^{n} f(x_i) = \prod_{i=1}^{n} \lambda e^{-\lambda x_i} = \lambda^n e^{-\lambda \sum_{i=1}^{n} x_i}.$$

两边取对数，得

$$\ln L(\lambda) = n\ln\lambda - \lambda \sum_{i=1}^{n} x_i.$$

对 λ 求导，得似然方程为

$$\frac{n}{\lambda} - \sum_{i=1}^{n} x_i = 0.$$

解此方程得 λ 的极大似然估计值为

$$\hat{\lambda} = \frac{n}{\sum_{i=1}^{n} x_i} = \frac{1}{\frac{1}{n}\sum_{i=1}^{n} x_i} = \frac{1}{8.2}.$$

例 6-6 设总体 X 在 $[a, b]$ 上服从均匀分布，a, b 均未知，$x_1, x_2, \cdots, x_n$ 是一个样本值，试求 a, b 的矩估计和极大似然估计.

解法 1（矩估计）：由

$$\begin{cases} \mu_1 = EX = \frac{a+b}{2}, \\ \mu_2 = EX^2 = DX + (EX)^2 = \frac{(b-a)^2}{12} + \left(\frac{a+b}{2}\right)^2, \end{cases}$$

得

$$\begin{cases} a = \mu_1 - \sqrt{3(\mu_2 - \mu_1^2)}, \\ b = \mu_1 + \sqrt{3(\mu_2 - \mu_1^2)}. \end{cases}$$

令
$$\begin{cases} \mu_1 = A_1 = \dfrac{1}{n}\sum_{i=1}^{n} X_i, \\ \mu_2 = A_2 = \dfrac{1}{n}\sum_{i=1}^{n} X_i^{\,2}, \end{cases}$$

由此可得
$$\begin{cases} \hat{a} = A_1 - \sqrt{3(A_2 - A_1^{\,2})} = \bar{X} - \sqrt{\dfrac{3}{n}\sum_{i=1}^{n}(X_i - \bar{X})^2}, \\ \hat{b} = A_1 + \sqrt{3(A_2 - A_1)} = \bar{X} + \sqrt{\dfrac{3}{n}\sum_{i=1}^{n}(X_i - \bar{X})^2}. \end{cases}$$

解法2（极大似然估计）：由于 $X \sim U[a, b]$，其概率密度为
$$f(x) = \begin{cases} \dfrac{1}{b-a}, & x \in [a, b], \\ 0, & 其他, \end{cases}$$

故似然函数为
$$L(a, b) = \begin{cases} \dfrac{1}{(b-a)^n}, & x_i \in [a, b], i = 1, 2, \cdots, n, \\ 0, & 其他. \end{cases}$$

要使得 $L(a, b)$ 最大，就要使 $b-a$ 最小，由于
$$b \geqslant \max\{x_1, x_2, \cdots, x_n\}, \qquad a \leqslant \min\{x_1, x_2, \cdots, x_n\},$$
所以，当 $a = \min_{1 \leqslant i \leqslant n}\{x_i\}$，$b = \max_{1 \leqslant i \leqslant n}\{x_i\}$ 时，$b-a$ 最小.

故 a，b 的极大似然估计量为
$$\hat{a} = \min_{1 \leqslant i \leqslant n}\{X_i\}, \qquad \hat{b} = \max_{1 \leqslant i \leqslant n}\{X_i\}.$$
a，b 的极大似然估计值为
$$\hat{a} = \min_{1 \leqslant i \leqslant n}\{x_i\}, \qquad \hat{b} = \max_{1 \leqslant i \leqslant n}\{x_i\}.$$

例6-7 设 $x_1, x_2, \cdots, x_n$ 为来自正态总体 $X \sim N(\mu, \sigma^2)$ 的样本观测值，试求总体未知参数 μ，σ^2 的极大似然估计.

解：由于 $X \sim N(\mu, \sigma^2)$，其概率密度为
$$f(x) = \frac{1}{\sqrt{2\pi}\,\sigma} e^{-\frac{(x-\mu)^2}{2\sigma^2}},$$

所以似然函数为
$$L(\mu, \sigma^2) = \prod_{i=1}^{n} \frac{1}{\sqrt{2\pi}\,\sigma} e^{-\frac{(x_i-\mu)^2}{2\sigma^2}} = \left(\frac{1}{\sqrt{2\pi}\,\sigma}\right)^n e^{-\frac{1}{2\sigma^2}\sum_{i=1}^{n}(x_i-\mu)^2},$$
$$\ln L(\mu, \sigma^2) = -\frac{n}{2}\ln 2\pi - \frac{n}{2}\ln\sigma^2 - \frac{1}{2\sigma^2}\sum_{i=1}^{n}(x_i-\mu)^2,$$

似然方程组为
$$\begin{cases} \dfrac{\partial\ln L(\mu,\sigma^2)}{\partial\mu} = \dfrac{1}{\sigma^2}\sum_{i=1}^{n}(x_i-\mu) = 0, \\ \dfrac{\partial\ln L(\mu,\sigma^2)}{\partial\sigma^2} = -\dfrac{n}{2\sigma^2} + \dfrac{1}{2\sigma^4}\sum_{i=1}^{n}(x_i-\mu)^2 = 0. \end{cases}$$

故

$$\begin{cases} \mu = \dfrac{1}{n}\sum_{i=1}^{n} x_i = \bar{x}, \\ \sigma^2 = \dfrac{1}{n}\sum_{i=1}^{n}(x_i - \mu)^2 = \dfrac{1}{n}\sum_{i=1}^{n}(x_i - \bar{x})^2. \end{cases}$$

所以 μ，σ^2 的极大似然估计量为

$$\begin{cases} \hat{\mu} = \dfrac{1}{n}\sum_{i=1}^{n} X_i = \bar{X}, \\ \hat{\sigma}^2 = \dfrac{1}{n}\sum_{i=1}^{n}(X_i - \bar{X})^2. \end{cases}$$

μ，σ^2 的极大似然估计值为

$$\begin{cases} \hat{\mu} = \bar{x}, \\ \hat{\sigma}^2 = \dfrac{1}{n}\sum_{i=1}^{n}(x_i - \bar{x})^2. \end{cases}$$

例 6-8[黑、白鱼的比例估计] 某水产养殖场两年前在人工湖混养了黑、白两种鱼，请对黑、白鱼数目的比例进行估计.

解：设湖中有黑鱼 a 条，则白鱼数为 $b = ka$，其中 k 为待估计参数. 从湖中任捕一条鱼，记

$$X = \begin{cases} 1, & \text{若是黑鱼}, \\ 0, & \text{若是白鱼}, \end{cases}$$

则

$$P\{X = 1\} = \frac{a}{a + ka} = \frac{1}{1 + k}, \quad P\{X = 0\} = 1 - P\{X = 1\} = \frac{k}{1 + k}.$$

为了使抽取的样本为简单随机样本，我们从湖中有放回地捕鱼 n 条（即任捕一条，记下其颜色后放回湖中任其自由游动，稍后再捕第二条，重复前一过程），得样本 X_1，X_2，$\cdots$，X_n. 显然 X_i 相互独立，且均与总体 X 同分布. 设在这 n 次抽样中，捕得 m 条黑鱼. 下面用矩估计法和极大似然估计法估计.

解法 1（矩估计）：令 $\bar{X} = EX = \dfrac{1}{1 + k}$，则 $\hat{k} = \dfrac{1}{\bar{X}} - 1$. 由具体抽样结果知，$X$ 的观测值为 $\bar{X} = \dfrac{m}{n}$，故 k 的矩估计值为 $\hat{k} = \dfrac{n}{m} - 1$.

解法 2（极大似然估计）：由于每个 X_i 的分布为

$$P\{X_i = x_i\} = \left(\frac{k}{1 + k}\right)^{1 - x_i}\left(\frac{1}{1 + k}\right)^{x_i}, \quad x_i = 0, 1.$$

设 x_1，x_2，$\cdots$，x_n 为相应抽样结果（样本观测值），则似然函数为

$$L(k; x_1, x_2, \cdots, x_n) = \left(\frac{k}{1 + k}\right)^{n - \sum_{i=1}^{n} x_i}\left(\frac{k}{1 + k}\right)^{\sum_{i=1}^{n} x_i} = \frac{k^{n - m}}{(1 + k)^n},$$

$$\ln L(k; x_1, x_2, \cdots, x_n) = (n - m)\ln k - n\ln(1 + k).$$

令

$$\frac{\mathrm{dln}L(k;x_1,x_2,\cdots,x_n)}{\mathrm{d}k}=\frac{n-m}{k}-\frac{n}{1+k}=0,$$

则 k 的极大似然估计值为 $\hat{k}=\dfrac{n}{m}-1$.

◎ **延伸阅读**

例6-8是一个十分宽泛的统计模型,例如,可将黑、白鱼看成是某堆产品中的正、次品,或是某地区的男、女性别比例等.

§6.2 估计量的评价标准

在6.1节中,对参数进行点估计时,估计量 $\hat{\theta}=\hat{\theta}(X_1,X_2,\cdots,X_n)$ 是一个随机变量,所以当样本值 $(x_1,x_2,\cdots,x_n)$ 不同时,估计值也不同.那到底哪一个估计值更好呢?另外,对于同一个参数,采用不同的方法进行估计,也会得到不同的估计值.比如,例6-6通过矩估计和极大似然估计可以分别得到未知参数 a,b 的估计值,那到底采用哪一个估计方法更好呢?即如何来评判估计量的好坏呢?主要有三个标准:无偏性、有效性和一致性.

估计量的评价
标准

6.2.1 无偏性

定义6-4 若估计量 $\hat{\theta}(X_1,X_2,\cdots,X_n)$ 的数学期望等于未知参数 θ,即

$$E(\hat{\theta})=\theta,$$

则称 $\hat{\theta}$ 为 θ 的**无偏估计量**.

注:(1)由于 $\hat{\theta}(X_1,X_2,\cdots,X_n)$ 是一个随机变量,随着样本值 $(x_1,x_2,\cdots,x_n)$ 的不同而变化.所谓估计量的无偏性,是指有些样本 $(x_1,x_2,\cdots,x_n)$ 对应的估计值偏大,有些样本 $(x_1',x_2',\cdots,x_n')$ 对应的估计值偏小,反复进行若干次估计,平均来说其偏差为0.

（2）在科学技术中 $E(\hat{\theta})-\theta$ 称为以 $\hat{\theta}$ 作为 θ 的估计的系统误差,无偏估计的实际意义是指系统误差为0.

可以证明:样本均值 $\overline{X}$ 是总体均值 μ 的无偏估计量,样本方差 S^2 是总体方差 σ^2 的无偏估计量.即

$$E(\overline{X})=\mu,\quad E(S^2)=\sigma^2.$$

例6-9[产品的耐磨性] 为观察一种橡胶制品的耐磨性,从这种产品中各随机抽取了5件,测得如下数据:185.82,175.10,217.30,213.86,198.40.假设产品的耐磨性 $X\sim N(\mu,\sigma^2)$,求 μ 和 σ^2 的无偏估计值.

解:样本容量 $n=5$.经计算,得样本均值 $\bar{x}=198.10$,样本方差 $s^2=18.0063^2\approx324.23$.于是 μ 的无偏估计值 $\hat{\mu}=\bar{x}=198.10$；σ^2 的无偏估计值 $\hat{\sigma}^2=s^2\approx324.23$.

6.2.2　有效性

若估计量 $\hat{\theta}_1$，$\hat{\theta}_2$ 都是总体参数 θ 的无偏估计量，即 $E(\hat{\theta}_1)=E(\hat{\theta}_2)=\theta$，那么，如何进一步比较估计量 $\hat{\theta}_1$，$\hat{\theta}_2$ 的优劣呢？这就需要比较 $\hat{\theta}_1$ 和 $\hat{\theta}_2$ 的观察值，看哪个在 θ 的附近更密集，即更有效.

定义 6-5　设 $\hat{\theta}_1$，$\hat{\theta}_2$ 都是总体参数 θ 的无偏估计量，如果 $D(\hat{\theta}_1)<D(\hat{\theta}_2)$，则称 $\hat{\theta}_1$ 比 $\hat{\theta}_2$ 更有效.

注：$\hat{\theta}_1$ 比 $\hat{\theta}_2$ 更有效是指 $\hat{\theta}_1$ 在 θ 附近取值的密集程度较 $\hat{\theta}_2$ 高，即用 $\hat{\theta}_1$ 估计 θ 的精度更高些.

例 6-10　设总体 $X\sim E(\lambda)$，其中 λ 未知，X_1，X_2，$\cdots$，X_n 是来自总体 X 的一个样本，已知 $\bar{X}$ 和 $nZ=n\cdot\min\{X_1,X_2,\cdots,X_n\}$ 都是 $\dfrac{1}{\lambda}$ 的无偏估计量，试比较这两个估计量的有效性.

解：
$$D\bar{X}=D\left(\frac{1}{n}\sum_{i=1}^{n}X_i\right)=\frac{1}{n^2}\sum_{i=1}^{n}DX_i=\frac{1}{n^2}\sum_{i=1}^{n}DX=\frac{1}{n\lambda^2},$$
$$EZ^2=\int_{-\infty}^{+\infty}z^2f(z)\mathrm{d}z=\int_{0}^{+\infty}z^2 n\lambda\mathrm{e}^{-n\lambda z}\mathrm{d}z=\frac{2}{(n\lambda)^2},$$
$$DZ=EZ^2-(EZ)^2=\frac{2}{(n\lambda)^2}-\frac{1}{(n\lambda)^2}=\frac{1}{(n\lambda)^2},$$
$$D(nZ)=n^2\cdot DZ=\frac{1}{\lambda^2}.$$

故 $D\bar{X}<D(nZ)$，说明 $\bar{X}$ 比 nZ 更有效.

6.2.3　一致性

无偏性和有效性都是在样本容量 n 一定的条件下进行讨论的，但 $\hat{\theta}(X_1,X_2,\cdots,X_n)$ 不仅与样本值有关，而且还与样本容量 n 有关，我们希望随着 n 的增大，$\hat{\theta}_n$ 稳定于 θ.

定义 6-6　如果 $\hat{\theta}_n$ 依概率收敛于 θ，即对于任意 $\varepsilon>0$，有
$$\lim_{n\to\infty}P\{|\hat{\theta}_n-\theta|<\varepsilon\}=1,$$
则称 $\hat{\theta}_n$ 是 θ 的一致估计量.

§6.3　区间估计

区间估计

6.3.1　区间估计的概念

参数 θ 的估计量 $\hat{\theta}=\hat{\theta}(X_1,X_2,\cdots,X_n)$ 是一个随机变量，$\hat{\theta}$ 与样本有关，它是真值 θ 的近似值.那么 $\hat{\theta}$ 与真值 θ 到底相差多少呢？这一点在点估计中没有考虑，但是在实际问

题中，我们希望在一定的可靠度（概率）下，根据样本观测值能定出包含总体参数 θ 的一个范围，这个范围通常用区间形式给出，这就是参数的区间估计.

定义 6-7 设 $\hat{\theta}_1(X_1, X_2, \cdots, X_n)$ 与 $\hat{\theta}_2(X_1, X_2, \cdots, X_n)$ 是两个统计量，如果对于给定的概率 $1-\alpha(0 < \alpha < 1)$，有

$$P\{\hat{\theta}_1 < \theta < \hat{\theta}_2\} = 1 - \alpha, \tag{6-3-1}$$

则将随机区间 $(\hat{\theta}_1, \hat{\theta}_2)$ 称为参数 θ 的**置信区间**，$\hat{\theta}_1$ 称为**置信下限**，$\hat{\theta}_2$ 称为**置信上限**，$1-\alpha$ 称为**置信度**、**置信概率**或**置信水平**.

置信区间 $(\hat{\theta}_1, \hat{\theta}_2)$ 的意义是：随机区间 $(\hat{\theta}_1, \hat{\theta}_2)$ 的大小依赖于随机抽取的样本观测值，它可能包含真值 θ，也可能不包含 θ.式（6-3-1）表示 $(\hat{\theta}_1, \hat{\theta}_2)$ 以 $1-\alpha$ 的概率包含 θ.若取 $\alpha = 0.05$，那么置信度为 $1-\alpha = 0.95$，即在 100 次重复抽样中所得到的 100 个置信区间中，大约有 95 个区间包含真值 θ，有 5 个区间不包含真值 θ.

引例 6-4[未知参数估计] 设总体 $X \sim N(\mu, \sigma^2)$，μ 未知，σ^2 已知，设 $X_1, X_2, \cdots,$ X_n 是来自总体 X 的样本，试求未知参数 μ 的置信度为 $1-\alpha$ 的置信区间（见图 6-3-1）.

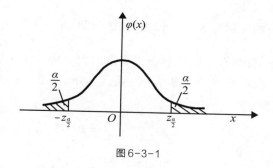

图 6-3-1

解： 由于 $X \sim N(\mu, \sigma^2)$，$\bar{X}$ 是 μ 的无偏估计，且 $\dfrac{\bar{X}-\mu}{\sigma/\sqrt{n}} \sim N(0, 1)$.

由标准正态分布的上 α 分位点的定义得

$$P\left\{\left|\frac{\bar{X}-\mu}{\sigma/\sqrt{n}}\right| < z_{\frac{\alpha}{2}}\right\} = 1 - \alpha,$$

即

$$P\left\{\bar{X} - \frac{\sigma}{\sqrt{n}} z_{\frac{\alpha}{2}} < \mu < \bar{X} + \frac{\sigma}{\sqrt{n}} z_{\frac{\alpha}{2}}\right\} = 1 - \alpha.$$

所以 μ 的置信度为 $1-\alpha$ 的置信区间为 $\left(\bar{X} - \dfrac{\sigma}{\sqrt{n}} z_{\frac{\alpha}{2}}, \bar{X} + \dfrac{\sigma}{\sqrt{n}} z_{\frac{\alpha}{2}}\right)$.

寻求未知参数 θ 的置信区间的方法如下：

（1）寻求一个样本 $X_1, X_2, \cdots, X_n$ 和 θ 的函数 $W = W(X_1, X_2, \cdots, X_n; \theta)$，使得 W 的分布不依赖于 θ 以及其他未知参数，即 W 不含 θ 以外的未知参数.

（2）对于给定置信水平 $1-\alpha$，定出两个常数 a，b，使得

$$P\{a<W(X_1,X_2,\cdots,X_n;\theta)<b\}=1-\alpha.$$

（3）从 $a<W(X_1,X_2,\cdots,X_n;\theta)<b$ 中得到与之等价的 θ 的不等式 $\hat{\theta}_1<\theta<\hat{\theta}_2$，其中

$$\hat{\theta}_1=\hat{\theta}_1(X_1,X_2,\cdots,X_n),\quad \hat{\theta}_2=\hat{\theta}_2(X_1,X_2,\cdots,X_n)$$

都是统计量，那么 $(\hat{\theta}_1,\hat{\theta}_2)$ 就是 θ 的一个置信度为 $1-\alpha$ 的置信区间.

6.3.2 正态总体参数的区间估计

由于在大多数情况下，总体服从正态分布或近似服从正态分布 $N(\mu,\sigma^2)$，所以我们接下来重点讨论正态总体参数 μ，σ^2 的区间估计问题.

假定总体 $X\sim N(\mu,\sigma^2)$，$X_1,X_2,\cdots,X_n$ 是来自总体 X 的样本.

1. 对 μ 的置信区间的估计

1）σ^2 已知

如引例 6-4 所示，μ 的置信度为 $1-\alpha$ 的置信区间为 $\left(\bar{X}-\dfrac{\sigma}{\sqrt{n}}z_{\frac{\alpha}{2}},\ \bar{X}+\dfrac{\sigma}{\sqrt{n}}z_{\frac{\alpha}{2}}\right)$.

例 6-11[工资估计] 设拥有工商管理学士学位的大学毕业生年薪 $X\sim N(\mu,\sigma^2)$，随机抽取 25 个大学毕业生，测得其平均年薪为 8 万元，已知 $\sigma=2$，试求大学毕业生年薪的置信水平为 0.95 的置信区间.

解： 由题意得 $1-\alpha=0.95$，$\alpha=0.05$，$1-\dfrac{\alpha}{2}=0.975$，$z_{\frac{\alpha}{2}}=1.96$，代入置信区间得

$$\left(\bar{X}-\frac{\sigma}{\sqrt{n}}z_{\frac{\alpha}{2}},\ \bar{X}+\frac{\sigma}{\sqrt{n}}z_{\frac{\alpha}{2}}\right)=\left(8-\frac{2}{\sqrt{25}}\times1.96,\ 8+\frac{2}{\sqrt{25}}\times1.96\right)$$
$$=(7.22,8.78),$$

即 μ 的置信水平为 0.95 的置信区间为 $(7.22,8.78)$.

例 6-12[年龄估计] 某高校大二学生年龄 $X\sim N(\mu,\sigma^2)$，随机抽取 16 个学生，测得其平均年龄为 19.4 岁，已知 $\sigma=0.2$，试求该校大二学生平均年龄的置信区间（置信水平为 0.95）.

解： 由题意得 $1-\alpha=0.95$，$\alpha=0.05$，$1-\dfrac{\alpha}{2}=0.975$，$z_{\frac{\alpha}{2}}=1.96$，代入置信区间得

$$\left(\bar{X}-\frac{\sigma}{\sqrt{n}}z_{\frac{\alpha}{2}},\ \bar{X}+\frac{\sigma}{\sqrt{n}}z_{\frac{\alpha}{2}}\right)=\left(19.4-\frac{0.2}{\sqrt{16}}\times1.96,\ 19.4+\frac{0.2}{\sqrt{16}}\times1.96\right)$$
$$=(19.302,19.498),$$

即 μ 的置信水平为 0.95 的置信区间为 $(19.302,19.498)$.

2）σ^2 未知

如图 6-3-2 所示，由于 $\dfrac{\bar{X}-\mu}{\sigma/\sqrt{n}} \sim N(0,\ 1)$，

但 $\dfrac{\bar{X}-\mu}{\sigma/\sqrt{n}}$ 中含有两个未知参数，不能推出 μ 的

置信区间，但 $\dfrac{\bar{X}-\mu}{S/\sqrt{n}} \sim t(n-1)$，同时 $\dfrac{\bar{X}-\mu}{S/\sqrt{n}}$ 只

含有一个未知参数 μ，并且分布不依赖于任何未

知参数，故

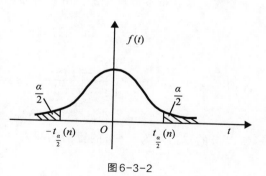

图 6-3-2

$$P\left\{\left|\frac{\bar{X}-\mu}{S/\sqrt{n}}\right| < t_{\frac{\alpha}{2}}(n-1)\right\} = 1-\alpha,$$

即

$$P\left\{\bar{X} - \frac{S}{\sqrt{n}}t_{\frac{\alpha}{2}}(n-1) < \mu < \bar{X} + \frac{S}{\sqrt{n}}t_{\frac{\alpha}{2}}(n-1)\right\} = 1-\alpha.$$

故 μ 的置信度为 $1-\alpha$ 的置信区间为 $\left(\bar{X} - \dfrac{S}{\sqrt{n}}t_{\frac{\alpha}{2}}(n-1),\ \bar{X} + \dfrac{S}{\sqrt{n}}t_{\frac{\alpha}{2}}(n-1)\right).$

例 6-13[保险投保]　一家保险公司收集到由 36 个投保人组成的随机样本，得到每个
投保人的年龄数据如表 6-3-1 所示. 试建立投保人年龄 90% 的置信区间.

表 6-3-1

单位：周岁

25	35	39	27	36	44
36	42	46	43	31	33
42	53	45	54	47	24
34	28	39	36	44	40
39	49	38	34	48	50
34	39	45	48	45	32

解：$\bar{x} = \dfrac{1}{36} \times (25+35+39+\cdots+45+32) = 39.56,$

$$s^2 = \frac{1}{36-1} \times [(25-39.5)^2 + (35-39.5)^2 + (39-39.5)^2 + \cdots (32-39.5)^2]$$
$$= 58.65,$$

由 $1-\alpha = 0.9$ 得 $\alpha = 0.1$，$t_{\frac{\alpha}{2}}(n-1) = t_{0.05}(35) = 1.6896.$

代入置信区间得

$$\left(\bar{X} - \frac{S}{\sqrt{n}}t_{\frac{\alpha}{2}}(n-1),\ \bar{X} + \frac{S}{\sqrt{n}}t_{\frac{\alpha}{2}}(n-1)\right) = (37.40,\ 41.71).$$

2. 对 σ^2 的置信区间的估计（只考虑 μ 未知的情形）

如图 6-3-3 所示，由于 $\dfrac{(n-1)S^2}{\sigma^2} \sim \chi^2(n-1)$，并且 $\dfrac{(n-1)S^2}{\sigma^2}$ 不含有除 σ^2 以外的未

知参数，其分布不依赖于 σ^2，由 χ^2 分布的上 α 分位点的定义可得

$$P\left\{\chi^2_{1-\frac{\alpha}{2}}(n-1)<\frac{(n-1)S^2}{\sigma^2}<\chi^2_{\frac{\alpha}{2}}(n-1)\right\}=1-\alpha,$$

从而

$$P\left\{\frac{(n-1)S^2}{\chi^2_{\frac{\alpha}{2}}(n-1)}<\sigma^2<\frac{(n-1)S^2}{\chi^2_{1-\frac{\alpha}{2}}(n-1)}\right\}=1-\alpha.$$

所以 σ^2 的置信度为 $1-\alpha$ 的置信区间为 $\left(\dfrac{(n-1)S^2}{\chi^2_{\frac{\alpha}{2}}(n-1)},\ \dfrac{(n-1)S^2}{\chi^2_{1-\frac{\alpha}{2}}(n-1)}\right).$

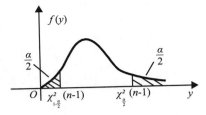

图 6-3-3

例 6-14[产品重量]　一家食品生产企业以生产袋装食品为主，现从某天生产的一批食品中随机抽取了 25 袋，测得每袋重量如表 6-3-2 所示.已知产品重量的分布服从正态分布，以 95% 的置信水平建立该种食品方差的置信区间.

表 6-3-2　　　　　　　　　　　　　　　　　　　　　单位：克

112.5	101.0	103.0	102.0	100.5
102.6	107.5	95.0	108.8	115.6
100.0	123.5	102.0	101.6	102.2
116.6	95.4	97.8	108.6	105.0
136.8	102.8	101.5	98.4	93.3

解： $\bar{x}=\dfrac{1}{25}\times(112.5+101.0+103.0+\cdots+98.4+93.3)=105.36,$

$s^2=\dfrac{1}{25-1}\times[(112.5-105.36)^2+(101.0-105.36)^2+\cdots+(93.3-105.36)^2]$
$=93.21.$

由 $1-\alpha=0.95$ 得 $\alpha=0.05$，$\chi^2_{\frac{\alpha}{2}}(24)=39.364$，$\chi^2_{1-\frac{\alpha}{2}}(24)=12.401$，故 σ^2 的置信度为 $1-\alpha$ 的置信区间为

$$\left(\frac{(n-1)S^2}{\chi^2_{\frac{\alpha}{2}}(n-1)},\ \frac{(n-1)S^2}{\chi^2_{1-\frac{\alpha}{2}}(n-1)}\right)=(56.83,\ 180.39).$$

6.3.3　两个正态总体参数的区间估计

在实际问题中常遇到下面类似的问题：已知产品的某一质量指标服从正态分布，但由于原料来源、加工设备条件、操作员工的不同或工艺流程的改变等，引起总体均值、总体方差有所改变，我们需要知道这些变化有多大，就需要考虑两个正态总体均值差或方差比的估计问题.

设 X_1，X_2，$\cdots$，X_{n_1} 是来自总体 X 的样本，而 Y_1，Y_2，$\cdots$，Y_{n_2} 是来自总体 Y 的样本，且 $X \sim N(\mu_1, \sigma_1^2)$，$Y \sim N(\mu_2, \sigma_2^2)$，$X$ 与 Y 相互独立. 下面讨论给定置信度为 $1-\alpha$ 的条件下，参数 $\mu_1 - \mu_2$，σ_1^2/σ_2^2 的区间估计.

1.两个总体均值差 $\mu_1 - \mu_2$ 的区间估计

1）σ_1^2，σ_2^2 均已知

由于 $\bar{X}$ 是 μ_1 的无偏估计量，$\bar{Y}$ 是 μ_2 的无偏估计量，故 $\bar{X} - \bar{Y}$ 是 $\mu_1 - \mu_2$ 的无偏估计.

由于 $\bar{X} \sim N\left(\mu_1, \dfrac{\sigma_1^2}{n_1}\right)$，$\bar{Y} \sim N\left(\mu_2, \dfrac{\sigma_2^2}{n_2}\right)$，故 $\bar{X} - \bar{Y} \sim N\left(\mu_1 - \mu_2, \dfrac{\sigma_1^2}{n_1} + \dfrac{\sigma_2^2}{n_2}\right)$.

在单个正态总体方差已知的情形下，由 μ 的置信区间的估计公式可得 $\mu_1 - \mu_2$ 的置信度为 $1-\alpha$ 的置信区间为

$$\left((\bar{X} - \bar{Y}) - z_{\frac{\alpha}{2}}\sqrt{\dfrac{\sigma_1^2}{n_1} + \dfrac{\sigma_2^2}{n_2}}, \ (\bar{X} - \bar{Y}) + z_{\frac{\alpha}{2}}\sqrt{\dfrac{\sigma_1^2}{n_1} + \dfrac{\sigma_2^2}{n_2}}\right).$$

例 6-15[抗断强度]　一个制造商在位于国内两个不同地区的两家工厂中生产一种合成纤维. 他竭力使两厂生产的纤维的平均抗断强度保持一致，为了检查这两个厂生产的产品质量是否真的一致，这个制造商从工厂 1 抽选了 25 个样品作为样本，从工厂 2 抽选了 16 个样品作为样本，来自工厂 1 的样本平均值为 22 千克，来自工厂 2 的样本平均值为 20 千克. 由以往经验知，两厂产品抗断强度的方差皆为 10 千克，而且两个总体均服从正态分布. 试求 $\mu_1 - \mu_2$ 的置信度为 95％ 的置信区间.

解：　由题意知 $\bar{x}_1 = 22$，$\bar{x}_2 = 20$，$\sigma_1^2 = \sigma_2^2 = 10$.

由 $1 - \alpha = 0.95$ 得 $\alpha = 0.05$，$z_{\frac{\alpha}{2}} = 1.96$.

故置信度为 $1 - \alpha$ 的置信区间为

$$\left((\bar{X} - \bar{Y}) - z_{\frac{\alpha}{2}}\sqrt{\dfrac{\sigma_1^2}{n_1} + \dfrac{\sigma_2^2}{n_2}}, \ (\bar{X} - \bar{Y}) + z_{\frac{\alpha}{2}}\sqrt{\dfrac{\sigma_1^2}{n_1} + \dfrac{\sigma_2^2}{n_2}}\right) = (0.02, \ 3.98).$$

2）σ_1^2，σ_2^2 均未知（此时 n_1，n_2 都比较大）

由于 $\bar{X}$ 是 μ_1 的无偏估计量，$\bar{Y}$ 是 μ_2 的无偏估计量，S_1^2 是 σ_1^2 的无偏估计量，S_2^2 是 σ_2^2 的无偏估计量，故由单个正态总体的上 α 分位点的定义得 $\mu_1 - \mu_2$ 的置信度为 $1-\alpha$ 的置信区间为

$$\left((\bar{X} - \bar{Y}) - z_{\frac{\alpha}{2}}\sqrt{\dfrac{S_1^2}{n_1} + \dfrac{S_2^2}{n_2}}, \ (\bar{X} - \bar{Y}) + z_{\frac{\alpha}{2}}\sqrt{\dfrac{S_1^2}{n_1} + \dfrac{S_2^2}{n_2}}\right).$$

3）$\sigma_1{}^2 = \sigma_2{}^2 = \sigma^2$，$\sigma^2$ 未知

由于
$$Z = \frac{(\bar{X} - \bar{Y}) - (\mu_1 - \mu_2)}{\sqrt{\dfrac{1}{n_1} + \dfrac{1}{n_2}}} \sim N(0, 1),$$

且
$$\frac{(n_1 - 1)S_1{}^2}{\sigma^2} \sim x^2(n_1 - 1), \qquad \frac{(n_2 - 1)S_2{}^2}{\sigma^2} \sim x^2(n_2 - 1),$$

由 x^2 分布的可加性得

$$V = \frac{(n_1 - 1)S_1{}^2}{\sigma^2} + \frac{(n_2 - 1)S_2{}^2}{\sigma^2} \sim x^2(n_1 + n_2 - 2),$$

则
$$\frac{Z}{\sqrt{\dfrac{V}{n_1 + n_2 - 2}}} \sim t(n_1 + n_2 - 2),$$

即
$$\frac{(\bar{X} - \bar{Y}) - (\mu_1 - \mu_2)}{S_w \sqrt{\dfrac{1}{n_1} + \dfrac{1}{n_2}}} \sim t(n_1 + n_2 - 2),$$

其中
$$S_w = \sqrt{\frac{(n_1 - 1)S_1{}^2 + (n_2 - 1)S_2{}^2}{n_1 + n_2 - 2}}.$$

由此得 $\mu_1 - \mu_2$ 的置信度为 $1 - \alpha$ 的置信区间为

$$\left((\bar{X} - \bar{Y}) - t_{\frac{\alpha}{2}}(n_1 + n_2 - 2)S_w \sqrt{\frac{1}{n_1} + \frac{1}{n_2}}, \ (\bar{X} - \bar{Y}) + t_{\frac{\alpha}{2}}(n_1 + n_2 - 2)S_w \sqrt{\frac{1}{n_1} + \frac{1}{n_2}} \right).$$

例 6-16[时间差值] 为估计两种方法组装产品所需时间的差异，分别对两种不同的组装方法各随机安排 12 名工人，每个工人组装一件产品所需的时间如表 6-3-3 所示．假定两种方法组装产品的时间服从正态分布，且方差相等，试以 95% 的置信水平建立两种方法组装产品所需平均时间差值的置信区间．

表 6-3-3

单位：分钟

方法 1 所需时间		方法 2 所需时间	
28.3	36.0	27.6	31.7
30.1	37.2	22.2	26.0
29.0	38.5	31.0	32.0
37.6	34.4	33.8	31.2
32.1	28.0	20.0	33.4
28.8	30.0	30.2	26.5

解： $\bar{x}_1 = \dfrac{1}{12} \times (28.3 + 36.0 + 30.1 + \cdots + 28.8 + 30.0) = 32.5,$

$\bar{x}_2 = \dfrac{1}{12} \times (27.6 + 31.7 + 22.2 + \cdots + 30.2 + 26.5) = 28.8,$

$$s_1^2 = \frac{1}{12-1} \times [(28.3-32.5)^2 + (36.0-32.5)^2 + \cdots + (30.0-32.5)^2]$$
$$= 15.996,$$
$$s_2^2 = \frac{1}{12-1} \times [(27.6-28.8)^2 + (31.7-28.8)^2 + \cdots + (26.5-28.8)^2]$$
$$= 19.358.$$

由 $1-\alpha = 0.95$ 得 $\alpha = 0.05$，$t_{\frac{\alpha}{2}}(12+12-2) = 2.0739$. 故置信度为 $1-\alpha$ 的一个置信区间为

$$\left((\bar{X}-\bar{Y}) - t_{\frac{\alpha}{2}}(n_1+n_2-2)S_w\sqrt{\frac{1}{n_1}+\frac{1}{n_2}}, \ (\bar{X}-\bar{Y}) + t_{\frac{\alpha}{2}}(n_1+n_2-2)S_w\sqrt{\frac{1}{n_1}+\frac{1}{n_2}} \right) =$$
$$(0.14, \ 7.26).$$

2.两个总体方差比 σ_1^2/σ_2^2 的区间估计(总体均值 μ_1，μ_2 未知)

由于 $\dfrac{S_1^2/S_2^2}{\sigma_1^2/\sigma_2^2} \sim F(n_1-1, \ n_2-1)$，且 $\dfrac{S_1^2/S_2^2}{\sigma_1^2/\sigma_2^2}$ 不含除 σ_1^2/σ_2^2 以外的未知参数，分布函数也不依赖于 σ_1^2/σ_2^2，故有

$$P\left\{ \frac{S_1^2}{S_2^2} \cdot \frac{1}{F_{\frac{\alpha}{2}}(n_1-1, n_2-1)} < \frac{\sigma_1^2}{\sigma_2^2} < \frac{S_1^2}{S_2^2} \cdot \frac{1}{F_{1-\frac{\alpha}{2}}(n_1-1, n_2-1)} \right\} = 1-\alpha,$$

所以 σ_1^2/σ_2^2 的置信度为 $1-\alpha$ 的置信区间为

$$\left(\frac{S_1^2}{S_2^2} \cdot \frac{1}{F_{\frac{\alpha}{2}}(n_1-1, n_2-1)}, \ \frac{S_1^2}{S_2^2} \cdot \frac{1}{F_{1-\frac{\alpha}{2}}(n_1-1, n_2-1)} \right),$$

亦即

$$\left(\frac{S_1^2}{S_2^2} \cdot F_{1-\frac{\alpha}{2}}(n_2-1, \ n_1-1), \ \frac{S_1^2}{S_2^2} \cdot F_{\frac{\alpha}{2}}(n_2-1, \ n_1-1) \right).$$

§6.4 本章实验

实验 6-1[保险投保] 一家保险公司收集到由 36 个投保人组成的随机样本，得到每个投保人的年龄（单位：周岁）数据如表 6-3-1 所示，试利用 Excel 建立投保人年龄 90% 的置信区间.

实验准备：

学习"实验附录"中函数 COUNT、函数 AVERAGE、函数 VAR、函数 SQRT、函数 TINV 的用法.

实验步骤：

第 1 步，在 Excel 中输入数据，如图 6-4-1 所示.

⊿	A	B	C	D	E	F
1	36个投保人年龄数据					
2	25	35	39	27	36	44
3	36	42	46	43	31	33
4	42	53	45	54	47	24
5	34	28	39	36	44	40
6	39	49	38	34	48	50
7	34	39	45	48	45	32
8						
9	样本量$n=$					
10	样本均值$\bar{x}=$					
11	样本方差$s^2=$					
12	置信水平$1-\alpha=$					
13	$t_{\alpha/2}(n-1)=$					
14						
15	置信区间=					

图6-4-1

第2步，依次输入公式.

在单元格B9中输入公式："$=$COUNT(A2：F7)".

在单元格B10中输入公式："$=$AVERAGE(A2：F7)".

在单元格B11中输入公式："$=$VAR(A2：F7)".

在单元格B12中输入数值："0.90".

在单元格B13中输入公式："$=$TINV(1$-$B12，B9$-$1)".

在单元格B15中输入公式："$=$B10$-$SQRT(B11/B9)*B13".

在单元格C15中输入公式："$=$B10$+$SQRT(B11/B9)*B13".

计算结果如图6-4-2所示.

⊿	A	B	C	D	E	F
1	36个投保人年龄数据					
2	25	35	39	27	36	44
3	36	42	46	43	31	33
4	42	53	45	54	47	24
5	34	28	39	36	44	40
6	39	49	38	34	48	50
7	34	39	45	48	45	32
8						
9	样本量$n=$	36				
10	样本均值$\bar{x}=$	39.55556				
11	样本方差$s^2=$	58.65397				
12	置信水平$1-\alpha=$	0.9				
13	$t_{\alpha/2}(n-1)=$	1.689572				
14						
15	置信区间=	37.39893	41.71218			

图6-4-2

实验6-2[产品重量] 一家食品生产企业以生产袋装食品为主，现从某天生产的一批食品中随机抽取了25袋，测得每袋重量如表6-3-2所示.已知产品重量的分布服从正态分布，试利用Excel以95%的置信水平建立该种食品方差的置信区间.

实验准备：

学习"实验附录"中函数COUNT、函数AVERAGE、函数VAR、函数CHIINV的用法.

实验步骤:

第1步,在Excel中输入数据,如图6-4-3所示.

	A	B	C	D	E
1			25袋食品的重量		
2	112.5	101	103	102	100.5
3	102.6	107.5	95	108.8	115.6
4	100	123.5	102	101.6	102.2
5	116.6	95.4	97.8	108.6	105
6	136.8	102.8	101.5	98.4	93.3
7					
8	样本量$n=$				
9	样本均值$\bar{x}=$				
10	样本方差$s^2=$				
11	$\alpha=$				
12	$\chi_{\alpha/2}(n-1)=$				
13	$\chi_{1-\alpha/2}(n-1)=$				
14					
15	置信区间$=$				

图6-4-3

第2步,依次输入公式.

在单元格B8中输入公式:"$=$COUNT(A2:E6)".

在单元格B9中输入公式:"$=$AVERAGE(A2:E6)".

在单元格B10中输入公式:"$=$VAR(A2:E6)".

在单元格B11中输入数值:"0.05".

计算分位数$\chi^2_{\alpha/2}(n-1)$,在单元格B12中输入公式:"$=$CHIINV(B11/2,B8$-$1)".

计算分位数$\chi^2_{1-\alpha/2}(n-1)$,在单元格B13中输入公式:"$=$CHIINV(1$-$B11/2,B8$-$1)".

在单元格B15中输入公式:"$=$(B8$-$1)*B10/B12".

在单元格C15中输入公式:"$=$(B8$-$1)*B10/B13".

计算结果如图6-4-4所示.

	A	B	C	D	E
1			25袋食品的重量		
2	112.5	101	103	102	100.5
3	102.6	107.5	95	108.8	115.6
4	100	123.5	102	101.6	102.2
5	116.6	95.4	97.8	108.6	105
6	136.8	102.8	101.5	98.4	93.3
7					
8	样本量$n=$	25			
9	样本均值$\bar{x}=$	105.36			
10	样本方差$s^2=$	93.20917			
11	$\alpha=$	0.05			
12	$\chi_{\alpha/2}(n-1)=$	39.36408			
13	$\chi_{1-\alpha/2}(n-1)=$	12.40115			
14					
15	置信区间$=$	56.82897	180.3881		

图6-4-4

实验 6-3[时间差值] 为估计两种方法组装产品所需时间的差异，分别对两种不同的组装方法各随机安排 12 名工人，每个工人组装一件产品所需的时间如表 6-3-3 所示. 假定两种方法组装产品的时间服从正态分布，且方差相等，试利用 Excel 以 95% 的置信水平建立两种方法组装产品所需平均时间差值的置信区间.

实验准备：

学习"实验附录"中函数 COUNT、函数 AVERAGE、函数 SQRT、函数 ABS、函数 T.INV 的用法.

实验步骤：

第 1 步，在 Excel 中输入数据，如图 6-4-5 所示.

	A	B	C	D	E
1	两个方法组装产品所需的时间				
2	方法1	方法2		方法1	方法2
3	28.3	27.6	样本量$n=$		
4	30.1	22.2	样本均值 $\bar{x}=$		
5	29	31	样本方差$S^2=$		
6	37.6	33.8	$S_w=$		
7	32.1	20	$\sqrt{1/n_1+1/n_2}=$		
8	28.8	30.2	$\alpha=$		
9	36	31.7	$t_{\frac{\alpha}{2}}(n_1+n_2-2)=$		
10	37.2	26			
11	38.5	32		置信下限	置信上限
12	34.4	31.2	置信区间		
13	28	33.4			
14	30	26.5			

图 6-4-5

第 2 步，计算样本量.

在单元格 D3 中输入公式："= COUNT(A3：A14)".

在单元格 E3 中输入公式："= COUNT(B3：B14)".

第 3 步，计算样本均值.

在单元格 D4 中输入公式："= AVERAGE(A3：A14)".

在单元格 E4 中输入公式："= AVERAGE(B3：B14)".

第 4 步，计算样本方差.

在单元格 D5 中输入公式："= VAR(A3：A14)".

在单元格 E5 中输入公式："= VAR(B3：B14)".

第 5 步，在单元格 D8 中输入 α 数值："0.05".

第 6 步，计算 $t_{\frac{\alpha}{2}}(n_1+n_2-2)$.

在单元格 D9 中输入公式："=ABS(T.INV(D8,D3+E3−2))".

第 7 步，计算 S_w.

在单元格 D6 中输入公式："=SQRT(((D3−1)*D5+(E3−1)*E5)/(D3+E3−2))".

第 8 步，计算 $\sqrt{\dfrac{1}{n_1}+\dfrac{1}{n_2}}$.

在单元格D7中输入公式："＝SQRT(1/D3＋1/E3)".

第9步，计算置信区间.

在单元格D12中输入公式："＝(D4－E4)－D9*D6*D7".

在单元格E12中输入公式："＝(D4－E4)＋D9*D6*D7".

计算结果如图6-4-6所示.

	A	B	C	D	E
1	两个方法组装产品所需的时间				
2	方法1	方法2		方法1	方法2
3	28.3	27.6	样本量$n=$	12	12
4	30.1	22.2	样本均值 $\bar{x}=$	32.5	28.8
5	29	31	样本方差$S^2=$	15.99636	19.35818
6	37.6	33.8	$S_w=$	4.204435	
7	32.1	20	$\sqrt{1/n_1+1/n_2}=$	0.408248	
8	28.8	30.2	$\alpha=$	0.05	
9	36	31.7	$t_{\frac{\alpha}{2}}(n_1+n_2-2)=$	2.073873	
10	37.2	26			
11	38.5	32		置信下限	置信上限
12	34.4	31.2	置信区间	0.140294	7.259706
13	28	33.4			
14	30	26.5			

图6-4-6

◎知识扩展

直方图的设计者——卡尔·皮尔逊

收集、统计数据,用图表和分类等简单易懂的方式表现数据的倾向或特征,这种统计被称为描述性统计。进入20世纪以后,人们对统计学的需求越来越大,产生了一种全新的统计概念,叫作推测统计学。罗纳德·费舍尔(Ronald Fisher)提出的随机化思维为推测统计学奠定了基础。而英国统计学家卡尔·皮尔逊(Karl Pearson)则确立了描述统计学基础。卡尔·皮尔逊发明了用柱状图来表示数量数据的方式。没有间隙的柱状图适合比较数据的量及分布的幅度。衡量数据分布幅度的指标就是标准偏差。直方图和标准差大大促进了统计学的发展。

皮尔逊使用统计学方法研究遗传和生物进化。在研究中,他发明了用标准差计算相关系数。为了检验样本是否能真实反映调查对象母体状态,他又发明了卡方检验。这些都对统计学的发展产生了巨大的影响。

皮尔逊完善了描述统计学,费舍尔确立了推测统计学。他们都致力于研究遗传学,但两人的研究思维完全不同,因而出现了激烈的对立。

资料来源:小宫山博仁.图解统计学[M].王倩倩,译.北京:北京时代华文书局,2020:88.

习题 6

1. 设总体 X 服从二项分布 $b(n, p)$，n 已知，X_1，X_2，$\cdots$，X_n 为来自 X 的样本，求参数 p 的矩估计值.

2. 设总体 X 的概率密度函数为

$$f(x, \theta) = \begin{cases} \dfrac{3}{\theta^4}(\theta - x), & 0 < x < \theta, \\ 0, & \text{其他}, \end{cases}$$

其中 X_1，X_2，$\cdots$，X_n 为其样本，试求参数 θ 的矩估计值.

3. 设总体 X 服从指数分布

$$f(x) = \begin{cases} \lambda e^{-\lambda x}, & x > 0, \\ 0, & \text{其他}, \end{cases}$$

X_1，X_2，$\cdots X_n$ 是来自 X 的样本.

（1）求未知参数 λ 的矩估计；　　　　　　　（2）求 λ 的极大似然估计.

4. 随机取 8 只活塞环，测得它们的直径（单位：mm）为

　74.001，74.005，74.003，74.001，74.000，73.998，74.006，74.002，

求总体均值 μ 及方差 σ^2 的矩估计值.

5. 从一批炒股票的股民一年收益率的数据中，随机抽取 10 人的收益率数据，结果如下：

序号	1	2	3	4	5	6	7	8	9	10
收益率	0.01	−0.11	−0.12	−0.09	−0.13	−0.3	0.1	−0.09	−0.1	−0.11

求这批股民的收益率的平均收益率及标准差的矩估计值.

6. 设总体 X 的概率密度函数为

$$f(x) = \begin{cases} \theta x^{\theta-1}, & 0 < x < 1, \\ 0, & \text{其他}, \end{cases}$$

其中 $\theta > 0$，求 θ 的极大似然估计量.

7. 设总体 X 服从 $[0, \theta]$ 上的均匀分布，X_1，X_2，$\cdots$，X_n 是来自 X 的样本，x_1，x_2，$\cdots$，x_n 是该样本的一组观测值，求 θ 的矩估计和极大似然估计.

8. 设总体 X 的分布列如下所示：

X	1	2	3
p	θ^2	$2\theta(1-\theta)$	$(1-\theta)^2$

其中 $\theta(0 < \theta < 1)$ 为未知参数，样本观察值 $x_1 = 1$，$x_2 = 2$，$x_3 = 3$，求 θ 的极大似然估计值.

9. 设一个货运司机在 5 年内发生交通事故的次数服从泊松分布，对 136 名货运司机的调查结果如下所示：

r	0	1	2	3	4	5
m	56	43	22	8	5	2

其中 r 表示一个货运司机 5 年内发生交通事故的次数，m 表示观察到的货运司机人数. 求一个货运司机在 5 年内发生交通事故的平均次数的极大似然估计.

10. 设总体 $X \sim N(\mu, \sigma^2)$，X_1，X_2，X_3 是总体 X 的样本，且 $Y = \dfrac{1}{3} X_1 + \dfrac{1}{6} X_2 + a X_3$ 是参数 μ 的无偏估计量，问 a 为多少？

11. 设 X_1，X_2，X_3，X_4 是来自总体 X 的样本，其中 $EX = \mu$ 未知. 设有估计量

$$T_1 = \frac{1}{6}(X_1 + X_2) + \frac{1}{3}(X_3 + X_4),$$

$$T_2 = \frac{1}{5}(X_1 + 2X_2 + 3X_3 + 4X_4),$$

$$T_3 = \frac{1}{4}(X_1 + X_2 + X_3 + X_4).$$

(1) 指出 T_1，T_2，T_3 中哪几个是 μ 的无偏估计量？

(2) 在上述 μ 的无偏估计中，指出哪一个更有效？

12. 设总体 $X \sim N(\mu, \sigma^2)$，X_1，X_2，$\cdots$，X_n 是总体 X 的样本，试问：样本方差 $S^2 = \dfrac{1}{n-1} \sum\limits_{i=1}^{n} (X_i - \bar{X})^2$ 及二阶样本中心矩 $B_2 = \dfrac{1}{n} \sum\limits_{i=1}^{n} (X_i - \bar{X})^2$ 是否为方差 σ^2 的无偏估计？

13. 假设 0.5，1.25，0.8，2.0 是来自总体 X 的简单随机样本的观测值，已知 $Y = \ln X \sim N(\mu, 1)$.

(1) 求 EX；   (2) 求 μ 的置信度为 0.95 的置信区间；

(3) 利用上述结果求 EX 的置信度为 0.95 的置信区间.

14. 某车间生产的螺钉，其直径 $X \sim N(\mu, \sigma^2)$，由过去的经验可知 $\sigma^2 = 0.06$，今随机抽取 6 枚螺钉，测得其长度（单位：mm）为

$$14.7, \quad 15.0, \quad 14.8, \quad 14.9, \quad 15.1, \quad 15.2.$$

试求 μ 的置信概率为 0.95 的置信区间.

15. 某车间生产滚珠，已知其直径 $X \sim N(\mu, \sigma^2)$，现从某一天生产的产品中随机地抽取 6 个，测得直径（单位：mm）为

$$14.6, \quad 15.1, \quad 14.9, \quad 14.8, \quad 15.2, \quad 15.1.$$

试求滚珠直径 X 的均值的置信度为 0.95 的置信区间.

16. 设某种砖头的抗压强度 $X \sim N(\mu, \sigma^2)$，今随机抽取 20 块砖头，测得数据（单位：kg·cm^{-2}）为

$$64, \quad 69, \quad 49, \quad 92, \quad 55, \quad 97, \quad 41, \quad 84, \quad 88, \quad 99,$$
$$84, \quad 66, \quad 100, \quad 98, \quad 72, \quad 74, \quad 87, \quad 84, \quad 48, \quad 81.$$

(1) 求 μ 的置信概率为 0.95 的置信区间；

(2) 求 σ^2 的置信概率为 0.95 的置信区间.

17. 为了了解一台长度测量仪器的精度，对一根标准金属棒进行了6次重复测量，测得结果（单位：mm）为

$$30.1, \quad 29.9, \quad 29.8, \quad 30.3, \quad 30.2, \quad 29.6.$$

假定测量值服从正态分布 $N(\mu, \sigma^2)$，求 σ^2 的置信水平为 0.95 的置信区间.

18. 为了估计磷肥对某农作物增产的作用，现选 20 块条件大致相同的地块进行对比试验，其中 10 块地施磷肥，另外 10 块地不施磷肥，得到单位面积产量（单位：kg）为

施磷肥：620, 570, 650, 600, 630, 580, 570, 600, 600, 580;
不施磷肥：560, 590, 560, 570, 580, 570, 600, 550, 570, 550.

设施磷肥和不施磷肥的地块的单位面积的产量分别为 $X \sim N(\mu_1, \sigma_1^2)$，$Y \sim N(\mu_2, \sigma_2^2)$，求 $\mu_1 - \mu_2$ 的置信水平为 0.95 的置信区间.

19. 为比较 I，II 两种型号步枪子弹的枪口速度，随机取 I 型子弹 10 发，得到枪口平均速度为 $\bar{x}_1 = 500 \, \text{m/s}$，标准差为 $s_1 = 1.1 \, \text{m/s}$，随机取 II 型子弹 20 发，得到枪口平均速度为 $\bar{x}_2 = 496 \, \text{m/s}$，标准差为 $s_2 = 1.2 \, \text{m/s}$. 假设两总体都可认为近似地服从正态分布，且由生产过程可认为它们的方差相等，求两总体均值差 $\mu_1 - \mu_2$ 的置信水平为 0.95 的置信区间.

20. 某车间有甲、乙两台机床加工同类零件，假设此类零件直径服从正态分布. 现分别从甲机床和乙机床加工出的产品中取出 5 个和 6 个进行检查，得其直径数据（单位：mm）为

甲：5.06, 5.08, 5.03, 5.00, 5.07;
乙：4.98, 5.03, 4.97, 4.99, 5.02, 4.95.

试求 $\dfrac{\sigma_\text{甲}^2}{\sigma_\text{乙}^2}$ 的置信水平为 0.95 的置信区间.

习题6参考答案

第7章 假设检验

[**女士品茶**] 英国统计学家费希尔（R. A. Fisher）的著作 *The Design of Experiment* 中有个故事：20世纪20年代末一个夏日的午后，在英国剑桥，一群大学教员、他们的妻子以及一些客人围坐在室外的一张桌子周围喝下午茶.一位女士坚持认为，将茶倒进牛奶和将牛奶倒进茶中的味道是不同的.在座的科学家都觉得这种观点很可笑，没有任何意义.能有什么区别呢？他们觉得两种液体的混合物在化学成分上不可能有任何区别.此时，一个又瘦又矮、戴着厚厚的眼镜、留着尖髯的男子表情变得严肃起来，"让我们检验这个命题吧！"他激动地说.

为了验证这位女士是否真的具有这种能力，费希尔教授设计了如下试验：他首先调配出其他条件一模一样而仅仅是倒茶和倒奶的顺序相反的茶，然后随机地把这两种茶端给女士品尝，并请她判断是先加奶还是先加茶.女士依次正确地鉴别出来8杯茶，她真的具有这种能力吗？

为了分析这个试验结果，费希尔教授运用了以下逻辑分析：

（1）建立原假设.假设该女士没有这个能力，她是碰巧猜对的，即每一杯奶茶猜对的概率都为0.5.

（2）计算概率.如果原假设成立，计算事件 $A=\{$女士依次正确地鉴别出来8杯茶$\}$ 发生的可能性大小 $P(A)=0.5^8=0.003906$.

（3）推断结论.事件 A 发生的概率只有0.003906，概率值很小.这种概率很小的事件称为小概率事件.根据小概率事件的基本原理，事件 A 在一次试验中几乎是不会发生的.反之，如果小概率事件发生了，我们就可以怀疑原假设的真实性，即推断出"该女士真的具有这种能力".

上述这个过程，体现了统计推断中的另一类重要问题——假设检验.当总体的分布函数未知，或者已知总体分布函数形式但所含参数未知时，为推断总体的某些性质，提出关于总体的各种假设，然后根据样本信息对所提出的假设做出判断：是接受还是拒绝.判断给定假设的方法称为假设检验.

§7.1 假设检验的基本概念

假设检验

7.1.1 假设检验的基本思想

假设检验的一个理论依据是小概率原理，即"小概率事件在一次试验中几乎不可能发生"，如果小概率事件在一次试验中发生了，就认为是不合理的现象.也就是说，对总体的某个假设是真实的，那么不利于或不能支持这一假设的事件 A 在一次试验中是几乎不发生的；要是在一次试验中事件 A 发生了，我们就有理由怀疑这一假设的真实性，拒绝这一假设.下面我们通过例子说明假设检验的基本思想和方法.

例 7-1[装罐容量] 有一条封装罐装可乐的生产流水线，每罐的标准容量规定为 350mL，质检员每天都要检验可乐的容量是否合格.已知每罐的容量服从正态分布，且生产比较稳定时，其标准差为 5mL.某日上班后，质检员每隔半小时从生产线上取一罐，共抽测了 6 罐，测得容量（单位：mL）如下：

$$353, \quad 345, \quad 357, \quad 339, \quad 355, \quad 360.$$

试问：生产线工作是否正常？

解： 由题意知，检查生产线的工作是否正常，即判断总体均值 $\mu = 350$ 是否成立.为此，我们给出假设 H_0： $\mu = 350$.现在我们用样本值来检验假设 H_0 是否成立，若 H_0 成立则意味着生产线的工作正常，否则认为生产线的工作不正常.

例 7-1 中的统计推断过程称为假设检验，在假设检验中，我们把与总体有关的假设称为统计假设，把待检验的假设称为**原假设**（又叫零假设、基本假设），用 H_0 表示，它的对立面称为**对立假设**（又叫备选假设），用 H_1 表示.在本题中我们的备选假设为：H_1： $\mu \neq 350$.用样本值检验假设 H_0 是否成立，如果 H_0 成立称为接受 H_0，否则称为接受 H_1.

如何检验 H_0： $\mu = 350$ 是否成立？由于要检验的假设涉及总体均值 μ，故首先设想是否可以借助统计量样本均值 $\bar{X}$ 来进行判断.当 H_0 为真时，$\bar{X}$ 的观测值 $\bar{x}$ 在 350 附近，即 $|\bar{x} - 350|$ 比较小，也就是说，要找一个适当的常数 k，使得事件 $\{|\bar{X} - 350| \geq k\}$ 是一个小概率事件.我们称这个小概率为**显著水平**，记为 $\alpha (0 < \alpha < 1)$，即

$$P\{|\bar{X} - 350| \geq k\} = \alpha.$$

一般地，α 取 0.1，0.05，0.01 等.对于取定的显著水平 α，现在确定 k.

因为 $X \sim N(\mu, \sigma^2)$，当 H_0 为真时，有 $X \sim N(350, \sigma^2)$，则 $\bar{X} = \dfrac{1}{n} \sum_{i=1}^{n} X_i \sim N(350, \dfrac{\sigma^2}{n})$，且 $Z = \dfrac{\bar{X} - 350}{\sigma / \sqrt{n}} \sim N(0, 1)$，所以 $P\{|Z| > z_{\frac{\alpha}{2}}\} = \alpha$，显然

$$P\left\{\frac{|\bar{X} - 350|}{\sigma / \sqrt{n}} > z_{\frac{\alpha}{2}}\right\} = \alpha \Leftrightarrow P\left\{|\bar{X} - 350| > z_{\frac{\alpha}{2}} \frac{\sigma}{\sqrt{n}}\right\} = \alpha.$$

由样本观察值算出 Z 的观察值

$$z = \frac{\bar{x} - 350}{\sigma / \sqrt{n}}.$$

因为 α 很小，根据实际推断原理，即"小概率事件在一次试验中几乎是不可能发生的"原理，只要 $|z| > z_{\frac{\alpha}{2}}$，就认为"小概率事件在一次试验中发生了"，说明试验的前提条件 H_0 不成立，从而拒绝 H_0；反之，若 $|z| \leqslant z_{\frac{\alpha}{2}}$，则接受 H_0.

对于例 7-1，取 $\alpha = 0.05$，$\sigma^2 = 5^2$，计算得

$$\bar{x} = \frac{353 + 345 + 357 + 339 + 355 + 360}{6} = 351.5,$$

$$|z| = \frac{|\bar{x} - 350|}{\sigma / \sqrt{n}} = \frac{|351.5 - 350|}{5 / \sqrt{6}} = 0.735,$$

查表得 $z_{0.025} = 1.96$. 因为 $0.735 < 1.96$，所以接受 H_0，认为生产线的工作是正常的.

在给定显著水平 α 下，通常称 $\left(-\infty, -z_{\frac{\alpha}{2}}\right) \cup \left(z_{\frac{\alpha}{2}}, +\infty\right)$ 为检验的**拒绝域**，称 $\left[-z_{\frac{\alpha}{2}}, z_{\frac{\alpha}{2}}\right]$ 为**接受域**，边界点 $z_{\frac{\alpha}{2}}$ 称为**临界值**.

从例 7-1 中可以看出，假设检验的基本思想是：为验证原假设 H_0 是否成立，我们首先假定 H_0 是成立的，利用观测到的样本提供的信息，如果能导致一个不合理的现象发生，即一个概率很小的事件在一次试验中发生了，我们认为事先的假定是不正确的，从而拒绝 H_0. 因为实际推断原理认为，一个小概率事件在一次试验中是几乎不可能发生的. 如果没有出现不合理的现象，则样本提供的信息不能否定事先假定的正确性，从而接受 H_0.

为了利用提供的信息，我们需要适当地构造一个统计量，称为检验统计量，如例 7-1 中的检验统计量 $Z = \frac{\bar{X} - 350}{\sigma / \sqrt{n}}$，由给定的显著水平 α，根据检验统计量的分布，查表定出相应的分位数的值，即临界值，从而确定拒绝域，记为 W. 如例 7-1 的拒绝域为 $W = \{|z| > z_{\frac{\alpha}{2}}\}$，即 $W = \left(-\infty, -z_{\frac{\alpha}{2}}\right) \cup \left(z_{\frac{\alpha}{2}}, +\infty\right)$. 当 $z \in W$ 时，我们拒绝 H_0；当 $z \notin W$ 时，接受 H_0.

7.1.2　假设检验的一般步骤

由例 7-1 总结出假设检验的步骤如下：
（1）根据问题提出原假设 H_0 和备择假设 H_1.
（2）构造检验用的统计量 Z，当 H_0 为真时，Z 的分布要已知.
（3）由给定的显著水平 α，根据统计量的分布，查表定出相应的分位数的值，即临界值（确定拒绝域）.
（4）根据实测的样本值，具体计算出统计量的值.
（5）给出结论：若落在拒绝域内，则拒绝原假设 H_0；否则，接受原假设 H_0.

7.1.3 假设检验的两类错误

在假设检验中，我们从样本信息出发，根据小概率原理，做出接受或者拒绝原假设 H_0 的判断，由于样本的随机性，我们接受或拒绝 H_0 都不是绝对无误的，不能保证不犯错误.在对一个假设进行检验时，有可能发生两类错误：

第一类错误： H_0 正确却被拒绝了，即"弃真"错误.即当 H_0 为真时，而样本的观察值落入拒绝域 W 中，按给定的法则，我们拒绝了 H_0.这类错误发生的概率称为第一类错误的概率或弃真概率，记为 α，即

$$P\{\text{拒绝}H_0 \mid H_0\text{为真}\} = \alpha.$$

第二类错误： H_0 不正确却被接受了，即"取伪"错误.即当 H_0 不真时，而样本的观察值落入接受域中，按给定的法则，我们接受了 H_0.这类错误发生的概率称为第二类错误的概率或取伪概率，通常记为 β，即

$$P\{\text{接受}H_0 \mid H_0\text{不真}\} = \beta.$$

总体与样本各种情况的搭配见表 7-1-1.

表 7-1-1

H_0	判断结论		犯错误的概率
真	接受	正确	0
	拒绝	犯第一类错误	α
假	接受	犯第二类错误	β
	拒绝	正确	0

对给定的一对 H_0 和 H_1，人们希望犯两类错误的概率 α 与 β 都很小，但是在样本容量 n 固定时，要使 α 与 β 都很小是不可能的.一般情况下，减小犯其中一类错误的概率，会增加犯另一类错误的概率，它们之间的关系犹如区间估计问题中置信水平与置信区间的长度的关系那样.通常的做法是控制犯第一类错误的概率不超过某个事先指定的显著性水平 α，同时犯第二类错误的概率也尽可能得小.具体实行这个原则时会有很多困难，因而有时把这个原则简化为只要求犯第一类错误的概率等于 α，称这类假设检验问题为显著性检验问题，相应的检验为显著性检验.在一般情况下，显著性检验法则是较容易找到的，我们将在以下各节中详细讨论.

在实际问题中，检验水平 α 的设定并无客观的标准.目前统计学上最常用的是 0.05，其次是 0.01 和 0.1.当拒绝一个属真的假设其后果非常严重时，应将 α 取得小一点；当拒绝一个属真的假设其后果不甚严重时，而"取伪"会引起严重后果时，可将 α 取得大一点.例如，在雷达预警系统中，漏报敌人飞行器入侵是十分严重的错误，这时 α 要取得小一点；又如，在判别药品是否合格时，取伪的危害性很大，这时 α 便要取得大一些，虽然引起经济上的损失的可能性会大一些，但危及生命的可能性便减小了.

§7.2　单个正态总体的假设检验

7.2.1　单个正态总体数学期望的假设检验

1.σ 已知时，关于 μ 的假设检验——U 检验法（U-test）

设总体 $X \sim N(\mu,\ \sigma^2)$，方差 σ^2 已知，检验假设

$$H_0:\ \mu = \mu_0;\quad H_1:\ \mu \neq \mu_0\ （\mu_0 \text{为已知常数}）.$$

由于 $\dfrac{\bar{X} - \mu}{\sigma / \sqrt{n}} \sim N(0,\ 1)$，构造检验统计量

$$U = \frac{\bar{X} - \mu_0}{\sigma / \sqrt{n}}.$$

当假设 H_0 为真（即 $\mu = \mu_0$ 正确）时，$U \sim N(0,\ 1)$，所以对于给定的显著水平 α，可求 $z_{\frac{\alpha}{2}}$ 使

$$P\{|U| > z_{\frac{\alpha}{2}}\} = \alpha.$$

如图 7-2-1 所示，即

$$P\{U < -z_{\frac{\alpha}{2}}\} + P\{U > z_{\frac{\alpha}{2}}\} = \alpha.$$

从而有

$$P\{U > z_{\frac{\alpha}{2}}\} = \frac{\alpha}{2},$$

$$P\{U \leqslant z_{\frac{\alpha}{2}}\} = 1 - \frac{\alpha}{2}.$$

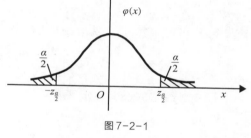

图 7-2-1

利用概率 $1 - \dfrac{\alpha}{2}$，反查标准正态分布函数表，得上 $\dfrac{\alpha}{2}$ 分位点（即临界值）$\dfrac{\alpha}{2}$ 及上 $1 - \dfrac{\alpha}{2}$ 分位点 $-z_{\frac{\alpha}{2}}$.

与此同时，利用样本观察值 $x_1,\ x_2,\ \cdots,\ x_n$ 计算统计量 U 的观察值

$$u = \frac{\bar{x} - \mu_0}{\sigma / \sqrt{n}}.$$

如果 $|u| > z_{\frac{\alpha}{2}}$，则在显著性水平 α 下，拒绝原假设 H_0（接受备择假设 H_1），所以 $|u| > z_{\frac{\alpha}{2}}$ 便是 H_0 的拒绝域.

如果 $|u| \leqslant z_{\frac{\alpha}{2}}$，则在显著性水平 α 下，接受原假设 H_0，认为 H_0 正确.

这里我们利用 H_0 为真时服从标准正态分布的统计量 U 来确定拒绝域，这种检验法称为 U 检验法（或称 Z 检验法）.例 7-1 中我们所用的方法就是 U 检验法.

概括以上过程，得到 **U 检验法步骤**如下：

（1）提出待检验的假设，$H_0:\ \mu = \mu_0;\ H_1:\ \mu \neq \mu_0$.

（2）当 H_0 成立时，选取统计量 $U=\dfrac{\bar{X}-\mu_0}{\sigma/\sqrt{n}}\sim N(0,1)$.

（3）给定显著性水平 α，查标准正态分布表得临界值 $z_{\frac{\alpha}{2}}$，使 $P\{|U|>z_{\frac{\alpha}{2}}\}=\alpha$，于是拒绝域为 $(-\infty,-z_{\frac{\alpha}{2}})\bigcup(z_{\frac{\alpha}{2}},+\infty)$.

（4）根据样本值计算统计量 U 的观察值 u.

（5）给出结论，如果 $|u|>z_{\frac{\alpha}{2}}$，那么拒绝 H_0，否则接受 H_0.

为了熟悉这类假设检验的具体做法，下面再举一例.

例 7-2[弹壳直径] 某种弹壳直径 X 的标准为 $\mu_0=8\mathrm{mm}$，$\sigma=0.09\mathrm{mm}$；今从一批弹壳中任取 9 枚，测得直径（单位：mm）为

$$7.92,\quad 7.94,\quad 7.90,\quad 7.93,\quad 7.92,\quad 7.92,\quad 7.93,\quad 7.91,\quad 7.94.$$

根据历史资料，可认为弹壳直径 X 服从正态分布，其标准差也符合标准. 试问：这批弹壳直径是否符合标准？（$\alpha=0.05$）

解：（1）提出假设

$$H_0:\mu=\mu_0=8;\quad H_1:\mu\neq\mu_0.$$

（2）当 H_0 成立时，选取统计量

$$U=\frac{\bar{X}-\mu_0}{\sigma/\sqrt{n}}=\frac{\bar{X}-8}{0.09}\sqrt{9}\sim N(0,1).$$

（3）对给定的显著性水平 $\alpha=0.05$，求 $z_{\frac{\alpha}{2}}$ 使

$$P\{|U|>z_{\frac{\alpha}{2}}\}=\alpha,$$

由标准正态分布表得双侧临界值 $z_{\frac{\alpha}{2}}=1.96$.

（4）计算统计量 U 的观察值：

$$\bar{x}=\frac{1}{9}(7.92+7.94+\cdots+7.94)=7.923,$$

$$u=\frac{7.923-8}{0.09}\sqrt{9}=-2.57.$$

（5）$|u|=\left|\dfrac{7.923-8}{0.09}\sqrt{9}\right|=2.57>1.96$，故拒绝原假设 H_0，即认为这批弹壳的直径不符合标准.

2. σ 未知时，关于 μ 的假设检验——T 检验法（T-test）

设总体 $X\sim N(\mu,\sigma^2)$，方差 σ^2 未知，检验假设

$$H_0:\mu=\mu_0;\quad H_1:\mu\neq\mu_0\quad(\mu_0\text{ 为已知常数}).$$

由于 σ^2 未知，$\dfrac{\bar{X}-\mu_0}{\sigma/\sqrt{n}}$ 便不再是统计量，这时我们自然想到用 σ^2 的无偏估计量——样本方差 S^2 代替 σ^2. 由于

$$\frac{\bar{X}-\mu}{S/\sqrt{n}}\sim t(n-1),$$

构造检验统计量

$$T = \frac{\bar{X} - \mu_0}{S/\sqrt{n}} \sim t(n-1).$$

当假设 H_0 为真（即 $\mu = \mu_0$ 正确）时，$T \sim t(n-1)$，对于给定的显著水平 α，有

$$P\{|T| > t_{\frac{\alpha}{2}}(n-1)\} = \alpha,$$

$$P\{T > t_{\frac{\alpha}{2}}(n-1)\} = \frac{\alpha}{2}.$$

如图 7-2-2 所示，直接查 t 分布表得上 $\frac{\alpha}{2}$ 分位点 $t_{\frac{\alpha}{2}}(n-1)$.

与此同时，利用样本观察值 x_1，x_2，$\cdots$，x_n 计算统计量 T 的观察值

$$t = \frac{\bar{x} - \mu_0}{s/\sqrt{n}}.$$

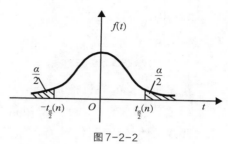

图 7-2-2

如果 $|t| > t_{\frac{\alpha}{2}}(n-1)$，则在显著性水平 α 下，拒绝原假设 H_0（接受备择假设 H_1）.

如果 $|t| \leqslant t_{\frac{\alpha}{2}}(n-1)$，则在显著性水平 α 下，接受原假设 H_0，认为 H_0 正确.

上述利用 T 统计量得出的检验方法称为 T 检验法.

概括以上过程，得到 T 检验法步骤如下：

(1) 提出待检验的假设 H_0：$\mu = \mu_0$；H_1：$\mu \neq \mu_0$.

(2) 当 H_0 成立时，选取统计量 $T = \dfrac{\bar{X} - \mu_0}{S/\sqrt{n}} \sim t(n-1)$.

(3) 根据给定的显著性水平 α，查 t 分布表得双侧临界值 $t_{\frac{\alpha}{2}}(n-1)$，拒绝域为 $|T| > t_{\frac{\alpha}{2}}(n-1)$.

(4) 根据样本值计算统计量 T 的观察值 t.

(5) 做出判断：当 $|t| > t_{\frac{\alpha}{2}}(n-1)$ 时拒绝 H_0，否则接受 H_0.

例 7-3[打包机工作] 某化肥厂用自动打包机打包，每包标准重量为 100kg. 每天开工后需要检验打包机工作是否正常，即检查打包机是否有系统偏差. 某日开工后，测得 9 包化肥重量（单位：kg）如下：

$$99.5,\ 98.7,\ 100.6,\ 101.1,\ 98.5,\ 99.6,\ 99.7,\ 102.1,\ 100.6.$$

问：该日打包机工作是否正常？设显著性水平 $\alpha = 0.05$，包重服从正态分布.

解：（1）提出假设，H_0：$\mu = \mu_0 = 100$；H_1：$\mu \neq \mu_0$. 方差 σ^2 未知，总体服从正态分布.

（2）选取统计量 $T = \dfrac{\bar{X} - \mu_0}{S/\sqrt{n}} = \dfrac{\bar{X} - 100}{S}\sqrt{9} \sim t(8).$

（3）在显著性水平 $\alpha = 0.05$ 下，查 t 分布表得双侧临界值 $t_{\frac{\alpha}{2}}(8) = 2.306$，则拒绝域为 $|T| > 2.306$.

（4）计算统计量 T 的观察值：

$$\bar{x} = \frac{1}{9}(99.5 + 98.7 + \cdots + 100.6) = 100.044,$$

$$s^2 = \frac{1}{8}[(99.5 - 100.2)^2 + (98.7 - 100.2)^2 + \cdots + (100.6 - 100.2)^2] = 1.35,$$

$$s = \sqrt{s^2} = \sqrt{1.37} = 1.16,$$

$$t = \frac{100.044 - 100}{1.16}\sqrt{9} = 0.114.$$

（5）因为 $|t| = 0.114 < 2.306$，则接受原假设 H_0，即在显著性水平 $\alpha = 0.05$ 下，打包机工作正常.

3.双边检验与单边检验

在前面讨论的假设检验中，$H_0: \mu = \mu_0$，而备择假设 $H_1: \mu \neq \mu_0$，也就是说 μ 可能大于 μ_0，也可能小于 μ_0，称为**双边备择假设**，而形如 $H_0: \mu = \mu_0$；$H_1: \mu \neq \mu_0$ 的假设检验称为**双边检验**.有时我们只关心总体均值是否增大，例如，试验某新工艺是否有利于提高材料的强度，这时所考虑的总体均值应该越大越好，如果我们能判断在新工艺下总体均值较以往正常生产的大，则可考虑采用新工艺.此时，我们需要检验假设

$$H_0: \mu \leqslant \mu_0; \quad H_1: \mu > \mu_0.$$

上述形式的假设检验，称为右边检验；类似地，有时我们需要检验假设

$$H_0: \mu \geqslant \mu_0; \quad H_1: \mu < \mu_0.$$

上述形式的假设检验，称为左边检验.右边检验与左边检验统称为单边检验.

下面我们讨论单边检验的拒绝域.首先我们求检测问题 $H_0: \mu \leqslant \mu_0$；$H_1: \mu > \mu_0$ 的拒绝域.

设总体 $X \sim N(\mu, \sigma^2)$，方差 σ^2 已知，$x_1, x_2, \cdots, x_n$ 是来自 X 的样本观察值，对给定的显著性水平 α，取检验统计量 $U = \dfrac{\bar{X} - \mu_0}{\sigma/\sqrt{n}}$，注意到 H_0 中的全部 μ 都比 H_1 中的 μ 要小，由于 $\bar{X}$ 是 μ 的无偏估计，当 H_1 为真时，观察值 $\bar{x}$ 往往偏大，从而 U 也偏大，因此拒绝域的形式为

$$U = \frac{\bar{X} - \mu_0}{\sigma/\sqrt{n}} > k, \quad k \text{待定}.$$

因为当 H_0 为真时，$U = \dfrac{\bar{X} - \mu_0}{\sigma/\sqrt{n}} \sim N(0, 1)$，有

$$P\{\text{拒绝}H_0 | H_0\text{为真}\} = P\left\{\frac{\bar{X} - \mu_0}{\sigma/\sqrt{n}} > k\right\} = \alpha.$$

由标准正态分布的上 α 分位点知，$k = z_\alpha$，故拒绝域为

$$U = \frac{\bar{X} - \mu_0}{\sigma / \sqrt{n}} > z_a.$$

类似地，左边检验问题

$$H_0:\ \mu \geqslant \mu_0; \qquad H_1:\ \mu < \mu_0$$

的拒绝域为

$$U = \frac{\bar{X} - \mu_0}{\sigma / \sqrt{n}} < -z_a.$$

例 7-4[质量检测]　某食品厂生产的番茄汁罐头中维生素 C 含量服从正态分布 $N(\mu, \sigma^2)$.按照规定，维生素 C 的平均含量必须大于 21mg.现从一批罐头中抽了 17 罐，测得维生素 C 含量的平均值为 $\bar{x} = 23$mg，根据生产经验知 $\sigma = 4$.问该批罐头中维生素 C 含量是否合格？（$\alpha = 0.05$）

解： 此题不能用双边检验，因为当 $\mu > 21$ 时，罐头中维生素 C 含量是合格的.

（1）提出假设

$$H_0:\ \mu \leqslant \mu_0 = 21; \qquad H_1:\ \mu > 21.$$

（2）当 H_0 成立时，选取统计量，则有

$$Z = \frac{\bar{X} - \mu_0}{\sigma / \sqrt{n}} = \frac{\bar{X} - 21}{4} \sqrt{17} \sim N(0,\ 1).$$

（3）对给定的显著性水平 $\alpha = 0.05$，求 z_a 使

$$P\{Z > z_a\} = \alpha,$$

由标准正态分布表得 $z_a = z_{0.05} = 1.645$.

（4）计算统计量 Z 的观察值 $z = \dfrac{23 - 21}{4} \sqrt{17} = 2.06$.

（5）$u = 2.06 > 1.645$，故拒绝原假设 H_0，即认为该批罐头中维生素 C 含量合格.

7.2.2　单个正态总体方差的假设检验（χ^2 检验法）

1. μ 已知时，关于 σ^2 的假设检验

设总体 $X \sim N(\mu,\ \sigma^2)$，μ 已知，$X_1,\ X_2,\ \cdots,\ X_n$ 是来自总体 X 的一个样本，提出待检假设

$$H_0:\ \sigma^2 = \sigma_0{}^2; \qquad H_1:\ \sigma^2 \neq \sigma_0{}^2.$$

由于 $X_i \sim N(\mu,\ \sigma^2)$，从而 $\dfrac{X_i - \mu}{\sigma} \sim N(0,\ 1)$，由 χ^2 分布的定义可知

$$\frac{1}{\sigma^2} \sum_{i=1}^{n} (X_i - \mu)^2 \sim \chi^2(n).$$

选取检验统计量，则有

$$\chi^2 = \frac{1}{\sigma_0{}^2} \sum_{i=1}^{n} (X_i - \mu)^2.$$

当假设 H_0 为真时，$\chi^2 = \dfrac{1}{\sigma_0{}^2} \sum_{i=1}^{n} (X_i - \mu)^2 \sim \chi^2(n)$，对于给定的显著水平 α，有

$$P\{(\chi^2 < \chi^2_{1-\frac{\alpha}{2}}(n))\cup(\chi^2 > \chi^2_{\frac{\alpha}{2}}(n))\} = \alpha.$$

如图 7-2-3 所示，查 χ^2 分布表可得分位点 $\chi^2_{1-\frac{\alpha}{2}}(n)$，$\chi^2_{\frac{\alpha}{2}}(n)$.则 H_0 的拒绝域为

$$W = \left\{\chi^2 < \chi^2_{1-\frac{\alpha}{2}}(n)\cup\chi^2 > \chi^2_{\frac{\alpha}{2}}(n)\right\}.$$

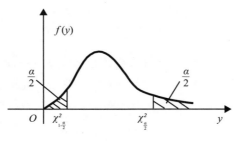

图 7-2-3

2. μ 未知时，关于 σ^2 的假设检验

1）双边检验

设总体 $X \sim N(\mu, \sigma^2)$，μ 未知，X_1，X_2，$\cdots$，X_n 是来自总体 X 的一个样本，提出待检假设

$$H_0: \sigma^2 = \sigma_0^2; \qquad H_1: \sigma^2 \neq \sigma_0^2.$$

由于 μ 未知，而样本方差 S^2 是 σ^2 的无偏估计，当 H_0 为真时，比值 $\dfrac{S^2}{\sigma_0^2}$ 一般来说应在 1 附近摆动，而不应过分大于 1 或过分小于 1，构造检验统计量

$$\chi^2 = \frac{(n-1)S^2}{\sigma_0^2}.$$

当 H_0 为真时，$\chi^2 = \dfrac{(n-1)S^2}{\sigma_0^2} \sim \chi^2(n-1)$，对于给定的显著性水平 α，有

$$P\left\{(\chi^2 < \chi^2_{1-\frac{\alpha}{2}}(n-1))\cup(\chi^2 > \chi^2_{\frac{\alpha}{2}}(n-1))\right\} = \alpha.$$

查 χ^2 分布表可得分位点 $\chi^2_{1-\frac{\alpha}{2}}(n)$，$\chi^2_{\frac{\alpha}{2}}(n)$.则 H_0 的拒绝域为

$$W = \left\{\chi^2 < \chi^2_{1-\frac{\alpha}{2}}(n-1)\cup\chi^2 > \chi^2_{\frac{\alpha}{2}}(n-1)\right\}.$$

这种用服从 χ^2 分布的统计量对单个正态总体方差进行假设检验的方法，称为 χ^2 检验法.综上所述，我们得到 χ^2 检验法的步骤如下：

（1）提出待检假设 $H_0: \sigma^2 = \sigma_0^2$；$H_1: \sigma^2 \neq \sigma_0^2$.

（2）在 H_0 成立时，选取统计量

$$\chi^2 = \frac{1}{\sigma_0^2}\sum_{i=1}^{n}(X_i - \mu)^2 \ (\mu\text{已知}) \quad \text{或} \quad \chi^2 = \frac{(n-1)S^2}{\sigma_0^2} \sim \chi^2(n-1) \ (\mu\text{未知}).$$

（3）根据给定的显著性水平 α，查表确定出临界值 $\chi^2_{\frac{\alpha}{2}}(n)(\chi^2_{\frac{\alpha}{2}}(n-1))$，$\chi^2_{1-\frac{\alpha}{2}}(n)$

$(\chi^2_{1-\frac{\alpha}{2}}(n-1))$.

（4）根据样本值计算出统计量 $\chi^2=\dfrac{1}{\sigma_0{}^2}\sum_{i=1}^{n}(x_i-\mu)^2$ 或 $\chi^2=\dfrac{(n-1)s^2}{\sigma_0{}^2}$ 的值．

（5）做比较下结论：如果 $\chi^2>\chi^2_{\frac{\alpha}{2}}(n)(\chi^2_{\frac{\alpha}{2}}(n-1))$ 或 $\chi^2<\chi^2_{1-\frac{\alpha}{2}}(n)(\chi^2_{1-\frac{\alpha}{2}}(n-1))$，那么拒绝 H_0，否则接受 H_0．

例 7-5[电子产品检验] 某厂生产一种电子产品，此产品的某个指标服从正态分布 $N(\mu,\sigma^2)$，现从中抽取容量 $n=8$ 的一个样本，测得样本均值 $\bar{x}=61.125$，样本方差 $s^2=93.268$．取显著性水平 $\alpha=0.05$，试就 $\mu=60$ 和 μ 未知这两种情况检验假设 $\sigma^2=8^2$．

解： 检验假设：

$$H_0:\ \sigma^2=\sigma_0{}^2=8^2;\qquad H_1:\ \sigma^2\neq 8^2.$$

（1）当 $\mu=60$ 已知时，在原假设 $\sigma^2=8^2$ 的条件下，选取统计量，则有

$$\chi^2=\frac{1}{\sigma_0{}^2}\sum_{i=1}^{n}(X_i-\mu)^2\sim\chi^2(n).$$

由显著水平 $\alpha=0.05$，查表得

$$\chi^2_{\frac{\alpha}{2}}(n)=\chi^2_{0.025}(8)=17.535,\quad \chi^2_{1-\frac{\alpha}{2}}(n)=\chi^2_{0.975}(8)=2.180.$$

于是，接受域为 $[2.180,17.535]$，拒绝域为 $(0,2.180)\cup(17.535,+\infty)$．

我们注意到，$\sum_{i=1}^{n}(x_i-\mu)^2=\sum_{i=1}^{n}[(x_i-\bar{x})+(\bar{x}-\mu)]^2=\sum_{i=1}^{n}(x_i-\bar{x})^2+n(\bar{x}-\mu)^2$，

同时 $\sum_{i=1}^{n}(x_i-\bar{x})^2=(n-1)s^2$．由 $\bar{x}=61.125$，$s^2=93.268$，可得检验统计量的观察值为 $\chi^2=\dfrac{1}{8^2}\sum_{i=1}^{8}(x_i-60)^2=10.3594$，它不在拒绝域内，故接受 H_0，即认为电子产品的方差 $\sigma^2=8^2$．

（2）当 μ 未知时，选取统计量，则有

$$\chi^2=\frac{(n-1)S^2}{\sigma_0{}^2}\sim\chi^2(n-1).$$

由显著水平 $\alpha=0.05$，查表得

$$\chi^2_{\frac{\alpha}{2}}(n-1)=\chi^2_{0.025}(7)=16.013,\quad \chi^2_{1-\frac{\alpha}{2}}(n-1)=\chi^2_{0.975}(7)=1.690.$$

于是，接受域为 $[1.690,16.013]$，拒绝域为 $(0,1.690)\cup(16.013,+\infty)$．由 $s^2=93.268$，可得 χ^2 分布的观察值 $\chi^2=\dfrac{(8-1)\times 93.268}{8^2}=10.2012$，它不在拒绝域内，故接受 H_0，即认为电子产品的方差 $\sigma^2=8^2$．

2）单边检验（右检验或左检验）

设总体 $X\sim N(\mu,\sigma^2)$，μ 未知，检验假设

$$H_0:\ \sigma^2\leqslant\sigma_0{}^2;\qquad H_1:\ \sigma^2>\sigma_0{}^2（右检验）.$$

由于 $X\sim N(\mu,\sigma^2)$，故随机变量

$$\chi^{*2} = \frac{(n-1)S^2}{\sigma^2} \sim \chi^2(n-1).$$

当 H_0 为真时，检验统计量

$$\chi^2 = \frac{(n-1)S^2}{\sigma_0{}^2} \leqslant \chi^{*2}.$$

对于显著性水平 α，有

$$P\{\chi^{*2} > \chi_\alpha^2(n-1)\} = \alpha.$$

如图 7-2-4 所示，于是有

$$P\{\chi^2 > \chi_\alpha^2(n-1)\} \leqslant P\{\chi^{*2} > \chi_\alpha^2(n-1)\} = \alpha.$$

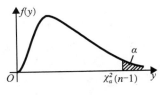

图 7-2-4

由此可见，当 α 很小时，事件 $\{\chi^2 > \chi_\alpha^2(n-1)\}$ 是小概率事件，即在一次的抽样中认为是不可能发生的，所以 H_0 的拒绝域为

$$\chi^2 = \frac{(n-1)S^2}{\sigma_0{}^2} > \chi_\alpha^2(n-1) \qquad (右检验).$$

类似地，我们可得左检验假设 H_0：$\sigma^2 \geqslant \sigma_0{}^2$；$H_1$：$\sigma^2 < \sigma_0{}^2$ 的拒绝域为

$$\chi^2 = \frac{(n-1)S^2}{\sigma_0{}^2} < \chi_{1-\alpha}^2(n-1) \qquad (左检验).$$

例 7-6[保险丝检测] 某电工器材厂生产一批保险丝，取 10 根测得其熔化时间（单位：分钟）为 42，65，75，78，59，57，68，54，55，71. 问是否可以认为整批保险丝的熔化时间的方差大于 80？取 $\alpha = 0.05$，熔化时间 $X \sim N(\mu, \sigma^2)$.

解：(1) 提出假设：

$$H_0: \sigma^2 \leqslant \sigma_0{}^2 = 80; \qquad H_1: \sigma^2 > 80.$$

(2) 选取检验统计量，则有

$$\chi^2 = \frac{(n-1)S^2}{\sigma_0{}^2},$$

$$\chi^{*2} = \frac{(n-1)S^2}{\sigma^2} \sim \chi^2(n-1),$$

且当 H_0 为真时，$\chi^2 \leqslant \chi^{*2}$.

(3) 对给定的显著性水平 $\alpha = 0.05$，查 χ^2 分布表得

$$\chi_\alpha^2(n-1) = \chi_{0.05}^2(9) = 16.919,$$

故拒绝域为

$$\chi_\alpha^2 > \chi_\alpha^2(n-1) = 16.919.$$

（4）计 算 统 计 量 χ^2 的 观 察 值 ，由 于 $\bar{x}=62.4$, $s^2=\dfrac{1}{n-1}\sum\limits_{i=1}^{n}(x_i-\bar{x})^2=$ $\dfrac{1}{9}\sum\limits_{i=1}^{10}(x_i-62.4)^2=121.8$，则 $\chi^2=\dfrac{(n-1)S^2}{\sigma_0{}^2}=\dfrac{9\times121.8}{80}=13.7.$

（5）做出判断：由于 $\chi^2=13.7<16.919$，故接受 H_0，即认为整批保险丝的熔化时间的方差不大于80.

例 7-7[加工精度]　自动车床加工某种零件的直径（单位：mm）服从正态分布 $N(\mu,\ \sigma^2)$，原来的加工精度 $\sigma^2\leqslant0.09$.经过一段时间后需要检验其是否保持原来的加工精度，即检验原假设 H_0: $\sigma^2\leqslant0.09$.为此，从该车床加工的零件中抽取30个，测得数据如表7-2-1所示.

表7-2-1

零件直径/mm	9.2	9.4	9.6	9.8	10.0	10.2	10.4	10.6	10.8
频数	1	1	3	6	7	5	4	2	1

问加工精度是否变差？（$\alpha=0.05$）

解：（1）提出假设：
$$H_0:\ \sigma^2\leqslant\sigma_0{}^2=0.09;\qquad H_1:\ \sigma^2>0.09.$$
（2）选取检验统计量
$$\chi^2=\frac{(n-1)S^2}{\sigma_0^2},$$
$$\chi^{*2}=\frac{(n-1)S^2}{\sigma^2}\sim\chi^2(n-1),$$
且当 H_0 为真时，$\chi^2\leqslant\chi^{*2}$.

（3）对给定的显著性水平 $\alpha=0.05$，查 χ^2 分布表得
$$\chi_\alpha^2(n-1)=\chi_{0.05}^2(29)=42.557,$$
故拒绝域为
$$\chi_\alpha^2>\chi_\alpha^2(n-1)=42.557.$$
（4）计算统计量 χ^2 的观察值，由于样本方差 $s^2=0.1344$，则
$$\chi^2=\frac{(n-1)s^2}{\sigma_0{}^2}=\frac{29\times0.1344}{0.09}=43.307.$$
（5）做出判断：由于 $\chi^2=43.307>42.557$，故拒绝原假设 H_0 而接受备择假设 H_1，即认为该自动车床的加工精度变差了.

关于单个正态总体的假设检验可列于表7-2-2中.

表7-2-2

检验参数	条件	H_0	H_1	H_0 的拒绝域	检验用的统计量	自由度	分位点
数学期望	σ^2 已知	$\mu=\mu_0$ $\mu\leqslant\mu_0$ $\mu\geqslant\mu_0$	$\mu\neq\mu_0$ $\mu>\mu_0$ $\mu<\mu_0$	$\lvert U\rvert>z_{\alpha/2}$ $U>z_\alpha$ $U<-z_\alpha$	$U=\dfrac{\bar{X}-\mu_0}{\sigma/\sqrt{n}}$		$\pm z_{\alpha/2}$ z_α $-z_\alpha$

续表

检验参数	条件	H_0	H_1	H_0 的拒绝域	检验用的统计量	自由度	分位点
数学期望	σ^2 未知	$\mu=\mu_0$ $\mu\leqslant\mu_0$ $\mu\geqslant\mu_0$	$\mu\neq\mu_0$ $\mu>\mu_0$ $\mu<\mu_0$	$\lvert T\rvert>t_{\alpha/2}$ $T>t_\alpha$ $T<-t_\alpha$	$T=\dfrac{\bar{X}-\mu_0}{S/\sqrt{n}}$	$n-1$	$\pm t_{\alpha/2}$ t_α $-t_\alpha$
方差	μ 未知	$\sigma^2=\sigma_0^2$ $\sigma^2\leqslant\sigma_0^2$ $\sigma^2\geqslant\sigma_0^2$	$\sigma^2\neq\sigma_0^2$ $\sigma^2>\sigma_0^2$ $\sigma^2<\sigma_0^2$	$\begin{cases}\chi^2>\chi_{\alpha/2}^2\\ \chi^2<\chi_{1-\alpha/2}^2\end{cases}$ $\chi^2>\chi_\alpha^2$ $\chi^2<\chi_{1-\alpha}^2$	$\chi^2=\dfrac{(n-1)S^2}{\sigma_0^2}$	$n-1$	$\begin{cases}\chi_{\alpha/2}^2\\ \chi_{1-\alpha/2}^2\end{cases}$ χ_α^2 $\chi_{1-\alpha}^2$
方差	μ 已知	$\sigma^2=\sigma_0^2$ $\sigma^2\leqslant\sigma_0^2$ $\sigma^2\geqslant\sigma_0^2$	$\sigma^2\neq\sigma_0^2$ $\sigma^2>\sigma_0^2$ $\sigma^2<\sigma_0^2$	$\begin{cases}\chi^2>\chi_{\alpha/2}^2\\ \chi^2<\chi_{1-\alpha/2}^2\end{cases}$ $\chi^2>\chi_\alpha^2$ $\chi^2<\chi_{1-\alpha}^2$	$\chi^2=\dfrac{\sum\limits_{i=1}^{n}(x_i-\mu)^2}{\sigma_0^2}$	n	$\begin{cases}\chi_{\alpha/2}^2\\ \chi_{1-\alpha/2}^2\end{cases}$ χ_α^2 $\chi_{1-\alpha}^2$

注:表中的 H_0 中的不等号改为等号,所得的拒绝域不变.

§7.3　两个正态总体的假设检验

上一节介绍了单个正态总体的数学期望和方差的检验问题,在实际工作中还常常需要比较两总体的参数是否存在显著差异.比如,两个农作物品种的产量、两种电子元件的使用寿命、两种加工工艺对产品质量的影响等,这类问题的解法类似于单个正态总体的情况.

设 $X\sim N(\mu_1,\sigma_1^2)$,$Y\sim N(\mu_2,\sigma_2^2)$,且 X,Y 相互独立,$(X_1,X_2,\cdots,X_{n_1})$,$(Y_1,Y_2,\cdots,Y_{n_2})$ 分别是总体 X,Y 的样本,且样本均值和样本方差分别为

$$\bar{X}=\frac{1}{n_1}\sum_{i=1}^{n_1}X_i,\qquad\qquad \bar{Y}=\frac{1}{n_2}\sum_{j=1}^{n_2}Y_j$$

$$S_1^2=\frac{1}{n_1-1}\sum_{i=1}^{n_1}(X_i-\bar{X})^2,\quad S_2^2=\frac{1}{n_2-1}\sum_{j=1}^{n_2}(Y_j-\bar{Y})^2.$$

7.3.1　两个正态总体数学期望的假设检验

1. σ_1^2 和 σ_2^2 已知,关于 μ_1,μ_2 的假设检验（U 检验法）

现检验假设

$$H_0:\mu_1=\mu_2,\qquad H_1:\mu_1\neq\mu_2.$$

由于 $(X_1,X_2,\cdots,X_{n1})$,$(Y_1,Y_2,\cdots,Y_{n2})$ 分别为 X,Y 的样本,则

$$\bar{X} \sim N(\mu_1, \frac{\sigma_1^2}{n_1}), \qquad \bar{Y} \sim N(\mu_2, \frac{\sigma_2^2}{n_2}),$$

$$E(\bar{X} - \bar{Y}) = \mu_1 - \mu_2, \qquad D(\bar{X} - \bar{Y}) = \frac{\sigma_1^2}{n_1} + \frac{\sigma_2^2}{n_2}.$$

从而随机变量 $\bar{X} - \bar{Y}$ 也服从正态分布，即

$$\bar{X} - \bar{Y} \sim N(\mu_1 - \mu_2, \frac{\sigma_1^2}{n_1} + \frac{\sigma_2^2}{n_2}),$$

所以

$$\frac{(\bar{X} - \bar{Y}) - (\mu_1 - \mu_2)}{\sqrt{\frac{\sigma_1^2}{n_1} + \frac{\sigma_2^2}{n_2}}} \sim N(0, 1).$$

对于方差已知，**两个正态总体数学期望比较的 U 检验法的步骤**如下：

（1）提出检验假设 H_0: $\mu_1 = \mu_2$; H_1: $\mu_1 \neq \mu_2$.

（2）当 H_0 成立时，选取统计量 $U = \dfrac{\bar{X} - \bar{Y}}{\sqrt{\frac{\sigma_1^2}{n_1} + \frac{\sigma_2^2}{n_2}}} \sim N(0, 1)$.

（3）给定显著性水平 α，查标准正态分布表得临界值 $z_{\frac{\alpha}{2}}$，使 $P\{|U| > z_{\frac{\alpha}{2}}\} = \alpha$，于是拒绝域为 $|U| > z_{\frac{\alpha}{2}}$.

（4）根据样本值计算统计量 U 的观察值 $u = \dfrac{\bar{x} - \bar{y}}{\sqrt{\frac{\sigma_1^2}{n_1} + \frac{\sigma_2^2}{n_2}}}$.

（5）给出结论，如果 $|u| > z_{\frac{\alpha}{2}}$，那么拒绝 H_0，否则接受 H_0.

例 7-8[成分检测] 某卷烟厂向化验室送去 A，B 两种烟草，化验尼古丁的含量是否相同，从 A，B 中各随机抽取重量相同的 5 种进行化验，测得尼古丁的含量（单位：mg）分布为 A：24，27，26，21，24；B：27，28，23，31，26. 据经验知，两种烟草中尼古丁的含量均服从正态分布，且相互独立，A 种和 B 种的方差分别为 5 和 8. 问两种烟草尼古丁含量是否有显著差异？（取 $\alpha = 0.05$）

解： 以 X，Y 分别表示 A，B 两种烟草的尼古丁含量，则

$$X \sim N(\mu_1, \sigma_1^2), \quad Y \sim N(\mu_2, \sigma_2^2),$$

且 X 与 Y 相互独立.

（1）提出假设，H_0: $\mu_1 = \mu_2$; H_1: $\mu_1 \neq \mu_2$.

（2）当 H_0 成立时，选取统计量

$$U = \frac{\bar{X} - \bar{Y}}{\sqrt{\frac{\sigma_1^2}{n_1} + \frac{\sigma_2^2}{n_2}}} \sim N(0, 1).$$

（3）对给定的显著性水平 $\alpha = 0.05$，求 $z_{\alpha/2}$ 使 $P\{|U| > z_{\alpha/2}\} = \alpha$，由标准正态分布表

得双侧临界值 $z_{\alpha/2}=1.96$.

（4）计算统计量 U 的观察值，由所给数据计算得 $\bar{x}=24.4$，$\bar{y}=27$，则

$$u=\frac{\bar{x}-\bar{y}}{\sqrt{\dfrac{\sigma_1{}^2}{n_1}+\dfrac{\sigma_2{}^2}{n_2}}}=\frac{24.4-27}{\sqrt{\dfrac{5}{5}+\dfrac{8}{5}}}=-1.612.$$

（5）$|u|=1.612<1.96$，故接受原假设 H_0，即认为两种烟草的尼古丁含量无显著差异.

用 U 检验法对两个正态总体的均值做假设检验时，必须知道总体的方差，但在很多实际问题中总体方差 $\sigma_1{}^2$ 与 $\sigma_2{}^2$ 往往是未知的，这时只能用如下的 T 检验法.

2. $\sigma_1{}^2$ 和 $\sigma_2{}^2$ 未知但 $\sigma_1{}^2=\sigma_2{}^2$，关于 μ_1，μ_2 的假设检验（T 检验法）

若 $\sigma_1{}^2$，$\sigma_2{}^2$ 未知，但已知 $\sigma_1{}^2=\sigma_2{}^2$，现检验假设

$$H_0:\mu_1=\mu_2;\qquad H_1:\mu_1\neq\mu_2.$$

由于 $(X_1,X_2,\cdots,X_{n1})$，$(Y_1,Y_2,\cdots,Y_{n2})$ 分别为 X，Y 的样本，则随机变量

$$T=\frac{(\bar{X}-\bar{Y})-(\mu_1-\mu_2)}{S_w\sqrt{\dfrac{1}{n_1}+\dfrac{1}{n_2}}}\sim t(n_1+n_2-2),$$

其中，$S_w{}^2=\dfrac{(n_1-1)S_1{}^2+(n_2-1)S_2{}^2}{n_1+n_2-2}$；$S_1{}^2$，$S_2{}^2$ 分别是 X 与 Y 的样本方差.为此，我们得到对于方差未知的情况下，两个正态总体数学期望比较的 T 检验法的步骤如下：

（1）提出检验假设，$H_0:\mu_1=\mu_2$；$H_1:\mu_1\neq\mu_2$.

（2）当 H_0 成立时，选取统计量

$$T=\frac{\bar{X}-\bar{Y}}{S_w\sqrt{\dfrac{1}{n_1}+\dfrac{1}{n_2}}}\sim t(n_1+n_2-2).$$

（3）给定显著性水平 α，查 t 分布表得临界值 $t_{\alpha/2}(n_1+n_2-2)$，使

$$P\{|T|>t_{\alpha/2}(n_1+n_2-2)\}=\alpha,$$

于是拒绝域为 $|T|>t_{\alpha/2}(n_1+n_2-2)$.

（4）根据样本值计算统计量 T 的观察值

$$t=\frac{\bar{x}-\bar{y}}{s_w\sqrt{\dfrac{1}{n_1}+\dfrac{1}{n_2}}}.$$

（5）给出结论，如果 $|t|>t_{\alpha/2}(n_1+n_2-2)$，那么拒绝 H_0，否则接受 H_0.

例 7-9[药品疗效检验] 为分析甲、乙两种安眠药的效果，某医院将 20 个失眠病人分成两组，每组 10 人，两组病人分别服用甲、乙两种安眠药做对比试验，试验结果如表 7-3-1 所示，试求两种安眠药的疗效有无显著差异？（$\alpha=0.05$）

表 7-3-1

安眠药	时间/h									
	病人 1	病人 2	病人 3	病人 4	病人 5	病人 6	病人 7	病人 8	病人 9	病人 10
甲	1.9	0.8	1.1	0.1	−0.1	4.4	5.5	1.6	4.6	3.4
乙	0.7	−1.6	−0.2	−1.0	−0.1	3.4	3.7	0.8	0.0	2.0

解： 设服用甲、乙两种安眠药的延长时间分别为 X_1，X_2，且 $X_1 \sim N(\mu_1,\ \sigma^2)$，$X_2 \sim N(\mu_2,\ \sigma^2)$，$n_1 = n_2 = 10$. 由试验方法知 X_1，X_2 独立.

（1）提出假设，H_0：$\mu_1 = \mu_2$；H_1：$\mu_1 \neq \mu_2$.

（2）当 H_0 成立时，选取统计量 $T = \dfrac{\bar{X} - \bar{Y}}{S_w \sqrt{\dfrac{1}{n_1} + \dfrac{1}{n_2}}} \sim t(n_1 + n_2 - 2)$.

（3）对给定的显著性水平 $\alpha = 0.05$，求 $t_{\alpha/2}(n_1 + n_2 - 2)$ 使 $P\{|T| > t_{\alpha/2}(n_1 + n_2 - 2)\} = \alpha$，由 t 分布表得侧临界

$$t_{\alpha/2}(n_1 + n_2 - 2) = t_{0.025}(18) = 2.101.$$

（4）计算统计量 T 的观察值，由表中所给数据，可求得

$$\bar{x}_1 = 2.33, \quad s_1^2 = 2.002^2, \quad \bar{x}_2 = 0.75, \quad s_2^2 = 1.789^2,$$

$$S_w = \sqrt{\frac{9 \times 2.002^2 + 9 \times 1.789^2}{18}} \approx 1.8985, \quad |t| = \frac{2.33 - 0.75}{1.8985 \times \sqrt{\dfrac{1}{10} + \dfrac{1}{10}}} \approx 1.8609.$$

（5）$|t| \approx 1.8609 < t_{0.025}(18) = 2.101$，故接受原假设 H_0，即认为两种安眠药的疗效无显著差异.

7.3.2　两个正态总体方差的假设检验（F 检验法）

设 $X \sim N(\mu_1,\ \sigma_1^2)$，$Y \sim N(\mu_2,\ \sigma_2^2)$ 且 X，Y 相互独立，$(X_1,\ X_2,\ \cdots,\ X_{n_1})$，$(Y_1,\ Y_2,\ \cdots,\ Y_{n_2})$ 分别是总体 X，Y 的样本，μ_1 和 μ_2 未知，现检验假设

$$H_0:\ \sigma_1^2 = \sigma_2^2; \qquad H_1:\ \sigma_1^2 \neq \sigma_2^2.$$

由于 $\dfrac{(n_1 - 1)S_1^2}{\sigma_1^2} \sim \chi^2(n_1 - 1)$，$\dfrac{(n_2 - 1)S_2^2}{\sigma_2^2} \sim \chi^2(n_2 - 1)$，则随机变量

$$\frac{S_1^2/\sigma_1^2}{S_2^2/\sigma_2^2} \sim F(n_1 - 1,\ n_2 - 1).$$

对于期望未知，两个正态总体方差比较的 F 检验法的步骤如下：

（1）提出检验假设，H_0：$\sigma_1^2 = \sigma_2^2$；H_1：$\sigma_1^2 \neq \sigma_2^2$.

（2）当 H_0 成立时，选取统计量 $F = \dfrac{S_1^2}{S_2^2} \sim F(n_1 - 1,\ n_2 - 1)$.

（3）给定显著性水平 α，使 $P\{(F < k_1) \bigcup (F > k_2)\} = \alpha$，一般地，取 $k_1 = F_{1-\alpha/2}(n_1 - 1,\ n_2 - 1)$，$k_2 = F_{\alpha/2}(n_1 - 1,\ n_2 - 1)$，因此拒绝域为 $F < F_{1-\alpha/2}(n_1 - 1,\ n_2 - 1)$ 或 $F > F_{\alpha/2}(n_1 - 1,\ n_2 - 1)$.

（4）根据样本值计算统计量 F 的观察值 $f = \dfrac{s_1^2}{s_2^2}$.

（5）给出结论，如果 $f < F_{1-\alpha/2}(n_1 - 1,\ n_2 - 1)$ 或 $f > F_{\alpha/2}(n_1 - 1,\ n_2 - 1)$，那么拒绝 H_0，否则接受 H_0.

例 7-10[检索检验] 分别用两个不同的计算机系统检索 10 份资料，测得平均检索时间和方差（单位：秒）如下：$\bar{x} = 3.097$，$\bar{y} = 3.179$，$s_x^2 = 2.67$，$s_y^2 = 1.21$. 假定检索时间服从正态分布，问这两个系统检索资料有无明细差别？（$\alpha = 0.05$）

解： 根据题中条件，首先应检验方差的齐性.

（1）提出假设，$H_0:\ \sigma_x^2 = \sigma_y^2$；$H_1:\ \sigma_x^2 \neq \sigma_y^2$.

（2）当 H_0 成立时，选取统计量 $F = \dfrac{S_x^2}{S_y^2} \sim F(n_1 - 1,\ n_2 - 1)$.

（3）对给定的显著性水平 $\alpha = 0.05$，由 F 分布表得
$$F_{0.025}(9,\ 9) = 4.03, \qquad F_{0.975}(9,\ 9) = 0.248,$$
则拒绝域为 $F < 0.248$ 或 $F > 4.03$.

（4）计算统计量 F 的观察值，由题中所给数据，可求得
$$f = \frac{s_x^2}{s_y^2} = \frac{2.67}{1.21} = 2.12.$$

（5）$0.248 < f < 4.03$，故接受原假设 H_0，即认为 $\sigma_x^2 = \sigma_y^2$.

然后验证 $\mu_x = \mu_y$，假设 $H_0:\ \mu_x = \mu_y$；$H_1:\ \mu_x \neq \mu_y$，取统计量
$$T = \frac{\bar{X} - \bar{Y}}{S_w \sqrt{\dfrac{1}{n_1} + \dfrac{1}{n_2}}}.$$

对给定的显著性水平 $\alpha = 0.05$，由 t 分布表得侧临界 $t_{\alpha/2}(n_1 + n_2 - 2) = t_{0.025}(18) = 2.101$. 由题目中给出的数据，可求得
$$s_w = 1.94, \qquad |t| = \frac{3.179 - 3.097}{1.94 \times \sqrt{\dfrac{1}{10} + \dfrac{1}{10}}} = 0.0945 < 2.101,$$

故接受原假设 H_0，即这两个系统检索资料无明显差异.

注： 在 μ_1 和 μ_2 已知的情况下，要检验假设 $H_0:\ \sigma_1^2 = \sigma_2^2$；$H_1:\ \sigma_1^2 \neq \sigma_2^2$，其检验方法与均值未知的情况下类同，此时所采用的检验统计量是
$$F = \frac{\dfrac{1}{n_1}\sum_{i=1}^{n_1}(X_i - \mu_1)^2}{\dfrac{1}{n_2}\sum_{j=1}^{n_2}(Y_j - \mu_2)^2} \sim F(n_1,\ n_2).$$

其拒绝域参看表 7-3-2.

表 7-3-2

检验参数	条件	H_0	H_1	H_0 的拒绝域	检验用的统计量	自由度	分位点
数学期望	σ_1^2, σ_2^2 已知	$\mu_1 = \mu_2$ $\mu_1 \leqslant \mu_2$ $\mu_1 \geqslant \mu_2$	$\mu_1 \neq \mu_2$ $\mu_1 > \mu_2$ $\mu_1 < \mu_2$	$\|U\| > z_{\alpha/2}$ $U > z_\alpha$ $U < -z_\alpha$	$U = \dfrac{\bar{X} - \bar{Y}}{\sqrt{\dfrac{\sigma_1^2}{n_1} + \dfrac{\sigma_2^2}{n_2}}}$		$\pm z_{\alpha/2}$ z_α $-z_\alpha$
	$\sigma_1^2 = \sigma_2^2$ 未知	$\mu_1 = \mu_2$ $\mu_1 \leqslant \mu_2$ $\mu_1 \geqslant \mu_2$	$\mu_1 \neq \mu_2$ $\mu_1 > \mu_2$ $\mu_1 < \mu_2$	$\|T\| > t_{\alpha/2}(n-1)$ $T > t_\alpha(n-1)$ $T < -t_\alpha(n-1)$	$T = \dfrac{\bar{X} - \bar{Y}}{S_w \sqrt{\dfrac{1}{n_1} + \dfrac{1}{n_2}}}$	$n_1 + n_2 - 2$	$\pm t_{\alpha/2}$ t_α $-t_\alpha$
方差	μ_1, μ_2 未知	$\sigma_1^2 = \sigma_2^2$ $\sigma_1^2 \leqslant \sigma_2^2$ $\sigma_1^2 \geqslant \sigma_2^2$	$\sigma_1^2 \neq \sigma_2^2$ $\sigma_1^2 > \sigma_2^2$ $\sigma_1^2 < \sigma_2^2$	$\begin{cases} F > F_{\alpha/2} \\ F < F_{1-\alpha/2} \end{cases}$ $F > F_\alpha$ $F < F_{1-\alpha}$	$F = \dfrac{S_1^2}{S_2^2}$	$(n_1 - 1, n_2 - 1)$	$\begin{cases} F_{\alpha/2} \\ F_{1-\alpha/2} \end{cases}$ F_α $F_{1-\alpha}$
	μ_1, μ_2 已知	$\sigma_1^2 = \sigma_2^2$ $\sigma_1^2 \leqslant \sigma_2^2$ $\sigma_1^2 \geqslant \sigma_2^2$	$\sigma_1^2 \neq \sigma_2^2$ $\sigma_1^2 > \sigma_2^2$ $\sigma_1^2 < \sigma_2^2$	$\begin{cases} F > F_{\alpha/2} \\ F < F_{1-\alpha/2} \end{cases}$ $F > F_\alpha$ $F < F_{1-\alpha}$	$F = \dfrac{\dfrac{1}{n_1}\sum\limits_{i=1}^{n_1}(X_i - \mu_1)^2}{\dfrac{1}{n_2}\sum\limits_{j=1}^{n_2}(Y_j - \mu_2)^2}$	(n_1, n_2)	$\begin{cases} F_{\alpha/2} \\ F_{1-\alpha/2} \end{cases}$ F_α $F_{1-\alpha}$

§7.4 总体分布函数的假设检验

上两节中，我们在总体分布形式已知的前提下，讨论了参数的检验问题. 但在实际问题中，有时不能确切地知道总体服从什么类型的分布，此时需要根据样本来检验关于分布的假设. 例如，某钟表厂对生产的钟表进行精确性检查，抽取 100 个钟表做实验，拨准后隔 24 小时以后进行检查，将每个钟表的误差（快或是慢）按秒记录下来，问该厂生产的钟表的误差是否服从正态分布？对这类问题的假设检验，本节介绍由英国统计学家卡尔·皮尔逊提出的 χ^2 检验法.

所谓 χ^2 检验法，是指在总体 X 的分布未知时，根据样本值 $x_1, x_2, \cdots, x_n$ 来检验关于总体分布的假设的一种检验方法. 使用 χ^2 检验法对总体分布进行检验时，我们先提出关于总体分布的假设：

$$H_0: \text{总体} X \text{的分布函数为} F(x);$$
$$H_1: \text{总体} X \text{的分布函数不是} F(x).$$

注：（1）若总体 X 为离散型，则假设相当于

$$H_0: \text{总体} X \text{的分布律为} P\{X = x_i\} = p_i, \quad i = 1, 2, \cdots.$$

（2）若总体 X 为连续型，则假设相当于

$$H_0：总体 X 的概率密度为 f(x).$$

（3）若在原假设 H_0 下，总体分布的形式已知，但有 r 个未知参数，此时需要用极大似然估计法估计参数，然后再做检验.

χ^2 检验法的基本原理和步骤如下：

（1）提出原假设 H_0 和备择假设 H_1.

（2）将在 H_0 下 X 可能取值的全体 Ω 分为 k 个互不相容的事件 A_1，A_2，…，A_k，在 H_0 为真时，可以根据 H_0 中所假设的 X 的分布函数来计算事件 A_i 的概率，得到 $p_i = P(A_i)(i=1, 2, …, k)$.

（3）寻找用于检验的统计量及相应的分布，在 n 次试验中，事件 A_i 出现的频率 $\frac{f_i}{n}$ 与概率 p_i 往往有差异，但由大数定律可以知道，如果样本容量 n 较大（一般要求 n 至少为 50，最好在 100 以上），在 H_0 成立的条件下，$\left|\frac{f_i}{n}-p_i\right|$ 的值应该比较小，基于这种想法，皮尔逊使用

$$\chi^2 = \sum_{i=1}^{k} \frac{(f_i - np_i)^2}{np_i} \tag{7-4-1}$$

作为检验 H_0 的统计量，并证明了定理 7-1.

定理 7-1 若 n 充分大（$n \geqslant 50$），则当 H_0 为真时（不论 H_0 中总体 X 的分布属于什么类型），统计量式（7-4-1）总是近似地服从自由度为 $k-r-1$ 的 χ^2 分布，其中 r 是被估计的参数的个数.

（4）给定显著性水平 α，查 χ^2 分布表得临界值 $\chi_\alpha^2(k-r-1)$，使

$$P\{\chi^2 > \chi_\alpha^2(k-r-1)\} = \alpha,$$

于是拒绝域为 $\chi^2 > \chi_\alpha^2(k-r-1)$.

（5）根据样本值计算统计量 χ^2 的观察值 χ^2.

（6）给出结论，如果 $\chi^2 > \chi_\alpha^2(k-r-1)$，那么拒绝 H_0，即认为总体分布函数不是 $F(x)$；否则接受 H_0.

由于 χ^2 检验法是基于定理 7-1 得到的，所以使用时必须注意 n 不能小于 50.另外，np_i 不能太小，应有 $np_i \geqslant 5$，否则应适当合并 A_i，以满足这个要求.

◎延伸阅读

在通常情况下，人们对社会科学认识的精确性要求不是太高，并且在很多场合，统计方法是唯一能够获得结果的方法.社会科学中的许多问题只能通过统计的方法来解决，而不能通过数学的方法得到结论.统计方法是从事物外在的数量表现上来研究问题的，不涉及事物"本质"的规定性.即统计方法是从试验或观察的结果来看待问题的结果，而不回答为什么会是这样的结果.比如，奥地利生物学家孟德尔进行了长达 8 年之久的豌豆杂交试验，并根据试验结果，运用他的数理知识，发现了遗传的基本规律.

例 7-11[遗传规律检验] 在研究牛的毛色和牛角的有无，这样两对性状分离的现象时，用黑色无角牛与红色有角牛杂交，子二代出现黑色无角牛 192 头，黑色有角牛 78 头，红色无角牛 72 头，红色有角牛 18 头，共 360 头. 问这两对性状是否符合孟德尔遗传规律中 $9 : 3 : 3 : 1$ 的遗传比例？（$\alpha = 0.05$）

解： 现将题中的数据列于表 7-4-1 中.

表 7-4-1

序号	1	2	3	4
种类	黑色无角	黑色有角	红色无角	红色有角
数量/头	192	78	72	18
A_i	A_1	A_2	A_3	A_4

以 X 记各种牛的序号.

（1）提出假设，H_0：X 的分布律为

X	1	2	3	4
p_i	9/16	3/16	3/16	1/16

（2）当 H_0 为真时，将 X 可能取值的全体 Ω 分为 4 个互不相容的事件 A_1，A_2，A_3，A_4，且概率 $p_1 = 9/16$，$p_2 = 3/16$，$p_3 = 3/16$，$p_4 = 1/16$.

试验中，事件 A_i 出现的频数记为 f_i，根据题目中的数据，计算结果如表 7-4-2 所示.

表 7-4-2（$n = 360$）

A_i	f_i	p_i	np_i	$f_i - np_i$	$(f_i - np_i)^2 / np_i$
A_1	192	9/16	202.5	-10.5	0.544
A_2	78	3/16	67.5	10.5	1.633
A_3	72	3/16	67.5	4.5	0.3
A_4	18	1/16	22.5	-4.5	0.9
$\sum$	360	—	—	—	3.377

（3）$k = 4$，取统计量

$$\chi^2 = \sum_{i=1}^{4} \frac{(f_i - np_i)^2}{np_i} \sim \chi^2(3).$$

（4）给定显著性水平 α，查 χ^2 分布表得临界值 $\chi^2_{0.05}(4-1) = 7.815$，于是拒绝域为 $\chi^2 > 7.815$.

（5）根据样本值计算统计量 χ^2 的观察值 $\chi^2 = 3.377$.

（6）给出结论，由于 $\chi^2 = 3.377 < \chi^2_{0.05}(3) = 7.815$，则接受 H_0，即认为两对性状符合孟德尔遗传规律中 $9 : 3 : 3 : 1$ 的遗传比例.

例 7-12[血压检验] 为了研究患某种疾病的 21～59 岁男子的血压（收缩压，单位：mmHg）这一总体 X，抽查了 100 名男子，得 $\bar{x} = 126.3$，$b_2 = 17.75^2$，样本值分组如表 7-4-3 所示.

表 7-4-3

序号	分组	f_i	序号	分组	f_i
1	$(-\infty,\ 99.5)$	5	5	$[129.5,\ 139.5)$	17
2	$[99.5,\ 109.5)$	8	6	$[139.5,\ 149.5)$	9
3	$[109.5,\ 119.5)$	22	7	$[149.5,\ 159.5)$	5
4	$[119.5,\ 129.5)$	27	8	$[159.5,\ +\infty)$	7

取 $\alpha=0.1$，检验 $21\sim59$ 岁男子的血压（收缩压）总体 X 是否服从正态分布？

解：（1）按题意提出假设：H_0：$X\sim N(\mu,\ \sigma^2)$. 由于 μ，σ^2 未知，首先用极大似然估计法，求得其估计值（见例 6-7）：

$$\hat{\mu}=\bar{x}=126.37,\qquad \hat{\sigma}^2=\frac{1}{100}\sum_{i=1}^{100}(x_i-\bar{x})^2=17.75^2.$$

（2）将试验结果的全体分为 A_1，A_2，$\cdots$，A_8 两两互不相容的事件. 若 H_0 为真，$X\sim N(126.37,\ 17.75^2)$，则

$P\{X<99.5\}=\Phi(-1.51)=1-\Phi(1.51)=0.0655,$

$P\{99.5\leqslant X<109.5\}=\Phi(-0.95)-\Phi(-1.51)=\Phi(1.51)-\Phi(0.95)=0.1056,$

$P\{109.5\leqslant X<119.5\}=\Phi(-0.39)-\Phi(-0.95)=\Phi(0.95)-\Phi(0.39)=0.1772,$

$P\{119.5\leqslant X<129.5\}=\Phi(0.18)-\Phi(-0.39)=\Phi(0.18)+\Phi(0.39)-1=0.2231,$

$P\{129.5\leqslant X<139.5\}=\Phi(0.74)-\Phi(0.18)=0.1989,$

$P\{139.5\leqslant X<149.5\}=\Phi(1.30)-\Phi(0.74)=0.1329,$

$P\{149.5\leqslant X<159.5\}=\Phi(1.87)-\Phi(1.30)=0.0661,$

$P\{X\geqslant159.5\}=1-\Phi(1.87)=0.0307.$

（3）将计算结果列于表 7-4-4 中.

表 7-4-4

A_i	分组	f_i	p_i	np_i	f_i-np_i	$(f_i-np_i)^2/np_i$
A_1	$(-\infty,\ 99.5)$	5	0.0655	6.55	-1.55	0.3668
A_2	$[99.5,\ 109.5)$	8	0.1056	10.56	-2.56	0.6206
A_3	$[109.5,\ 119.5)$	22	0.1772	17.72	4.28	1.0338
A_4	$[119.5,\ 129.5)$	27	0.2231	22.31	4.69	0.9859
A_5	$[129.5,\ 139.5)$	17	0.1989	19.89	-2.89	0.4199
A_6	$[139.5,\ 149.5)$	9	0.1329	13.29	-4.29	1.3848
A_7	$[149.5,\ 159.5)$	5	0.0661	6.61	2.32	0.5560
A_8	$[159.5,\ +\infty)$	7	0.0307	3.07		
$\sum$	—	100	—	—	—	5.3678

将其中某些 $np_i < 5$ 的组予以适当合并，使新的每一组内有 $np_i \geq 5$，此时并组后 $k=7$，取统计量 $\chi^2 = \sum_{i=1}^{7} \frac{(f_i - np_i)^2}{np_i}$，由于在计算概率时，估计了两个未知参数，故

$$\chi^2 = \sum_{i=1}^{7} \frac{(f_i - np_i)^2}{np_i} \sim \chi^2(7-2-1) = \chi^2(4).$$

（4）给定显著性水平 α，查 χ^2 分布表得临界值 $\chi^2_{0.1}(4) = 7.779$，于是拒绝域为 $\chi^2 > 7.779$.

（5）根据样本值计算统计量 χ^2 的观察值 $\chi^2 = 5.3678$.

（6）给出结论，由于 $\chi^2 = 5.3678 < \chi^2_{0.1}(4) = 7.779$，则接受 H_0，即 21~59 岁男子的血压（收缩压）总体 X 服从正态分布.

§7.5 本章实验

实验 7-1[质量检测] 某食品厂生产的番茄汁罐头中维生素 C 含量服从正态分布 $N(\mu, \sigma^2)$. 按照规定，维生素 C 的平均含量不得少于 21mg. 现从一批罐头中抽了 17 罐，测得维生素 C 含量的平均值为 $\bar{x} = 23$mg，根据生产经验知 $\sigma = 4$. 试利用 Excel 计算判断该批罐头中维生素 C 含量是否合格？（$\alpha = 0.05$）

实验准备：

学习"实验附录"中函数 SQRT、函数 NORMSINV 的用法.

实验步骤：

第 1 步，在 Excel 中输入数据，如图 7-5-1 所示.

	A	B	C
1			
2		$\mu_0 =$	21
3	标准差	$\sigma =$	4
4	样本量	$n =$	17
5	样本均值	$\bar{x} =$	23
6	显著性水平	$\alpha =$	0.05
7	检验统计值	$z =$	
8	临界点	$z_\alpha =$	

图 7-5-1

第 2 步，计算统计量 $Z = \dfrac{\bar{X} - \mu_0}{\sigma / \sqrt{n}}$.

在单元格 C7 中输入公式："$=(C5 - C2)/(C3/SQRT(C4))$".

第 3 步，计算临界值 $z_{0.05}$.

在单元格 C8 中输入公式："$= NORMSINV(1 - C6)$".

计算结果如图 7-5-2 所示. 由于 $z = 2.06 > 1.645$，故拒绝原假设 H_0，即认为该批罐头中维生素 C 含量合格.

图7-5-2

实验7-2[保险丝检测]　某电工器材厂生产一批保险丝，取10根测得其熔化时间（单位：min）为42，65，75，78，59，57，68，54，55，71.试利用Excel计算判断是否可以认为整批保险丝的熔化时间的方差大于80？取$\alpha = 0.05$，熔化时间$X \sim N(\mu, \sigma^2)$.

实验准备：

学习"实验附录"中函数COUNT、函数VAR、函数CHIINV的用法.

实验步骤：

第1步，在Excel中输入数据，如图7-5-3所示.

图7-5-3

第2步，计算样本量.

在单元格D4中输入公式："＝COUNT(A2：A11)".

第3步，计算样本方差.

在单元格D5中输入公式："＝VAR(A2：A11)".

第4步，在单元格D6中输入α值："0.05".

第5步，计算统计量，$\chi^2 = \dfrac{(n-1)S^2}{\sigma_0^2}$.

在单元格D7中输入公式："＝(D4－1)*D5/D2".

第6步，计算临界值点.

在单元格D8中输入公式："＝CHIINV(D6，D4－1)".

计算结果如图7-5-4所示.由于$\chi^2 = 13.705 < 16.91898$，故接受$H_0$，即认为整批保险丝的熔化时间的方差不大于80.

⊿	A	B	C	D
1	**溶化时间X**			
2	42		$\sigma_0{}^2=$	80
3	65			
4	75	样本量	$n=$	10
5	78	样本方差	$s^2=$	121.8222
6	59	显著性水平	$\alpha=$	0.05
7	57	检验统计值	$\chi^2=$	13.705
8	68	临界点	$\chi_\alpha(n-1)=$	16.91898
9	54			
10	55			
11	71			

图 7-5-4

实验 7-3[药品疗效检验]　为分析甲、乙两种安眠药的效果，某医院将 20 个失眠病人分成两组，每组 10 人，两组病人分别服用甲、乙两种安眠药做对比试验，试验结果如表 7-3-1 所示，利用 Excel 求两种安眠药的疗效有无显著差异？（$\alpha=0.05$）

实验准备：

学习"实验附录"中函数 COUNT、函数 AVERAGE、函数 VAR、函数 SQRT、函数 TINV 的用法.

实验步骤：

第 1 步，在 Excel 中输入数据，如图 7-5-5 所示.

⊿	A	B	C	D	E	F
1		两种安眠药疗效				
2		甲	乙		甲	乙
3	病人1	1.9	0.7	样本量$n=$		
4	病人2	0.8	-1.6	样本均值$\bar{x}=$		
5	病人3	1.1	-0.2	样本方差$s^2=$		
6	病人4	0.1	-1			
7	病人5	-0.1	-0.1			
8	病人6	4.4	3.4	$S_w=$		
9	病人7	5.5	3.7	$\alpha=$		
10	病人8	1.6	0.8			
11	病人9	4.6	0	$t=$		
12	病人10	3.4	2	$t_{\alpha/2}(n_1+n_2-2)=$		

图 7-5-5

第 2 步，计算样本量.

在单元格 E3 中输入公式："$=$COUNT(B3：B12)".

在单元格 F3 中输入公式："$=$COUNT(C3：C12)".

第 3 步，计算样本均值.

在单元格 E4 中输入公式："$=$AVERAGE(B3：B12)".

在单元格 F4 中输入公式："$=$AVERAGE(C3：C12)".

第 4 步，计算样本方差.

在单元格 E5 中输入公式："$=$VAR(B3：B12)".

在单元格F5中输入公式："＝VAR(C3：C12)".

第5步，计算S_w.

在单元格E7中输入："＝SQRT(((E3－1)*E5＋(F3－1)*F5)/(E3＋F3－2))".

第6步，在单元格E8中输入检验水平α："0.05".

第7步，计算检验统计量t.

在单元格E10中输入公式："＝(E4－F4)/(E7*SQRT(1/E3＋1/F3))".

第8步，计算临界点$t_{\alpha/2}(n_1＋n_2－2)$.

在单元格E11中输入公式："＝TINV(E8，E3＋F3－2)".

计算结果如图7-5-6所示.由于$|T| \approx 1.847884 < t_{0.025}(18)＝2.100922$，故接受原假设$H_0$，即认为两种安眠药的疗效无显著差异.

	A	B	C	D	E	F
1		**两种安眠药疗效**				
2		甲	乙		甲	乙
3	病人1	1.9	0.7	样本量$n=$	10	10
4	病人2	0.8	-1.6	样本均值$\bar{x}=$	2.33	0.77
5	病人3	1.1	-0.2	样本方差$s^2=$	4.009	3.117889
6	病人4	0.1	-1			
7	病人5	-0.1	-0.1	$S_W=$	1.887709	
8	病人6	4.4	3.4	$\alpha=$	0.05	
9	病人7	5.5	3.7			
10	病人8	1.6	0.8	$t=$	1.847884	
11	病人9	4.6	0	$t_{\alpha/2}(n_1＋n_2－2)=$	2.100922	
12	病人10	3.4	2			

图7-5-6

◎知识扩展

费希尔:才华与偏执集于一身

罗纳德·费希尔(Ronald Fisher)1890年出生于伦敦，是现代统计学奠基人，同时也是英国统计学家、遗传学家，还是"优生运动"的倡导者.

费希尔儿时体弱多病，视力受损，为了减少用眼，他学习数学基本靠心算，反而成就了非凡的几何直观能力和心算能力.14岁时，费希尔进入著名的哈罗公学学习，在全校数学征文比赛中赢得大奖，展现出过人的数学天赋.

19岁时，费希尔得到剑桥大学的资助，进入冈维尔与凯斯学院——这里曾走出12位诺贝尔奖得主.大学期间，他开始发表学术论文，因此有机会认识了当时统计学界最杰出的人物——卡尔·皮尔逊，并与其探讨问题.卓越的表现令费希尔获得了剑桥大学学生的最高荣誉"牧人"，这个头衔每年只有全校最优秀的一两个学生获得，而且宁缺毋滥，有的年份甚至会空缺.

在剑桥大学学习期间,因为受到孟德尔遗传学和高尔顿优生学的影响,费希尔在遗传和优生方面展现出浓厚的兴趣,和经济学家凯恩斯、遗传学家庞尼特、工程师霍勒斯(达尔文之子)一起创建了剑桥大学优生学学会.这个学会活跃在剑桥的校园里,经常举办活动和发表演说.但他们将社会上的人口问题,简单视为遗传学与统计学的范畴,认为国家应该为后代的基因选择主动作为,主张精英阶层更多生育.事实上,费希尔确实对自己的基因无比自信,他后来和妻子一起生育了一群孩子.

大学毕业后,为了谋生,费希尔四处奔波,做过农民、公司职员、统计员、教师等.学生们无法理解他复杂的数学符号和推导,令他感到愤怒,因为对他而言这些都是再简单不过的.

后来,费希尔开始为一本叫作《优生学评论》的期刊做复审工作,接触到最新的研究论文.1919年后,进入罗瑟姆斯特农业实验站工作,对多年来所收集的大量数据进行整理分析,完成了复杂的计算,在《农业科学杂志》上发表了一系列题为"收成变动研究"的论文,发展了一整套实验设计的思想.

在遗传方面,1930年费希尔出版了他的恢弘巨著《天择的遗传理论》,被认为是"达尔文最伟大的继承者".也因为这项工作,他在1933年获得了伦敦大学学院的邀请,接替退休的卡尔·皮尔逊的一部分工作——担任优生学系主任和高尔顿优生学讲座教授.而另一部分工作则由皮尔逊的儿子——统计学家爱根·皮尔逊承担.费希尔很快成为伦敦大学学院统计学科的掌门人.1943年,费希尔回到他的母校剑桥大学任教.

费希尔才华横溢,在多个领域都有高质量的丰富产出.特别是在统计学方面,他的论文和专著贡献了现代统计学大量的原创思想,被认为是"几乎独自一人创立了现代统计学"的天才.他的两部著作,1925年出版的《研究工作者的统计方法》、1935年出版的《实验设计》对统计学界影响巨大.这些作品因实用性令学者们如获至宝,其影响力甚至走出欧洲,遍及世界.

但天才的费希尔也有非常偏执的一面,他乐于独立思考、创作,听不进不同意见.他自负、易怒、好斗,享受独一无二,难以相处.与著名统计学家卡尔·皮尔逊、爱根·皮尔逊、乔治·内曼都有过一些不愉快的经历.

资料来源:陈秋剑.费希尔:才华与偏执集于一身[N/OL].科普时报,2022-04-16[2022-07-10].http://www.kepu.gov.cn/www/article/ckpd/bf3023a1534e4f25afed5f523ab0b5be.

习题 7

1. 某制造商宣称其生产的设备至少 95% 达标.现抽样3台,发现2台未达标.问该制造商的话真实吗?说出你的理由.

2. 容量为3L的橙汁容器上，标签标明橙汁脂肪含量的均值不超过1g. 对标签上的说明进行假设检验，回答下列问题.

(1) 建立适当的原假设和备择假设.

(2) 在这种情况下，第一类错误是什么？这类错误的后果是什么？

(3) 在这种情况下，第二类错误是什么？这类错误的后果是什么？

3. 一个盒子中有黑、白两种颜色的球共10个，且球数比例为4：1，但不知道哪种颜色的球多. 现考虑原假设8白2黑，备择假设8黑2白，任取两球，如果都是黑球则拒绝原假设. 求犯第一类错误和第二类错误的概率.

4. 已知某炼铁厂的铁水含碳量在正常情况下服从正态分布 $N(4.55, 0.108^2)$. 现在测了5炉铁水，其含碳量（单位：%）分别为

$$4.28, \quad 4.40, \quad 4.42, \quad 4.35, \quad 4.37.$$

问若标准差不改变，总体平均值有无显著性变化？（取 $\alpha=0.05$）

5. 某工厂用包装机包装奶粉，额定标准为每袋净重0.5kg. 设包装机称得的奶粉重量用随机变量 X 表示，X 服从正态分布，$\sigma=0.15$kg. 为检验某台包装机的工作是否正常，随机抽取包装好的奶粉100袋，称得平均净重为0.47kg. 问该包装机的工作是否正常？（取 $\alpha=0.05$）

6. 在正常状态下，某种牌子的香烟一支平均重1.1g，若从这种香烟堆中任取36支作为样本，测得样本均值为1.008g. 已知香烟（单位：支）的重量（单位：g)近似服从正态分布. 在下列情况下，显著性水平0.05时这堆香烟是否处于正常状态？

(1) 根据长期的经验可知，总体的标准差 $\sigma=0.15$g.

(2) 标准差 σ 未知，样本方差 $s^2=0.1$.

7. 某厂宣称已采取措施进行废水治理，现环保部门抽测了9个水样，测得每1kg水样中有毒物质含量的样本均值 $\bar{x}=17$（单位：mg），样本标准差 $s=2.4$. 假设该有毒物质的含量服从正态分布，以往该厂废水中有毒物质的平均含量为18.2. 问废水中有毒物质的含量有无显著变化？（取 $\alpha=0.1$）

8. 某公司宣称由他们生产的某种型号的电池其平均寿命为21.5小时，标准差为2.9小时. 在实验室测试了该公司生产的6只电池，得到它们的寿命（单位：小时）为19，18，20，22，16，25. 问这些结果是否表明这种电池的平均寿命比该公司宣称的平均寿命要短？设电池寿命近似地服从正态分布. （取 $\alpha=0.05$）

9. 某银行信用卡中心非常关心2021年信用卡余额是否增加的信息，现随机抽取25个信用卡用户组成样本，其信用卡余额数据如下：

9730	4078	5604	5179	4416	10676	1627	10112	6567
8720	3412	3200	2539	2237	23197	9876	10746	4359
18719	14611	7535	12587	1200	13627	17589		

假若历史数据显示，信用卡余额 X 服从正态分布，其均值 $\mu=7200$ 元，标准差 $\sigma=$

6000 元，长期实践显示标准差 σ 是稳定值．问：2021 年信用卡余额的平均值是否增加？（取 $\alpha = 0.1$）

10. 用一种新方法测量某种溶液中的水分．由它的 12 个测量值计算得到 $\bar{x} = 0.473\%$，$s = 0.039\%$，设测量值的总体服从正态分布 $X \sim N(\mu, \sigma^2)$，又已知用原方法测量时有 $\sigma = 0.042\%$，试问新方法与原方法的测量误差是否有显著差异？（取 $\alpha = 0.05$）

11. 某钢铁厂的铁水含碳量 X 服从正态分布，现对操作工艺进行了某种改进，从中抽取 5 炉铁水，测得含碳量数据为

$$4.421, \quad 4.052, \quad 4.353, \quad 4.287, \quad 4.683.$$

是否可以认为新工艺炼出的铁水含碳量的方差仍为 0.108^2？（取 $\alpha = 0.05$）

12. 某种导线的电阻服从正态分布 $N(\mu, 0.005^2)$．今从新生产的一批导线中随机抽取 9 根，测其电阻，得 $s = 0.008\Omega$．对于 $\alpha = 0.05$，能否认为这批导线电阻的标准差仍为 0.005？

13. 某类钢板的重量指标通常服从正态分布，按产品标准规定，钢板重量的方差不得超过 $\sigma_0^2 = 0.016$．现从某天生产的钢板中随机抽测 25 块，得样本方差 $s^2 = 0.025$．试问这天生产的钢板是否符合规定的标准？（取 $\alpha = 0.01$）

14. 据以往资料，已知某种品种小麦每 4 平方米产量（单位：kg）的方差 $\sigma^2 = 0.2$．今在一块地上用 A，B 两种方法进行试验：A 法设 12 个样本点，得平均产量 $\bar{x} = 1.5$；B 法设 8 个样本点，得平均产量 $\bar{y} = 1.6$．试比较 A，B 两法的平均产量是否有统计意义？

15. 甲，乙两台机床加工同一种产品，它们加工的零件外径 X，Y 分别服从正态分布 $N(\mu_1, \sigma_1^2)$，$N(\mu_2, \sigma_2^2)$．现从加工的零件中分别随机抽取 8 件和 7 件，测得其外径（单位：cm）为

$$甲： \quad 20.5, \quad 19.8, \quad 19.7, \quad 20.4, \quad 20.1, \quad 20.0, \quad 19.0, \quad 19.9.$$
$$乙： \quad 19.7, \quad 20.8, \quad 20.5, \quad 19.8, \quad 19.4, \quad 20.6, \quad 19.2.$$

试分别对以下两种情况，检验两台机床加工的零件外径有无显著差异？（取 $\alpha = 0.05$）

(1) σ_1，σ_2 已知，且 $\sigma_1 = 0.2$，$\sigma_2 = 0.4$；

(2) σ_1，σ_2 未知，但 $\sigma_1^2 = \sigma_2^2$．

16. 设某地区两种施肥管理方案生产的小麦亩产量分别为 X，Y，且 $X \sim N(\mu_1, \sigma_1^2)$，$Y \sim N(\mu_2, \sigma_2^2)$，$X$，$Y$ 相互独立．根据以往经验认为 $\sigma_1^2 = \sigma_2^2$．秋收后实际亩产量抽样如下：

$$方案 1： \quad 753, \quad 867, \quad 783, \quad 829, \quad 932.$$
$$方案 2： \quad 821, \quad 543, \quad 888, \quad 912, \quad 727, \quad 863.$$

能否断言这两种方案对亩产量影响不同？（取 $\alpha = 0.05$）

17. 在第 16 题中我们认定 $\sigma_1^2 = \sigma_2^2$，它们是否真的相等呢？试根据上题中的数据来检验假设 $H_0: \sigma_1^2 = \sigma_2^2$．（取 $\alpha = 0.05$）

18. 两台车床加工同一零件，分别随机抽取 6 件和 9 件测量其直径，得 $s_x^2 = 0.345$，$s_y^2 = 0.357$．假定零件直径服从正态分布，能否据此断定 $H_0: \sigma_x^2 = \sigma_y^2$？（取 $\alpha = 0.05$）

19. 下面给出了随机选取的某大学一年级学生（200 人）一次数学考试的成绩，试取 $\alpha = 0.1$，检验数据来自正态总体 $N(60, 15^2)$．

分数 x	$20 \leqslant x \leqslant 30$	$30 < x \leqslant 40$	$40 < x \leqslant 50$	$50 < x \leqslant 60$
学生数/人	5	15	30	51
分数 x	$60 < x \leqslant 70$	$70 < x \leqslant 80$	$80 < x \leqslant 90$	$90 < x \leqslant 100$
学生数/人	60	23	10	6

20. 从1500年到1931年的432年间，每年爆发战争的次数可以看作一个随机变量，据统计，这432年间共爆发了299次战争，具体数据如下：

战争次数 X	0	1	2	3	4
发生 X 次战争的年数	223	142	48	15	4

问：通过数据能否证实 X 服从泊松分布？（取 $\alpha = 0.05$）

习题 7 参考答案

第8章　方差分析与回归分析基础

方差分析是英国统计学家费希尔（R. A. Fisher）于1923年提出的，主要用于检验多组总体均值是否存在显著差别，起初用于农田间试验结果的分析，随后迅速发展完善．目前，方差分析被广泛应用于分析工业、农业、经济管理、生物学、工程技术和医药领域的试验数据．

回归分析与方差分析有许多相似之处，但又有本质区别．方差分析研究分类型自变量对数值型因变量的影响，而回归分析研究两个或两个以上数值型变量之间的关系．回归分析的目的是通过自变量的给定值来估计或预测因变量的均值，它可用于预测、时间序列建模以及发现各种变量之间的关系．

§8.1　单因素方差分析

8.1.1　方差分析的基本概念

方差分析主要用于检验多组总体均值是否存在显著差别，与前面介绍的假设检验方法相比，方差分析不仅可以提高检验的效率，而且由于将所有的样本信息结合在一起，因此增加了分析的可靠性．例如，检验4个班级学生的概率论与数理统计的学习效果是否相同时，若采用之前的一般假设检验方法，如 t 检验，那么一次只能检验2个班级，共需要进行6次检验，并且假定每次检验犯第一类错误的概率都是 $\alpha = 0.05$，那么连续做6次检验犯第一类错误的概率为 $1 - (1 - \alpha)^6 = 0.265$，而置信水平则会降低到 0.735．一般来说，随着个体显著性检验次数的增加，偶然因素导致差别的可能性也会增加（并非均值真的存在差别）．方差分析方法则是同时考虑所有的样本，因此排除了错误累积的概率，从而避免了拒绝一个真实的原假设．

为更好地理解方差分析的含义，首先通过一个例子来说明方差分析的有关概念以及方差分析所要解决的问题．

例8-1[服务评价问题]　为了对几个行业的服务质量进行评价，消费者协会在零售业、旅游业、航空业、家电制造业分别抽取了不同的企业作为样本．假设每个行业中抽取的企业其服务对象、服务内容、企业规模等方面基本相同，然后统计出近一年来消费者对这

23家企业投诉的次数，结果如表8-1-1所示.

表8-1-1

序号	不同行业的被投诉次数			
	零售业	旅游业	航空业	家电制造业
1	57	68	31	44
2	66	39	49	51
3	49	29	21	65
4	40	45	34	77
5	34	56	40	58
6	53	51		
7	44			

要分析四个行业之间的服务质量是否有显著差异，即判断行业对被投诉次数是否有显著影响，实际上可归结为检验这四个行业被投诉次数的均值是否相等.如果它们的均值相等，则意味着行业对被投诉次数没有影响，也就是说它们之间的服务质量没有显著差异；反之，则意味着行业对被投诉次数是有影响的，它们之间的服务质量有显著差异.

定义8-1 方差分析(ANOVA) 通过检验各组总体的均值是否相等来判断分类型自变量对数值型因变量是否有显著影响.其中，所要检验的对象称为**因素**或**因子**，因素的不同表现称为**水平**或**处理**，在每个因子水平下得到的样本数据称为**观测值**.只有一个因素的方差分析称为**单因素方差分析**，有两个因素的方差分析称为**双因素方差分析**.

在例8-1中，分析行业对被投诉次数是否有显著影响.行业是要检验的对象，即为因子；零售业、旅游业、航空业、家电制造业是行业这一因素的具体表现，即为水平或处理；在每个行业下得到的样本数据（被投诉次数）即为观测值.由于这里只涉及行业1个因素，因此为单因素4水平的试验.因素的每一个水平可以看作1个总体，如零售业、旅游业、航空业、家电制造业可以看作4个总体，表8-1-1中的数据可以看作从这4个总体中抽取的样本数据.

单因素方差分析涉及两个变量：一个是分类型自变量，一个是数值型因变量.在例8-1中行业就是一个分类型自变量，零售业、旅游业、航空业、家电制造业就是行业这个自变量的取值；被投诉次数是一个数值型因变量，不同的被投诉次数就是因变量的取值.

8.1.2 单因素方差分析的基本原理

进行单因素方差分析时，需要得到如表8-1-2所示的数据结构.

表8-1-2

观测值 x_{ij}	因素 A			
	水平 A_1	水平 A_2	$\cdots$	水平 A_k
1	x_{11}	x_{21}	$\cdots$	x_{k1}
2	x_{12}	x_{22}	$\cdots$	x_{k2}

续表

观测值 x_{ij}	因素 A			
	水平 A_1	水平 A_2	$\cdots$	水平 A_k
$\vdots$	$\vdots$	$\vdots$	$\vdots$	$\vdots$
n	x_{1n}	x_{2n}	$\cdots$	x_{kn}
平均值	$\bar{x}_1.$	$\bar{x}_2.$		$\bar{x}_k.$

为方便叙述，在单因素方差分析中，用 A 表示因素，因素的 k 个水平分别用 A_1，A_2，$\cdots$，A_k 表示，x_{ij} 表示第 i 个水平的第 j 个观测值.其中，从不同水平中抽取的样本量可以相等，也可以不等.

单因素方差分析问题的一般提法为：因素 A 有 k 个水平 A_1，A_2，$\cdots$，A_k，在 A_i 水平下的总体 $x_i \sim N(\mu_i,\ \sigma^2)$，$i=1,\ 2,\ \cdots,\ k$.其中 μ_i 和 σ^2 均未知，但方差相等.希望对不同水平下的总体均值进行比较，即检验

H_0：$\mu_1 = \mu_2 = \cdots = \mu_k$，自变量对因变量没有显著影响；

H_1：μ_1，μ_2，$\cdots$，μ_k 不全相等，自变量对因变量有显著影响.

方差分析中虽然人们感兴趣的是均值，但在判断均值之间是否有差异时需要借助于方差，也就是说，方差分析通过对数据误差来源的分析判断不同总体的均值是否相等，进而分析自变量对因变量是否有显著影响.因此，进行方差分析时，需要考察数据误差的来源.

下面结合表8-1-1中的数据以及图8-1-1来说明数据的误差来源及其分解过程.

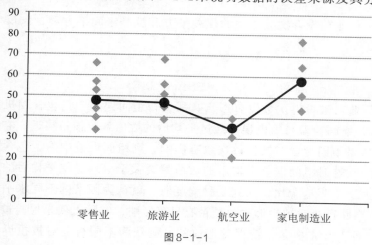

图 8-1-1

首先，在同一行业（同一个总体）中，样本的各观测值是不同的.例如，在零售业中，所抽取的7家企业的被投诉次数是不同的.由于企业是随机抽取的，因此它们之间的差异可以看成是随机因素造成的，或者说是由抽样的随机性所造成的随机误差.这种来自水平内部的数据误差也称为**组内误差**.例如，零售业中所抽取的7家企业被投诉次数之间的误差就是组内误差，它反映了一个样本内部数据的离散程度.显然，组内误差只含有随机误差.

其次，不同行业（不同总体）的观测值也是不同的.不同水平之间的数据误差称为**组间误差**.这种差异可能是由抽样本身形成的随机误差，也可能是由行业本身的系统性因素造成的系统误差.因此，组间误差是随机误差和系统误差的总和.例如，四个行业被投诉次数之间的误差就是组间误差，它反映了不同样本之间数据的离散程度.

在方差分析中，数据的误差用平方和来表示.

反映全部数据误差大小的平方和称为**总平方和**，记为SST.

$$SST = \sum_{i=1}^{k} \sum_{j=1}^{n_i} (x_{ij} - \bar{x})^2. \tag{8-1-1}$$

例如，所抽取的全部23家企业被投诉次数之间的误差平方和就是总平方和，它反映了全部观测值的离散状况.

反映组内误差大小的平方和称为**组内平方和**，也称为**误差平方和**或**残差平方和**，记为SSE.

$$SSE = \sum_{i=1}^{k} \sum_{j=1}^{n_i} (x_{ij} - \bar{x}_{i\cdot})^2. \tag{8-1-2}$$

例如，每个样本内部的误差平方和就是组内平方和，它反映了每个样本内各观测值的离散状况.

反映组间误差大小的平方称为**组间平方和**，也称为**因素平方和**，记为SSA.

$$SSA = \sum_{i=1}^{k} \sum_{j=1}^{n_i} (\bar{x}_{i\cdot} - \bar{x})^2 = \sum_{i=1}^{k} n_i (\bar{x}_{i\cdot} - \bar{x})^2. \tag{8-1-3}$$

例如，四个行业被投诉次数之间的误差平方和就是组间平方和，它反映了样本均值之间的差异程度.

可以证明

$$SST = SSA + SSE. \tag{8-1-4}$$

如果不同行业对被投诉次数没有影响，那么在组间误差中只包含随机误差，而没有系统误差.此时，组间误差与组内误差经过平均后的数值就应该很接近，它们的比值就会接近1.反之，如果不同行业对被投诉次数有影响，则组间误差中除了包含随机误差，还会包含系统误差，这时组间误差平均后的数值就会大于组内误差平均后的数值，它们之间的比值就会大于1.当这个比值大到某种程度时，就认为因素的不同水平之间存在着显著差异.因此，判断行业对被投诉次数是否有显著影响，实际上就是检验被投诉次数差异的来源.如果这种差异主要是系统误差造成的，则认为不同行业对被投诉次数有显著影响，在形式上也就转化为检验四个行业被投诉次数的均值是否相等.

构造检验统计量

$$F = \frac{SSA/(k-1)}{SSE/(n-k)} = \frac{MSA}{MSE}, \tag{8-1-5}$$

其中，$MSA = SSA/(k-1)$称为**组间均方**或**组间方差**；$MSE = SSE/(n-k)$称为**组内均方**或**组内方差**.

可以证明，当原假设H_0成立时，有

$$F = \frac{SSA/(k-1)}{SSE/(n-k)} \sim F(k-1,\ n-k). \tag{8-1-6}$$

根据给定的显著性水平 α，通过查 F 分布表找出临界值 $F_\alpha(k-1,\ n-k)$ 做出统计决策：

当 $F > F_\alpha$ 时，则拒绝原假设 H_0：$\mu_1 = \mu_2 = \cdots = \mu_k$，说明 $\mu_i(i=1,\ 2,\ \cdots,\ k)$ 之间存在显著差异，也就是说所要检验的因素对观测值有显著影响．

当 $F \leqslant F_\alpha$ 时，则不能拒绝原假设 H_0：$\mu_1 = \mu_2 = \cdots = \mu_k$，说明没有证据表明 $\mu_i(i=1,\ 2,\ \cdots,\ k)$ 之间存在显著差异，也就是说不能认为所要检验的因素对观测值有显著影响．

在例 8-1 中，计算得 $F = 3.406643$，给定显著性水平 $\alpha = 0.05$，查 F 分布表得临界值 $F_{0.05}(3,\ 19) = 3.12735$．由于 $F > F_\alpha$，因此拒绝原假设，表明 μ_1，μ_2，μ_3，μ_4 之间存在显著差异，即行业对被投诉次数有显著影响．

为使计算过程更加清晰，通常将上述计算内容列在一张表内，该表即是**方差分析表**，其一般形式如表 8-1-3 所示．

表 8-1-3

来源	平方和	自由度	平均平方和	F 统计量	P 值	F 临界值
组间	SSA	$k-1$	$SSA/(k-1)$	MSA/MSE	P_A	$F_\alpha(k-1,\ n-k)$
组内	SSE	$n-k$	$SSE/(n-k)$			
总计	SST	$n-1$				

利用方差分析表中的信息就可以对单因素 A 各水平间的差异是否显著做出判断．

在进行统计决策时，可以直接利用方差分析表中的 P 值与显著性水平 α 的值进行比较：若 $P_A < \alpha$，则拒绝 H_0；若 $P_A \geqslant \alpha$，则不能拒绝 H_0．在例 8-1 中，计算得 $P_A = 0.038765 < \alpha = 0.05$，因此拒绝原假设，与前面的检验结论一致．

§8.2　双因素方差分析

单因素方差分析研究一个因素在不同水平下总体均值是否存在显著差异，然而在实际问题的研究中，有时需要考虑多个因素对试验结果的影响．

例 8-2[火箭射程因素]　为了考察 4 种不同燃料与 3 种不同型号的推进器对火箭射程（单位：海里）的影响，做了 12 次试验，得到如表 8-2-1 所示数据．

表 8-2-1

观测值		推进器因素		
		推进器 1	推进器 2	推进器 3
燃料因素	燃料 1	58.2	56.2	65.3
	燃料 2	49.1	54.1	51.6
	燃料 3	60.1	70.9	39.2
	燃料 4	75.8	58.2	48.7

同时考虑燃料和推进器对火箭射程的影响，分析到底是一个因素对火箭射程有影响，还是两个因素都对火箭射程有影响，或者两个因素对火箭射程都无影响. 这就是一个双因素方差分析问题.

定义 8-2 当方差分析中涉及两个因素时，称为**双因素方差分析**. 如果两个因素对观测值的影响是相互独立的，则称为**无交互作用的双因素方差分析**；如果两个因素结合后产生新的效应，则称为**有交互作用的双因素方差分析**.

在例 8-2 中，如果燃料和推进器对火箭射程的影响是相互独立的，此时的双因素方差分析即为无交互作用的双因素方差分析；如果除了燃料和推进器对火箭射程的各自影响外，两个因素的交互作用还会对火箭射程产生影响，例如，某种推进器使用某种燃料的效率更高，此时即为有交互作用的双因素方差分析.

8.2.1 无交互作用的双因素方差分析

在无交互作用的双因素方差分析中，需要得到如表 8-2-2 所示的数据结构.

表 8-2-2

观测值 x_{ij}		因素 B (j)				平均值
		水平 B_1	水平 B_2	$\cdots$	水平 B_r	
因素 $A(i)$	水平 A_1	x_{11}	x_{12}	$\cdots$	x_{1r}	$\bar{x}_{1.}$
	水平 A_2	x_{21}	x_{22}	$\cdots$	x_{2r}	$\bar{x}_{2.}$
	$\vdots$	$\vdots$	$\vdots$	$\vdots$	$\vdots$	$\vdots$
	水平 A_k	x_{k1}	x_{k2}	$\cdots$	x_{kr}	$\bar{x}_{k.}$
平均值		$\bar{x}_{.1}$	$\bar{x}_{.2}$		$\bar{x}_{.r}$	$\bar{x}$

无交互作用的双因素方差分析问题的一般提法为：因素 A 有 k 个水平 A_1, A_2, $\cdots$, A_k，因素 B 有 r 个水平 B_1, B_2, $\cdots$, B_r，因素 A 的第 i 个水平与因素 B 的第 j 个水平下的观测值 x_{ij} 可表示为

$$x_{ij} = \mu + \alpha_i + \beta_j + \varepsilon_{ij} \quad (i=1, 2, \cdots, k; j=1, 2, \cdots, r).$$

其中，μ 表示平均效应；α_i 和 β_j 分别表示因素 A 的第 i 个水平和因素 B 的第 j 个水平的附加效应；随机误差 $\varepsilon_{ij} \sim N(0, \sigma^2)$ 相互独立 $(i=1, 2, \cdots, k; j=1, 2, \cdots, r)$.

要检验因素 A 对观测值有无显著影响，即检验

H_{0A}: $\alpha_1 = \alpha_2 = \cdots = \alpha_k = 0$; $\quad$ H_{1A}: α_1, α_2, $\cdots$, α_k 不全为零.

要检验因素 B 对观测值有无显著影响，即检验

H_{0B}: $\beta_1 = \beta_2 = \cdots = \beta_r = 0$; $\quad$ H_{1B}: β_1, β_2, $\cdots$, β_r 不全为零.

与单因素方差分析类似，引入以下统计量：

总平方和：

$$\text{SST} = \sum_{i=1}^{k} \sum_{j=1}^{r} (x_{ij} - \bar{x})^2.$$

因素 A 误差平方和：

$$SSA = \sum_{i=1}^{k}\sum_{j=1}^{r}(x_{i\cdot}-\bar{x})^2 = r\sum_{i=1}^{k}(\bar{x}_{i\cdot}-\bar{x})^2.$$

因素 B 误差平方和：

$$SSB = \sum_{i=1}^{k}\sum_{j=1}^{r}(\bar{x}_{\cdot j}-\bar{x})^2 = k\sum_{j=1}^{r}(\bar{x}_{\cdot j}-\bar{x})^2.$$

随机误差平方和：

$$SSE = \sum_{i=1}^{k}\sum_{j=1}^{r}(x_{ij}-\bar{x}_{i\cdot}-\bar{x}_{\cdot j}+\bar{x})^2.$$

可以证明：

$$SST = SSA + SSB + SSE.$$

构造检验统计量：

$$F_A = \frac{SSA/(k-1)}{SSE/(k-1)(r-1)} = \frac{MSA}{MSE}, \quad F_B = \frac{SSB/(r-1)}{SSE/(k-1)(r-1)} = \frac{MSB}{MSE}.$$

可以证明，当原假设 H_{0A} 成立时：

$$F_A = \frac{SSA/(k-1)}{SSE/(k-1)(r-1)} = \frac{MSA}{MSE} \sim F(k-1,\ (k-1)(r-1)).$$

当原假设 H_{0B} 成立时：

$$F_B = \frac{SSB/(r-1)}{SSE/(k-1)(r-1)} = \frac{MSB}{MSE} \sim F(r-1,\ (k-1)(r-1)).$$

根据给定的显著性水平 α，通过查 F 分布表找出临界值 F_α，做出统计决策：

当 $F_A > F_\alpha$ 时，则拒绝原假设 H_{0A}：$\alpha_1 = \alpha_2 = \cdots = \alpha_k$，说明 $\alpha_i(i=1,\ 2,\ \cdots,\ k)$ 之间存在显著差异，也就是说所要检验的因素 A 对观测值有显著影响.

当 $F_B > F_\alpha$ 时，则拒绝原假设 H_{0B}：$\beta_1 = \beta_2 = \cdots = \beta_r$，说明 $\beta_j(j=1,\ 2,\ \cdots,\ r)$ 之间存在显著差异，也就是说所要检验的因素 B 对观测值有显著影响.

为使计算过程更加清晰，通常将上述计算内容列成方差分析表，其一般形式如表 8-2-3 所示.

表 8-2-3

来源	平方和	自由度	平均平方和	F 统计量	P 值	F 临界值
因素 A	SSA	$k-1$	SSA/$(k-1)$	MSA/MSE	P_A	$F_\alpha(k-1,\ (k-1)(r-1))$
因素 B	SSB	$r-1$	SSB/$(r-1)$	MSB/MSE	P_B	$F_\alpha(r-1,\ (k-1)(r-1))$
随机误差	SSE	$(k-1)(r-1)$	SSE/$(k-1)$ $(r-1)$			
总计	SST	$kr-1$				

利用方差分析表中的信息就可以对每个因素各水平间的差异是否显著做出判断.

在例 8-2 中，考虑燃料和推进器对火箭射程的影响时计算得到的方差分析表如表 8-2-4 所示.

表8-2-4

来源	平方和	自由度	平均平方和	F统计量	P值	F临界值
燃料	157.59	3	52.53	0.430586	0.73875	4.757063
推进器	223.8467	2	111.9233	0.917429	0.44912	5.143253
随机误差	731.98	6	121.9967			
总计	1113.4167	11				

由于 $F_A = 0.430586 < F_\alpha = 4.757063$，因此不能拒绝原假设，表明 α_1，α_2，α_3，α_4 之间不存在显著差异，即不能认为燃料对火箭射程有显著影响.

由于 $F_B = 0.917429 < F_\alpha = 5.143253$，因此不能拒绝原假设，表明 β_1，β_2，β_3 之间差异不显著，即不能认为推进器对火箭射程有显著影响.

在进行统计决策时，也可以直接利用方差分析表中的 P 值与显著性水平 α 的值进行比较：若 $P < \alpha$，则拒绝 H_0；若 $P \geqslant \alpha$，则不能拒绝 H_0.在例8-2中，利用 P 值进行统计决策时结论不变.

8.2.2 有交互作用的双因素方差分析

在上面的分析中，假定两个因素对观测值的影响是独立的，但如果两个因素结合在一起会对观测值产生一种新的作用，那么此时需要考虑交互作用对观测值的影响，这就是有交互作用的双因素方差分析.两个因素的不同水平搭配下的数据不能只有一个，通常考虑等重复观测的情形.若因素 A 有 k 个水平 A_1，A_2，$\cdots$，A_k，因素 B 有 r 个水平 B_1，B_2，$\cdots$，B_r，在因素 A 的第 i 个水平与因素 B 的第 j 个水平下均进行了 n 次观测，观测值记为 x_{ijl}，可表示为

$$x_{ijl} = \mu + \alpha_i + \beta_j + r_{ij} + \varepsilon_{ijl}.$$

其中，μ 表示平均效应；α_i 和 β_j 分别表示因素 A 的第 i 个水平和因素 B 的第 j 个水平的附加效应；r_{ij} 表示因素 A 的第 i 个水平和因素 B 的第 j 个水平的交互作用；随机误差 $\varepsilon_{ijl} \sim N(0, \sigma^2)$ 相互独立；$i = 1, 2, \cdots, k$；$j = 1, 2, \cdots, r$；$l = 1, 2, \cdots, n$.

其数据结构如表8-2-5所示.

表8-2-5

观测值 x_{ij}		因素 B（j）				平均值
		水平 B_1	水平 B_2	$\cdots$	水平 B_r	
因素 A（i）	水平 A_1	x_{111} $\vdots$ x_{11n}	x_{121} $\vdots$ x_{12n}	$\cdots$	x_{1r1} $\vdots$ x_{1rn}	$\bar{x}_{1\cdot\cdot}$
	$\vdots$	$\vdots$	$\vdots$	$\vdots$	$\vdots$	$\vdots$
	水平 A_k	x_{k11} $\vdots$ x_{k1n}	x_{k21} $\vdots$ x_{k2n}	$\cdots$	x_{kr1} $\vdots$ x_{krn}	$\bar{x}_{k\cdot\cdot}$
平均值		$\bar{x}_{\cdot1\cdot}$	$\bar{x}_{\cdot2\cdot}$	$\cdots$	$\bar{x}_{\cdot r\cdot}$	$\bar{x}$

要检验因素 A 对观测值有无显著影响，即检验

$$H_{0A}: \alpha_1 = \alpha_2 = \cdots = \alpha_k = 0;$$

$$H_{1A}: \alpha_1, \alpha_2, \cdots, \alpha_k \text{不全为零}.$$

要检验因素 B 对观测值有无显著影响，即检验

$$H_{0B}: \beta_1 = \beta_2 = \cdots = \beta_r = 0;$$

$$H_{1B}: \beta_1, \beta_2, \cdots, \beta_r \text{不全为零}.$$

要检验因素 A 与因素 B 的交互作用对观测值有无显著影响，即检验

$$H_{0AB}: r_{ij} = 0 (i = 1, 2, \cdots, k; j = 1, 2, \cdots, r);$$

$$H_{1AB}: r_{ij} \text{不全为零}(i = 1, 2, \cdots, k; j = 1, 2, \cdots, r).$$

与无交互作用的双因素方差分析类似，引入以下统计量：

总平方和：

$$\text{SST} = \sum_{i=1}^{k}\sum_{j=1}^{r}\sum_{l=1}^{n}(x_{ijl} - \bar{x})^2.$$

因素 A 误差平方和：

$$\text{SSA} = \sum_{i=1}^{k}\sum_{j=1}^{r}\sum_{l=1}^{n}(\bar{x}_{i\cdot\cdot} - \bar{x})^2 = rn\sum_{i=1}^{k}(\bar{x}_{i\cdot\cdot} - \bar{x})^2.$$

因素 B 误差平方和：

$$\text{SSB} = \sum_{i=1}^{k}\sum_{j=1}^{r}\sum_{l=1}^{n}(\bar{x}_{\cdot j\cdot} - \bar{x})^2 = kn\sum_{j=1}^{r}(\bar{x}_{\cdot j\cdot} - \bar{x})^2.$$

交互作用平方和：

$$\text{SSAB} = \sum_{i=1}^{k}\sum_{j=1}^{r}(\bar{x}_{ij\cdot} - \bar{x}_{i\cdot\cdot} - \bar{x}_{\cdot j\cdot} + \bar{x})^2.$$

随机误差平方和：

$$\text{SSE} = \sum_{i=1}^{k}\sum_{j=1}^{r}\sum_{l=1}^{n}(x_{ijk} - \bar{x}_{ij\cdot})^2.$$

可以证明：

$$\text{SST} = \text{SSA} + \text{SSB} + \text{SSAB} + \text{SSE}.$$

当原假设 H_{0A} 成立时：

$$F_A = \frac{\text{SSA}/(k-1)}{\text{SSE}/kr(n-1)} = \frac{\text{MSA}}{\text{MSE}} \sim F(k-1, kr(n-1)).$$

当原假设 H_{0B} 成立时：

$$F_B = \frac{\text{SSB}/(r-1)}{\text{SSE}/kr(n-1)} = \frac{\text{MSB}}{\text{MSE}} \sim F(r-1, kr(n-1)).$$

当原假设 H_{0AB} 成立时：

$$F_{AB} = \frac{\text{SSAB}/(k-1)(r-1)}{\text{SSE}/kr(n-1)} = \frac{\text{MSAB}}{\text{MSE}} \sim F((k-1)(r-1), kr(n-1)).$$

根据给定的显著性水平 α，通过查 F 分布表找出临界值 F_α，做出统计决策：

当 $F_A > F_\alpha$ 时，则拒绝原假设 $H_{0A}: \alpha_1 = \alpha_2 = \cdots = \alpha_k$，说明 $\alpha_i(i = 1, 2, \cdots, k)$ 之

间存在显著差异，也就是说所要检验的因素 A 对观测值有显著影响.

当 $F_B > F_a$ 时，则拒绝原假设 H_{0B}：$\beta_1 = \beta_2 = \cdots = \beta_r$，说明 $\beta_j(j=1, 2, \cdots, r)$ 之间存在显著差异，也就是说所要检验的因素 B 对观测值有显著影响.

当 $F_{AB} > F_a$ 时，则拒绝原假设 H_{0AB}：$r_{ij}=0(i=1, 2, \cdots, k; j=1, 2, \cdots, r)$，说明 $r_{ij}(i=1, 2, \cdots, k; j=1, 2, \cdots, r)$ 之间存在显著差异，也就是说所要检验的因素 A 与因素 B 的交互作用对观测值有显著影响.

有交互作用的双因素方差分析表的一般形式如表8-2-6所示.

表8-2-6

来源	平方和	自由度	平均平方和	F 统计量	P 值	F 临界值
因素 A	SSA	$k-1$	SSA/$(k-1)$	MSA/MSE	P_A	$F_a(k-1, kr(n-1))$
因素 B	SSB	$r-1$	SSB/$(r-1)$	MSB/MSE	P_B	$F_a(r-1, kr(n-1))$
$A \times B$	SSAB	$(k-1)(r-1)$	$\dfrac{SSAB}{(k-1)(r-1)}$	MSAB/MSE	P_{AB}	$F_a((k-1)(r-1), kr(n-1))$
随机误差	SSE	$kr(n-1)$	SSE/$kr(n-1)$			
总计	SST	$krn-1$				

利用方差分析表中的信息就可以对各因素间的交互作用以及每个因素各水平间的差异是否显著做出判断.

在例8-2中，考虑燃料和推进器对火箭射程的影响时，假设燃料和推进器的组合可能会对火箭射程产生一个新的影响.现对4种不同燃料和3种不同型号推进器的每种搭配发射两次火箭并记录火箭射程数据，如表8-2-7所示.

表8-2-7

观测值		推进器因素		
		推进器1	推进器2	推进器3
燃料因素	燃料1	58.2 52.6	56.2 41.2	65.3 60.8
	燃料2	49.1 42.8	54.1 50.5	51.6 48.4
	燃料3	60.1 58.3	70.9 73.2	39.2 40.7
	燃料4	75.8 71.5	58.2 51.0	48.7 41.4

对应的方差分析表如表8-2-8所示.

表8-2-8

来源	平方和	自由度	平均平方和	F 统计量	P 值	F 临界值
燃料	370.9808	2	185.4904	9.3939	0.003506	3.8853

续表

来源	平方和	自由度	平均平方和	F 统计量	P 值	F 临界值
推进器	261.675	3	87.225	4.4174	0.025969	3.4903
燃料×推进器	1768.693	6	294.7821	14.9288	6.1511e-05	2.9961
随机误差	236.95	12	19.7458			
总计	2638.2983	23				

由于 $F_A = 9.3939 > F_\alpha = 3.8853$，因此拒绝原假设，表明 α_1，α_2，α_3，α_4 之间存在显著差异，即认为燃料对火箭射程有显著影响.

由于 $F_B = 4.4174 > F_\alpha = 3.4903$，因此拒绝原假设，表明 β_1，β_2，β_3 之间存在显著差异，即认为推进器对火箭射程有显著影响.

由于 $F_{AB} = 14.9288 > F_\alpha = 2.9961$，因此拒绝原假设，认为燃料和推进器的共同新效应对火箭射程有显著影响.

在进行统计决策时，也可以直接利用方差分析表中的 P 值与显著性水平 α 的值进行比较：若 $P < \alpha$，则拒绝 H_0；若 $P \geqslant \alpha$，则不能拒绝 H_0.在例 8-2 中，利用 P 值进行统计决策时结论不变.

§8.3　线性回归分析

前两节介绍的方差分析是研究分类型自变量与数值型因变量之间关系的一种分析方法.本节将介绍研究数值型自变量与数值型因变量之间关系的两种分析方法——相关分析与回归分析.

回归分析研究的是两个或两个以上具有相关关系的变量之间的数量伴随关系.因此，在进行回归分析之前首先要进行相关分析，确定变量之间存在相关关系.

8.3.1　相关分析

变量之间的关系可以分为两种类型：函数关系和相关关系.函数关系是一一对应的确定关系.例如，圆的半径与面积的关系，距离与时间、速度之间的关系等.但在实际问题中，变量之间的关系往往是不确定的.例如，考察居民收入与消费之间的关系，收入水平相同的居民，其消费水平往往是不同的，它们之间存在的就是不确定的数量关系；反之，消费水平相同的居民，其收入水平往往也不同.由此可见，居民的消费并不完全由其收入确定.这是因为虽然消费和收入之间有密切的关系，但收入并不是影响消费的唯一因素，还有银行利率、储蓄等因素.正是由于影响一个变量的因素很多，才造成了变量之间关系的不确定性.

定义 8-3　变量间存在的不确定的数量关系称为**相关关系**.**相关分析**就是对两个变量之间的线性关系进行描述和度量的一种分析方法.

相关分析通常包括考察数据的散点图、计算样本的相关系数以及对总体相关性进行显著性检验.

1.散点图

对于两个变量 X 和 Y，通过观察或试验可以得到若干组数据，记为 $(x_i, y_i)(i=1, 2, \cdots, n)$．用坐标的横轴代表变量 X，纵轴代表变量 Y，每组数据 (x_i, y_i) 在坐标系中用一个点表示，n 组数据在坐标系中形成的 n 个点称为**散点**，由坐标及散点形成的二维数据图称为**散点图**．

散点图是描述变量之间关系的一种直观方法，从中可以大体上看出变量之间的关系形态及关系强度．图 8-3-1 给出了几种常见形态的散点图．

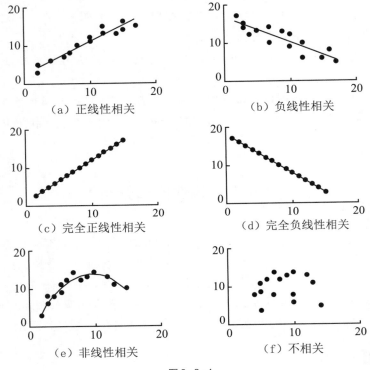

图 8-3-1

从散点图可以看出，相关关系的表现形态大体上可分为线性相关、非线性相关、完全相关和不相关等几种．就两个变量而言，如果变量之间的关系近似地表现为一条直线，则称为**线性相关**，如图 8-3-1（a）和图 8-3-1（b）所示；如果变量之间的关系近似地表现为一条曲线，则称为**非线性相关**或**曲线相关**，如图 8-3-1（e）所示；如果一个变量的取值完全依赖于另一个变量，各观测点落在一条直线上，则称为**完全相关**，如图 8-3-1（c）和图 8-3-1（d）所示，这实际上就是函数关系；如果两个变量的观测点很分散，无任何规律，则表示变量之间没有相关关系，如图 8-3-1（f）所示．

在线性相关中，若两个变量的变动方向相同，即一个变量的数值增加（或减少），另一个变量的值也随之增加（或减少），则称为**正线性相关**，简称**正相关**，如图 8-3-1（a）所示；若两个变量的变动方向相反，即一个变量的数值增加（或减少），另一个变量数值随之减少（或增加），则称为**负线性相关**，简称**负相关**，如图 8-3-1（b）所示．

例8-3[不良贷款原因]　一家银行在多个地区设有分行.近年来，该银行的贷款额平稳增长，但不良贷款额也有较大比例的提高，为了弄清不良贷款的形成原因，管理者希望利用银行业务的相关数据做定量分析.表8-3-1就是该银行的25家分行的有关业务数据.

表8-3-1

分行编号	不良贷款/亿元	各项贷款余额/亿元	本年累计应收贷款/亿元	贷款项目个数/个	本年固定资产投资额/亿元
1	0.9	67.3	6.8	5	51.9
2	1.1	111.3	19.8	16	90.9
3	4.8	173.0	7.7	17	73.7
4	3.2	80.8	7.2	10	14.5
5	7.8	199.7	16.5	19	63.2
6	2.7	16.2	2.2	1	2.2
7	1.6	107.4	10.7	17	20.2
8	12.5	185.4	27.1	18	43.8
9	1.0	96.1	1.7	10	55.9
10	2.6	72.8	9.1	14	64.3
11	0.3	64.2	2.1	11	42.7
12	4.0	132.2	11.2	23	76.7
13	0.8	58.6	6.0	14	22.8
14	3.5	174.6	12.7	26	117.1
15	10.2	263.5	15.6	34	146.7
16	3.0	79.3	8.9	15	29.9
17	0.2	14.8	0.6	2	42.1
18	0.4	73.5	5.9	11	25.3
19	1.0	24.7	5.0	4	13.4
20	6.8	139.4	7.2	28	64.3
21	11.6	368.2	16.8	32	163.9
22	1.6	95.7	3.8	10	44.5
23	1.2	109.6	10.3	14	67.9
24	7.2	196.2	15.8	16	39.7
25	3.2	102.2	12.0	10	97.1

　　管理者想知道不良贷款是否与贷款余额、累计应收贷款、贷款项目个数、固定资产投资额等因素有关，关系的形式和强度如何？

　　从各散点图（见图8-3-2）可以看出，不良贷款与贷款余额、累计应收贷款、贷款项目个数、固定资产投资额之间都具有一定的线性关系.从各散点的分布情况看，不良贷款与贷款余额的线性关系比较密切，与固定资产投资额之间的关系最不密切.

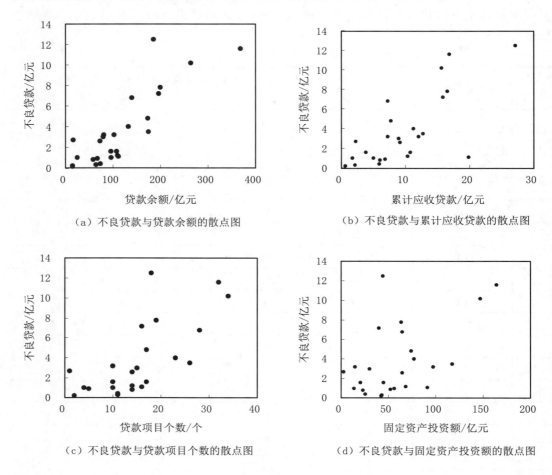

（a）不良贷款与贷款余额的散点图   （b）不良贷款与累计应收贷款的散点图

（c）不良贷款与贷款项目个数的散点图   （d）不良贷款与固定资产投资额的散点图

图 8-3-2

2.相关系数

通过散点图可以初步判断两个变量之间有无相关关系，并对变量间的关系形态做出大致描述，但散点图不能准确反映变量之间的关系强度.因此，为准确度量两个变量之间的关系强度，需要计算相关系数.

相关系数是根据样本数据计算的度量两个变量之间线性关系强度的一个统计量.若相关系数是根据总体全部数据计算的，则称为**总体相关系数**，记为 ρ；若相关系数是根据样本数据计算的，则称为**样本相关系数**，记为 r.

总体相关系数的计算公式为

$$\rho = \frac{\text{Cov}(X, Y)}{\sqrt{DX}\sqrt{DY}}. \tag{8-3-1}$$

样本相关系数的计算公式为

$$r = \frac{\sum(x-\bar{x})(y-\bar{y})}{\sqrt{\sum(x-\bar{x})^2 \cdot \sum(y-\bar{y})^2}}. \tag{8-3-2}$$

按照上述公式计算的相关系数也称为**线性相关系数**，或 **Pearson 相关系数**.

相关系数 r 的取值范围为 $[-1, 1]$. 当 $0 < r \leqslant 1$ 时，表明 x 与 y 之间存在正线性相关关系；当 $-1 \leqslant r < 0$ 时，表明 x 与 y 之间存在负线性相关关系；当 $r = 1$ 时，表明 x 与 y 之间为完全正线性相关关系；当 $r = -1$ 时，表明 x 与 y 之间为完全负线性相关关系；当 $r = 0$ 时，表明 y 的取值与 x 无关，两者之间不存在线性相关关系.

根据实际数据计算出 r 的取值一般在 $(-1, 1)$，$|r|$ 越接近于 1，说明两个变量之间的线性关系越强；$|r|$ 越接近于 0，说明两个变量之间的线性关系越弱. 对于一个具体的 r 的取值，根据经验可将相关程度分为以下几种情况：当 $|r| \geqslant 0.8$ 时，可视为高度相关；当 $0.5 \leqslant |r| < 0.8$ 时，可视为中度相关；当 $0.3 \leqslant |r| < 0.5$ 时，可视为低度相关；当 $|r| < 0.3$ 时，说明两个变量之间的相关程度极弱，可视为不相关. 但这种解释必须建立在对相关系数的显著性进行检验的基础之上.

在例 8-3 中，不良贷款、贷款余额、累计应收贷款、贷款项目个数、固定资产投资额等因素的相关系数如表 8-3-2 所示.

表 8-3-2

对比项	不良贷款	各项贷款余额	本年累计应收贷款	贷款项目个数	本年固定资产投资额
不良贷款	1				
各项贷款余额	0.843571	1			
本年累计应收贷款	0.731505	0.678772	1		
贷款项目个数	0.700281	0.848416	0.585831	1	
本年固定资产投资额	0.518518	0.779702	0.472431	0.746646	1

由表 8-3-2 可知，不良贷款与贷款余额、累计应收贷款、贷款项目个数、固定资产投资额之间均呈正相关关系，并且不良贷款与贷款余额高度相关，与累计应收贷款、贷款项目个数、固定资产投资额中度相关.

3. 相关关系的显著性检验

一般情况下，总体相关系数 ρ 是未知的，通常将样本相关系数 r 作为总体相关系数 ρ 的近似估计值. 样本相关系数 r 是根据样本数据计算出来的，由于抽取的样本不同，r 的取值也就不同，所以 r 是一个随机变量. 因此，根据样本相关系数说明总体的相关程度时需要考察样本相关系数的可靠性，也就是进行显著性检验.

设 $(x_i, y_i)(i = 1, 2, \cdots, n)$ 为变量 X 与 Y 的样本观测值，相关性检验就是检验总体 X 和 Y 的相关系数是否为 0，通常采用费希尔提出的 t 分布进行检验，该检验既可以用于小样本，也可以用于大样本. 检验的具体步骤如下.

第 1 步，提出假设：

$$H_0: \rho = 0; \quad H_1: \rho \neq 0.$$

第2步，计算检验统计量：

$$t = |r| \sqrt{\frac{n-2}{1-r^2}} \sim t(n-2).$$

第3步，进行统计决策：根据给定的显著性水平 α，查 t 分布表得出临界值 $t_{\alpha/2}(n-2)$. 若 $|t| > t_{\alpha/2}(n-2)$，则拒绝原假设 H_0，表明两个变量之间存在显著的线性关系．

在例 8-3 中，考虑不良贷款与贷款余额之间的关系时，对应的 t 统计量为 $t = 7.5344$. 给定显著性水平 $\alpha = 0.05$，查 t 分布表得到临界值 $t_{0.025}(23) = 2.0687$. 由于 $t = 7.5344 > 2.0687$，故拒绝原假设，即认为不良贷款与贷款余额之间存在显著的正相关关系．

8.3.2 一元线性回归

相关分析的目的在于测度地位等同的两个变量之间的线性关系强度，所使用的测度工具是相关系数；回归分析则侧重于考察变量之间的数量关系，并通过一定的数学表达式将这种关系描述出来，进而确定一个或几个变量的变化对另一个特定变量的影响程度．

进行回归分析时，首先需要确定哪个变量是因变量，哪个变量是自变量．在回归分析中，被预测或被解释的变量称为**因变量**，用 y 表示；用来预测或解释因变量的一个或多个变量称为**自变量**，用 x 表示．例如，在例 8-3 中分析贷款余额对不良贷款的影响时，目的是要预测在一定的贷款余额条件下不良贷款是多少，因此，不良贷款是被预测的变量，为因变量 y，而用来预测不良贷款的贷款余额就是自变量 x.

定义 8-4 **回归分析**研究的是两个或两个以上具有相关关系的变量之间的数量伴随关系，是根据其相关的形态，建立一个适当的数学表达式，来近似地反映变量之间关系的一种统计分析方法．当只有一个自变量时，称为**一元回归分析**，若因变量 y 与自变量 x 之间为线性关系，则称为**一元线性回归**．

下面主要从回归模型、模型估计与检验等几个方面来介绍一元线性回归分析．

1.一元线性回归模型

对于具有线性关系的两个变量，可以用一个线性方程来表示它们之间的关系．描述因变量 y 如何依赖于自变量 x 和误差项 ε 的方程称为**回归模型**．

一元线性回归模型的一般形式为

$$y = \beta_0 + \beta_1 x + \varepsilon, \quad \varepsilon \sim N(0, \sigma^2). \tag{8-3-3}$$

在一元线性回归模型中，y 是 x 的线性函数 $\beta_0 + \beta_1 x$ 加上误差项 ε. $\beta_0 + \beta_1 x$ 反映了由于 x 的变化而引起的 y 的线性变化；ε 是被称为误差项的随机变量，反映了除 x 和 y 之间的线性关系之外的随机因素对 y 的影响，是不能由 x 和 y 之间的线性关系所解释的变异性．β_0 和 β_1 称为**模型的参数**．

在回归分析中，假定自变量 x 是可控制的，而因变量 y 是随机的．事实上，很多情况下并非如此．本章所讨论的回归方法对于自变量是预先固定或随机的情况都适用，由于固定自变量的情况比较容易描述，因此，本章主要讲述固定自变量的回归分析．

不难看出 $E(y) = \beta_0 + \beta_1 x$，描述因变量 y 的期望如何依赖自变量 x 的方程称为**回归方程**.

如果回归方程中的参数 β_0 和 β_1 已知，对于一个给定的 x 值，利用回归方程就能计算出 y 的期望值.但总体回归参数 β_0 和 β_1 是未知的，需要利用样本数据去估计未知参数.用样本统计量 $\hat{\beta}_0$ 和 $\hat{\beta}_1$ 代替回归方程中的未知参数 β_0 和 β_1，这时就得到了**估计的回归方程**，也称为**回归直线**.

对于一元线性回归，估计的回归方程的形式为

$$\hat{y} = \hat{\beta}_0 + \hat{\beta}_1 x. \tag{8-3-4}$$

其中，$\hat{\beta}_0$ 是估计的回归直线在 y 轴上的截距；$\hat{\beta}_1$ 称为**斜率系数**或**回归系数**，表示 x 每变动一个单位时，y 的平均变动值.当给定 $x = x_i$ 时，$\hat{y}_i = \hat{\beta}_0 + \hat{\beta}_1 x_i$ 称为**拟合值**或**估计值**；$\hat{e}_i = y_i - \hat{y}_i$ 称为**残差**.

2.参数最小二乘估计

假设对模型的变量进行了 n 次观测，得到样本观测值为 $(x_i, y_i)(i = 1, 2, \cdots, n)$.德国科学家卡尔·高斯提出用最小化残差平方和来估计参数 β_0 和 β_1，根据这一方法确定模型参数 β_0 和 β_1 的方法称为**普通最小二乘法**（OLS），它是通过使因变量的观测值 y_i 与估计值 $\hat{y}_i$ 之间的残差平方和达到最小来估计 β_0 和 β_1 的方法.即将使得残差平方和

$$Q(\beta_0, \beta_1) = \sum_{i=1}^{n}(y_i - \hat{y}_i)^2 = \sum_{i=1}^{n}(y_i - \hat{\beta}_0 - \hat{\beta}_1 x_i)^2 \tag{8-3-5}$$

达到最小的 $\hat{\beta}_0$ 和 $\hat{\beta}_1$ 作为 β_0 和 β_1 的估计值.

普通最小二乘法（OLS）的思想是用距离各观测点最近的一条直线作为回归直线，如图8-3-3表示.

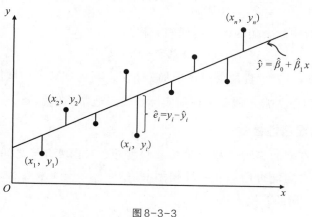

图8-3-3

根据微积分的极值定理，对 Q 关于 $\hat{\beta}_0$ 和 $\hat{\beta}_1$ 求偏导，并令导数为零，便可求出 $\hat{\beta}_0$ 和 $\hat{\beta}_1$，即

$$\begin{cases} \dfrac{\partial Q}{\partial \hat{\beta}_0} = -2\sum_{i=1}^{n}(y_i - \hat{\beta}_0 - \hat{\beta}_1 x_i) = 0, \\[2mm] \dfrac{\partial Q}{\partial \hat{\beta}_1} = -2\sum_{i=1}^{n}(y_i - \hat{\beta}_0 - \hat{\beta}_1 x_i)x_i = 0. \end{cases} \tag{8-3-6}$$

解上述方程组得

$$\begin{cases} \hat{\beta}_0 = \bar{y} - \hat{\beta}_1 \bar{x}, \\[3mm] \hat{\beta}_1 = \dfrac{n\sum\limits_{i=1}^{n}x_i y_i - (\sum\limits_{i=1}^{n}x_i)(\sum\limits_{i=1}^{n}y_i)}{n\sum\limits_{i=1}^{n}x_i^2 - (\sum\limits_{i=1}^{n}x_i)^2}. \end{cases} \tag{8-3-7}$$

可以证明，用普通最小二乘法求出的 $\hat{\beta}_0$ 和 $\hat{\beta}_1$ 分别是 β_0 和 β_1 的无偏估计.

用普通最小二乘法拟合的直线具有一些优良的性质.首先，根据普通最小二乘法得到的回归直线能使残差平方和达到最小；其次，由普通最小二乘法求得的回归直线可知 β_0 和 β_1 的估计量的抽样分布；最后，在某些条件下，β_0 和 β_1 的最小二乘估计量同其他估计量相比，其抽样分布具有较小的标准差.正是基于上述性质，普通最小二乘法被广泛应用于回归模型参数的估计.

在例 8-3 中分析贷款余额对不良贷款的影响时，在相关分析中，通过不良贷款与贷款余额的散点图、相关系数以及显著性检验，发现不良贷款与贷款余额存在显著的正相关关系.因此，可以建立不良贷款 y 与贷款余额 x 的一元线性回归模型 $y = \beta_0 + \beta_1 x + \varepsilon$ 并进行分析.利用普通最小二乘法进行估计得

$$\begin{cases} \hat{\beta}_0 = 3.728 - 0.037895 \times 120.268 = -0.8295, \\[2mm] \hat{\beta}_1 = \dfrac{25 \times 17080.14 - 3006.7 \times 93.2}{25 \times 516543.37 - (3006.7)^2} = 0.037895, \end{cases}$$

由此可得不良贷款对贷款余额的估计的回归方程为

$$\hat{y} = -0.8295 + 0.037895x.$$

回归系数 $\hat{\beta}_1 = 0.037895$ 表示贷款余额每增加 1 亿元，不良贷款平均增加 0.037895 亿元.在回归分析中，对截距项 $\hat{\beta}_0$ 常不能赋予任何实际意义，通常不作解释.

3.回归模型的显著性检验

一元线性回归模型的显著性检验是检验自变量 x 和因变量 y 之间的线性关系是否显著，或者说，它们之间能否用一元线性模型 $y = \beta_0 + \beta_1 x + \varepsilon$ 来表示.为检验回归模型是否显著，我们介绍常用的 F 检验法.

采用方差分析的思想，研究影响因变量 y 的原因.回归方程 $\hat{y} = \hat{\beta}_0 + \hat{\beta}_1 x$ 只反映了 x 对 y 的影响，所以，拟合值 $\hat{y}_i$ 是观测值 y_i 中只受 x_i 影响的那部分，而 $y_i - \hat{y}_i$ 则是除去 x_i 的影响外受其他因素影响的部分.因此，可以将 y_i 分解为两个部分：$\hat{y}_i$ 和 $y_i - \hat{y}_i$.另外，$y_i - \bar{y}_i$ 也可以分解为两个部分：

$$y_i - \bar{y}_i = (\hat{y}_i - \bar{y}) + (y_i - \hat{y}_i).$$

记

$$\text{SST} = \sum_{i=1}^{n}(y_i - \hat{y}_i)^2, \quad \text{SSR} = \sum_{i=1}^{n}(\hat{y}_i - \bar{y})^2, \quad \text{SSE} = \sum_{i=1}^{n}(y_i - \hat{y}_i)^2,$$

SST 反映了观测数据总的波动，称为**总平方和**；SSR 反映了由于自变量 x 的变化引起因变量 y 的差异，体现了 x 对 y 的影响，称为**回归平方和**；SSE 反映了其他因素对 y 的影响，称为**残差平方和**.

可以证明：

$$\text{SST} = \text{SSR} + \text{SSE}.$$

SSR/SSE 为 x 对 y 的影响部分与随机因素影响部分的相对比值，若该值不是显著得大，则表明回归方程中 x 并不是影响 y 的一个重要的因素，那么该回归方程就没有意义；若该值显著得大，则表明 x 的作用显著地比随机因素大，此时的回归方程就有意义.

可以证明，当原假设 $H_0: \beta_1 = 0$ 成立时，统计量：

$$F = \frac{\text{SSR}/1}{\text{SSE}/(n-2)} = \frac{\text{MSR}}{\text{MSE}} \sim F(1, \ n-2).$$

将 F 作为检验统计量，可以进行模型的显著性检验.

回归方程的显著性检验结果通常汇总为如表 8-3-3 所示的方差分析表.

表 8-3-3

来源	平方和	自由度	平均平方和	F 统计量	P 值	F 临界值
回归	SSR	1	SSR/1	$\dfrac{\text{SSR}}{\text{SSE}/(n-2)}$		$F_\alpha(1, \ n-2)$
残差	SSE	$n-2$	SSE/$(n-2)$			
总计	SST	$n-1$				

在例 8-3 中分析贷款余额对不良贷款的影响时，计算得检验统计量 $F = 56.75$，给定显著性水平 $\alpha = 0.05$，查 F 分布表得临界值为 $F_{0.05}(1, 23) = 4.28$. 由于 $F > F_\alpha$，因此，拒绝原假设，表明不良贷款与贷款余额之间的线性关系是显著的.

4. 系数的显著性检验

回归系数的显著性检验是要检验自变量对因变量的影响是否显著. 在一元线性回归模型 $y = \beta_0 + \beta_1 x + \varepsilon$ 中，如果回归系数 $\beta_1 = 0$，则回归直线是一条水平线，表明因变量 y 的取值不依赖于自变量 x，即两个变量之间没有线性关系. 如果回归系数 $\beta_1 \neq 0$，此时还不能得出两个变量之间存在线性关系的结论，要看这种关系是否具有统计意义上的显著性. 回归系数的显著性检验就是检验回归系数 β_1 是否等于 0. 为检验原假设 $H_0: \beta_1 = 0$ 是否成立，需要构造用于检验的统计量. 为此，需要研究回归系数 β_1 的抽样分布.

估计的回归方程 $\hat{y} = \hat{\beta}_0 + \hat{\beta}_1 x$ 是根据样本数据计算的. 当抽取不同的样本时，就会得出不同的估计方程. 实际上，$\hat{\beta}_0$ 和 $\hat{\beta}_1$ 是根据普通最小二乘法得到的用于估计参数 β_0 和 β_1 的统计量，它们都是随机变量. 根据检验的需要，这里只讨论 $\hat{\beta}_1$ 的分布.

统计证明，$\hat{\beta}_1$ 服从正态分布，其数学期望为 $E(\hat{\beta}_1) = \beta_1$，标准差为

$$\sigma_{\hat{\beta}_1} = \frac{\sigma}{\sqrt{\sum x_i^2 - \dfrac{1}{n}(\sum x_i)^2}}.$$

由于误差项 ε 的标准差 σ 未知，故用其估计量 $\hat{\sigma}$ 代入上式，得到 $\hat{\beta}_1$ 的估计标准差为

$$se_{\hat{\beta}_1} = \frac{\sqrt{\sum(y_i - \hat{y}_i)^2/(n-2)}}{\sqrt{\sum x_i^2 - \dfrac{1}{n}(\sum x_i)^2}}.$$

构造统计量：

$$t = \frac{\hat{\beta}_1}{se_{\hat{\beta}_1}},$$

该统计量服从自由度为 $n-2$ 的 t 分布，即

$$t = \frac{\hat{\beta}_1}{se_{\hat{\beta}_1}} \sim t(n-2).$$

根据给定的显著性水平 α，查 t 分布表得出临界值 $t_{\alpha/2}(n-2)$. 若 $|t| > t_{\alpha/2}(n-2)$，则拒绝原假设 $H_0: \beta_1 = 0$，表明自变量 x 对因变量 y 的影响是显著的；若 $|t| \leqslant t_{\alpha/2}(n-2)$，则不能拒绝原假设 $H_0: \beta_1 = 0$，说明没有证据表明 x 对 y 的影响是显著的.

在例 8-3 中分析贷款余额对不良贷款的影响时，计算得检验统计量 $t = 7.533515$，给定显著性水平 $\alpha = 0.05$，查 t 分布表得临界值 $t_{0.025}(23) = 2.0687$. 由于 $t > t_{\alpha/2}(n-2)$，因此拒绝原假设，表明贷款余额对不良贷款的影响是显著的.

5. 回归方程的判定系数

回归直线拟合的好坏取决于 SSR 及 SSE 的大小，或者说取决于回归平方和 SSR 占总平方和 SST 的比例的大小. 回归平方和占总平方和的比例称为**判定系数**或**拟合优度**，记为 R^2，其计算公式为

$$R^2 = \frac{\text{SSR}}{\text{SST}} = \frac{\sum\limits_{i=1}^{n}(\hat{y}_i - \bar{y})^2}{\sum\limits_{i=1}^{n}(y_i - \hat{y}_i)^2} = 1 - \frac{\sum\limits_{i=1}^{n}(y_i - \hat{y}_i)^2}{\sum\limits_{i=1}^{n}(\hat{y}_i - \bar{y})^2} = 1 - \frac{\text{SSE}}{\text{SST}}. \tag{8-3-8}$$

判定系数 R^2 测度了回归直线对观测数据的拟合程度. 若所有观测点都落在直线上，残差平方和 SSE $= 0$，则 $R^2 = 1$，拟合是完全的；如果 y 的变化与 x 无关，x 完全无助于解释 y 的变差，$\hat{y}_i = \bar{y}$，则 $R^2 = 0$. 可见 R^2 的取值范围是 $[0, 1]$. R^2 越接近 1，表明回归平方和占总平方和的比例越大，回归直线与各观测点越接近，用 x 的变化来解释 y 值变差的部分就越多，回归直线的拟合程度就越好；反之，R^2 越接近 0，回归直线的拟合程度就越差.

在例 8-3 中分析贷款余额对不良贷款的影响时，计算得判定系数 $R^2 = 0.7116$，说明在不良贷款取值的变差中，有 71.16% 可以由不良贷款与贷款余额之间的线性关系来解释，也就是说不良贷款中有 71.16% 由贷款余额所决定，可见两者之间有较强的线性关系.

在一元线性回归中，相关系数 r 实际上是判定系数的平方根. 根据这一结论，不仅可以由相关系数直接计算判定系数 R^2，也可以进一步理解相关系数的意义.

8.3.3 多元线性回归

在许多实际问题中，影响因变量的因素往往有多个，这种一个因变量与多个自变量的回归问题就是**多元回归**，当因变量与各自变量之间为线性关系时，称为**多元线性回归**。多元线性回归分析的原理同一元线性回归基本相同，但计算上要复杂得多，需借助计算机来完成。

设因变量为 y，k 个自变量分别为 x_1，x_2，$\cdots$，x_k，描述因变量 y 如何依赖于自变量 x_1，x_2，$\cdots$，x_k 和误差项 ε 的方程称为**多元回归模型**。其一般形式可表示为

$$y = \beta_0 + \beta_1 x_1 + \beta_2 x_2 + \cdots + \beta_k x_k + \varepsilon, \tag{8-3-9}$$

其中，β_0，β_1，β_2，$\cdots$，β_k 称为**模型的参数**；ε 称为**误差项**，相互独立且 $\varepsilon \sim N(0, \sigma^2)$。

式（8-3-9）表明：y 等于 x_1，x_2，$\cdots$，x_k 的线性函数部分 $\beta_0 + \beta_1 x_1 + \beta_2 x_2 + \cdots + \beta_k x_k$ 加上误差项 ε。误差项反映了除 x_1，x_2，$\cdots$，x_k 对 y 的线性关系之外的随机因素对 y 的影响，是不能由 x_1，x_2，$\cdots$，x_k 与 y 之间的线性关系所解释的变异性。

可以证明，$E(y) = \beta_0 + \beta_1 x_1 + \cdots + \beta_k x_k$，该方程称为**多元回归方程**。

用样本统计量 $\hat{\beta}_i(i=0, 1, 2, \cdots, k)$ 代替回归方程中的未知参数 $\beta_i(i=0, 1, 2, \cdots, k)$，这时就得到了**估计的多元回归方程**。它是根据样本数据求出的回归方程的估计。

对于多元线性回归，估计的多元回归方程形式为

$$\hat{y} = \hat{\beta}_0 + \hat{\beta}_1 x_1 + \hat{\beta}_2 x_2 + \cdots + \hat{\beta}_k x_k. \tag{8-3-10}$$

其中，$\hat{\beta}_0$ 为**截距**；$\hat{\beta}_i$ 称为**回归系数**，表示固定住其他因素不变，x_i 每变动一个单位时，y 的平均变动值。$\hat{y}_i = \hat{\beta}_0 + \hat{\beta}_1 x_{i1} + \hat{\beta}_2 x_{i2} + \cdots + \hat{\beta}_k x_{ik}$ 称为**拟合值**或**估计值**；$\hat{e}_i = y_i - \hat{y}_i$ 称为**残差**。

对于多元回归方程仍使用普通最小二乘法对参数进行估计，也就是说将使得残差平方和

$$Q(\beta_0, \beta_1, \cdots \beta_k) = \sum_{i=1}^{n}(y_i - \hat{y}_i)^2 = \sum_{i=1}^{n}(y_i - \hat{\beta}_0 + \hat{\beta}_1 x_{i1} + \hat{\beta}_2 x_{i2} + \cdots + \hat{\beta}_k x_{ik})^2, \tag{8-3-11}$$

达到最小的 $\hat{\beta}_i(i=0, 1, 2, \cdots, k)$ 作为 $\beta_i(i=0, 1, 2, \cdots, k)$ 的估计值。

根据微积分的极值定理，对 Q 关于 $\hat{\beta}_i(i=0, 1, 2, \cdots, k)$ 求偏导，并令导数为零，便可求出 $\hat{\beta}_i(i=0, 1, 2, \cdots, k)$，即

$$\begin{cases} \dfrac{\partial Q}{\partial \hat{\beta}_0} = 0, \\ \dfrac{\partial Q}{\partial \hat{\beta}_i} = 0 \quad (i=1, 2, \cdots, k). \end{cases} \tag{8-3-12}$$

求解上述方程通常需要借助计算机。

对于多元回归模型的显著性检验和判定系数的计算与一元回归模型类似，故不赘述。

在例8-3中分析不良贷款产生的原因时，可以建立不良贷款 y 与贷款余额 x_1、累计应收贷款 x_2、贷款项目个数 x_3 和固定资产投资额 x_4 的线性回归模型：

$$y = \beta_0 + \beta_1 x_1 + \beta_2 x_2 + \beta_3 x_3 + \beta_4 x_4 + \varepsilon,$$

利用样本数据进行最小二乘估计得到估计的多元线性回归方程为

$$\hat{y} = -1.022 + 0.040 x_1 + 0.148 x_2 + 0.015 x_3 - 0.029 x_4.$$

$$(0.782) \quad (0.010) \quad (0.079) \quad (0.083) \quad (0.015) \quad R^2 = 0.7976$$

注：括号内数值为对应参数的标准差.

各回归系数的实际意义如下：

$\hat{\beta_1} = 0.040$，表示在累计应收贷款、贷款项目个数和固定资产投资额不变的条件下，贷款余额每增加 1 亿元，不良贷款将平均显著增加 0.040 亿元.

$\hat{\beta_2} = 0.148$，表示在贷款余额、贷款项目个数和固定资产投资额不变的条件下，累计应收贷款每增加 1 亿元，不良贷款平均显著增加 0.148 亿元.

$\hat{\beta_3} = 0.015$，表示在贷款余额、累计应收贷款和固定资产投资额不变的条件下，贷款项目个数每增加 1 个，不良贷款平均增加 0.015 亿元，但该影响不显著.

$\hat{\beta_4} = -0.029$，表示在贷款余额、累计应收贷款和贷款项目个数不变的条件下，固定资产投资额每增加 1 亿元，不良贷款平均显著减少 0.029 亿元.

判定系数 $R^2 = 0.7976$，说明在不良贷款取值的变差中，有 79.76% 可以被贷款余额、累计应收贷款、贷款项目个数和固定资产投资额的多元回归方程来解释，说明模型拟合得较好.

§8.4　曲线回归分析

现实世界中严格的线性模型并不多见，它们或多或少都带有某种程度的近似，在不少情况下，非线性模型可能更加符合实际，因此，非线性回归与线性回归同样重要.下面主要介绍可化为线性回归的非线性回归分析.

在对数据进行分析时，常常先通过画出数据的散点图来判断两个变量间可能存在的关系.如果两个变量间存在线性关系，我们可以用前面所述的方法建立一元线性回归方程来描述；如果它们之间存在着一种非线性关系，常通过变量代换的方法，使新变量之间具有线性关系，然后利用线性回归方法对其进行分析，这样的分析方法称为**曲线回归分析**.

下面给出一些常见的可线性化的一元非线性函数及其线性化方法.

1.双曲线函数 $\dfrac{1}{y} = a + \dfrac{b}{x}$

令 $u = \dfrac{1}{x}$，$v = \dfrac{1}{y}$，则双曲线函数 $\dfrac{1}{y} = a + \dfrac{b}{x}$ 可转化为线性函数

$$v = a + bu.$$

2.幂函数 $y = ax^b$

令 $u = \ln x$，$v = \ln y$，则幂函数 $y = ax^b$ 可转化为线性函数

$$v = \ln a + bu.$$

3.指数函数 $y = ae^{bx}$

令 $u = x$，$v = \ln y$，则指数函数 $y = ae^{bx}$ 可转化为线性函数

$$v = \ln a + bu.$$

4.对数函数 $y = a + b\ln x$

令 $u = \ln x$，$v = y$，则对数函数 $y = a + b\ln x$ 可转化为线性函数

$$v = a + bu.$$

5.S型函数 $y = \dfrac{1}{a + be^{-x}}$

令 $u = e^{-x}$，$v = \dfrac{1}{y}$，则S型函数 $y = \dfrac{1}{a + be^{-x}}$ 可转化为线性函数

$$v = a + bu.$$

特别地，在回归分析中常遇到变量间存在多项式关系的情形，例如

$$y = a + b_1 x + b_2 x^2.$$

此时，可以通过变量代换的方法将其转化为线性关系的情形. 即令 $u_1 = x$，$u_2 = x^2$，$v = y$，则多项式函数可转化为线性函数

$$v = a + b_1 u_1 + b_2 u_2.$$

§8.5　本章实验

实验8-1[服务评价问题]　为了对几个行业的服务质量进行评价，消费者协会在零售业、旅游业、航空业、家电制造业分别抽取了不同的企业作为样本. 假设每个行业中抽取的企业其服务对象、服务内容、企业规模等方面基本相同，然后统计出近一年来消费者对这23家企业投诉的次数，结果如表8-1-1所示. 试分析不同行业间服务质量是否存在显著差异.

实验准备：

利用Excel中"数据分析"工具进行方差分析.

实验步骤：

第1步，在Excel表中输入要分析的数据，如图8-5-1（a）所示.

第2步，在Excel主菜单中选择"数据"→"数据分析"，打开"数据分析"对话框，在列表中选择"方差分析：单因素方差分析"选项，单击"确定".

第3步，在打开的"方差分析：单因素方差分析"对话框中，点击"输入区域" ▦ 后，在Excel中选择数据，并在"α（A）"处输入显著性水平"0.05"，如图8-5-1（b）所示，单击"确定"，得到方差分析的结果如图8-5-1（c）所示.

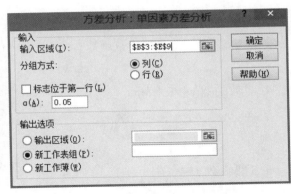

	A	B	C	D	E
1		行业			
2		零售业	旅游业	航空业	家电制造业
3	被	57	68	31	44
4	投	66	39	49	51
5	诉	49	29	21	65
6	次	40	45	34	77
7	数	34	56	40	58
8		53	51		
9		44			

(a)被投诉次数

(b)"方差分析:单因素方差分析"对话框

方差分析:单因素方差分析

SUMMARY

组	观测数	求和	平均	方差
列 1	7	343	49	116.6667
列 2	6	288	48	184.8
列 3	5	175	35	108.5
列 4	5	295	59	162.5

方差分析

差异源	SS	df	MS	F	P-value	F crit
组间	1456.61	3	485.5362	3.406643	0.038765	3.12735
组内	2708	19	142.5263			
总计	4164.61	22				

(c)单因素方差分析结果

图8-5-1

实验8-2[火箭射程因素] 为了考察4种不同燃料与3种不同型号的推进器对火箭射程（单位：海里）的影响，做了12次试验，数据如表8-2-1所示. 另外，考虑燃料和推进器对火箭射程的影响时，假设燃料和推进器的组合可能会对火箭射程产生一个新的影响，故对4种不同燃料和3种不同型号推进器的每种搭配发射两次火箭并记录火箭射程数据，如表8-2-7所示. 同时考虑燃料和推进器对火箭射程的影响.

实验准备：

利用Excel中"数据分析"工具进行无交互作用双因素方差分析和有交互作用双因素方差分析.

实验步骤：

1）无交互作用双因素方差分析

第1步，在Excel表中输入要分析的数据，如图8-5-2（a）所示.

第2步，在Excel主菜单中选择"数据"→"数据分析"，打开"数据分析"对话框，在列表中选择"方差分析：无重复双因素分析"选项，单击"确定".

第3步，在打开的"方差分析：无重复双因素分析"对话框中，点击"输入区域"  后，在Excel中选择数据，并在"α（A）"处输入显著性水平"0.05"，如图8-5-2（b）所示，单击"确定"，得到方差分析的结果如图8-5-2（c）所示．

	A	B	C	D	E
1	观测值		推进器因素		
2			推进器1	推进器2	推进器3
3	燃	燃料1	58.2	56.2	65.3
4	料	燃料2	49.1	54.1	51.6
5	因	燃料3	60.1	70.9	39.2
6	素	燃料4	75.8	58.2	48.7

(a)火箭射程数据

(b)"方差分析:无重复双因素分析"对话框

	A	B	C	D	E	F	G
1	方差分析：无重复双因素分析						
2							
3	SUMMARY	观测数	求和	平均	方差		
4	行 1	3	179.7	59.9	22.87		
5	行 2	3	154.8	51.6	6.25		
6	行 3	3	170.2	56.73333	259.7233		
7	行 4	3	182.7	60.9	189.07		
8							
9	列 1	4	243.2	60.8	123.0467		
10	列 2	4	239.4	59.85	57.07		
11	列 3	4	204.8	51.2	116.4067		
12							
13							
14	方差分析						
15	差异源	SS	df	MS	F	P-value	F crit
16	行	157.59	3	52.53	0.430586	0.738747	4.757063
17	列	223.8467	2	111.9233	0.917429	0.449118	5.143253
18	误差	731.98	6	121.9967			
19							
20	总计	1113.417	11				

(c)无交互作用双因素方差分析结果

图8-5-2

2）有交互作用双因素方差分析

第1步，在Excel表中输入要分析的数据，如图8-5-3（a）所示．

第2步，在Excel主菜单中选择"数据"→"数据分析"，打开"数据分析"对话框，在列表中选择"方差分析：可重复双因素分析"选项，单击"确定"．

第3步，在打开的"方差分析：可重复双因素分析"对话框中，点击"输入区域" 后，在Excel中选择数据，并在"每一样本的行数"中输入"2"，在"α（A）"处输入显著性水平"0.05"，如图8-5-3（b）所示，单击"确定"，得到方差分析的结果如图8-5-3（c）所示．

	A	B	C	D
1		推进器1	推进器2	推进器3
2	燃料1	58.2	56.2	65.3
3		52.6	41.2	60.8
4	燃料2	49.1	54.1	51.6
5		42.8	50.5	48.4
6	燃料3	60.1	70.9	39.2
7		58.3	73.2	40.7
8	燃料4	75.8	58.2	48.7
9		71.5	51	41.4

(a)火箭射程数据

(b)"方差分析:可重复双因素分析"对话框

方差分析:可重复双因素分析

SUMMARY	推进器1	推进器2	推进器3	总计
燃料1				
观测数	2	2	2	6
求和	110.8	97.4	126.1	334.3
平均	55.4	48.7	63.05	55.71667
方差	15.68	112.5	10.125	68.90567
燃料2				
观测数	2	2	2	6
求和	91.9	104.6	100	296.5
平均	45.95	52.3	50	49.41667
方差	19.845	6.48	5.12	14.55767
燃料3				
观测数	2	2	2	6
求和	118.4	144.1	79.9	342.4
平均	59.2	72.05	39.95	57.06667
方差	1.62	2.645	1.125	209.8907
燃料4				
观测数	2	2	2	6
求和	147.3	109.2	90.1	346.6
平均	73.65	54.6	45.05	57.76667
方差	9.245	25.92	26.645	181.9707

总计			
观测数	8	8	8
求和	468.4	455.3	396.1
平均	58.55	56.9125	49.5125
方差	120.0886	113.4241	90.38982

方差分析

差异源	SS	df	MS	F	P-value	F crit
样本	261.675	3	87.225	4.417388	0.025969	3.490295
列	370.9808	2	185.4904	9.393902	0.003506	3.885294
交互	1768.693	6	294.7821	14.92882	6.15E-05	2.99612
内部	236.95	12	19.74583			
总计	2638.298	23				

(c)有交互作用双因素方差分析结果

图8-5-3

实验8-3[不良贷款的原因] 一家银行在多个地区设有分行.近年来,该银行的贷款额平稳增长,但不良贷款额也有较大比例的提高,为了弄清不良贷款的形成原因,管理者希望利用银行业务的相关数据做定量分析.该银行的25家分行的有关业务数据如表8-3-1所示.

实验准备:

(1)利用Excel画散点图.

(2)利用Excel中"数据分析"工具进行相关分析.

(3)利用Excel中"数据分析"工具进行一元和多元回归分析.

实验步骤:

1)画散点图

第1步,在Excel表中输入要分析的数据,某银行的主要业务数据如图8-5-4所示.

	A	B	C	D	E	F
1	分行编号	不良贷款（亿元）	各项贷款余额（亿元）	本年累计应收贷款（亿元）	贷款项目个数（个）	本年固定资产投资额（亿元）
2	1	0.9	67.3	6.8	5	51.9
3	2	1.1	111.3	19.8	16	90.9
4	3	4.8	173.0	7.7	17	73.7
5	4	3.2	80.8	7.2	10	14.5
6	5	7.8	199.7	16.5	19	63.2
7	6	2.7	16.2	2.2	1	2.2
8	7	1.6	107.4	10.7	17	20.2
9	8	12.5	185.4	27.1	18	43.8
10	9	1.0	96.1	1.7	10	55.9
11	10	2.6	72.8	9.1	14	64.3
12	11	0.3	64.2	2.1	11	42.7
13	12	4.0	132.2	11.2	23	76.7
14	13	0.8	58.6	6.0	14	22.8
15	14	3.5	174.6	12.7	26	117.1
16	15	10.2	263.5	15.6	34	146.7
17	16	3.0	79.3	8.9	15	29.9
18	17	0.2	14.8	0.6	2	42.1
19	18	0.4	73.5	5.9	11	25.3
20	19	1.0	24.7	5.0	4	13.4
21	20	6.8	139.4	7.2	28	64.3
22	21	11.6	368.2	16.8	32	163.9
23	22	1.6	95.7	3.8	10	44.5
24	23	1.2	109.6	10.3	14	67.9
25	24	7.2	196.2	15.8	16	39.7
26	25	3.2	102.2	12.0	10	97.1

图 8-5-4

第 2 步，依次选中单元格区域：B1：B26，C1：C26；B1：B26，D1：D26；B1：B26，E1：E26；B1：B26，F1：F26，并选择主菜单"插入"→"散点图"，选择其中的一种散点图并单击，即可依次得到相应的散点图. 不良贷款与其影响因素的散点图如图 8-5-5 所示.

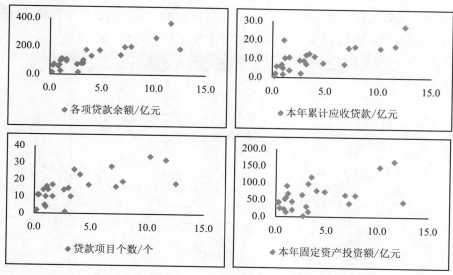

图 8-5-5

2）相关分析

第1步，在Excel表中输入要分析的数据，如图8-5-4所示．

第2步，在Excel主菜单中选择"数据"→"数据分析"，打开"数据分析"对话框，在列表中选择"相关系数"选项，单击"确定"．

第3步，在打开的"相关系数"对话框中，点击"输入区域" 后，在Excel中选择数据，在"标志位于第一行"前打钩，如图8-5-6（a）所示，单击"确定"，得到相关分析的结果如图8-5-6（b）所示．

(a)"相关系数"对话框

(b)"相关系数"分析结果

图8-5-6

3）回归分析

第1步，在Excel表中输入要分析的数据，如图8-5-4所示．

第2步，在Excel主菜单中选择"数据"→"数据分析"，打开"数据分析"对话框，在列表中选择"回归"选项，单击"确定"．

第3步，在打开的"回归"对话框中，点击"Y值输入区域" 后，在Excel中选择数据；点击"X值输入区域" 后，在Excel中选择数据；在"标志"前打钩，如图8-5-7（a）所示，单击"确定"，得到回归分析的结果如图8-5-7（b）所示．

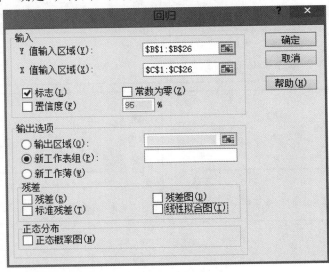

(a)"回归"对话框

	A	B	C	D	E	F	G
1	SUMMARY OUTPUT						
2							
3	回归统计						
4	Multiple R	0.843571					
5	R Square	0.711613					
6	Adjusted R Square	0.699074					
7	标准误差	1.979948					
8	观测值	25					
9							
10	方差分析						
11		df	SS	MS	F	gnificance F	
12	回归分析	1	222.486	222.486	56.75384	1.18E-07	
13	残差	23	90.16442	3.920192			
14	总计	24	312.6504				
15							
16		Coefficien	标准误差	t Stat	P-value	Lower 95%	Upper 95%
17	Intercept	-0.82952	0.723043	-1.14726	0.263068	-2.32525	0.666208
18	各项贷款余额(亿元)	0.037895	0.00503	7.533515	1.18E-07	0.027489	0.0483

(b)贷款余额对不良贷款影响的回归结果

图8-5-7

第4步，在打开的"回归"对话框中，点击"Y值输入区域"后，在Excel中选择数据；点击"X值输入区域"后，在Excel中选择数据；在"标志"前打钩，如图8-5-8（a）所示，单击"确定"，得到相关分析的结果如图8-5-8（b）所示.

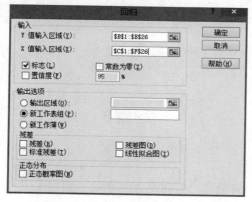

(a)"回归"对话框

	A	B	C	D	E	F	G
1	SUMMARY OUTPUT						
2							
3	回归统计						
4	Multiple R	0.8930868					
5	R Square	0.797604					
6	Adjusted R Square	0.7571248					
7	标准误差	1.7787523					
8	观测值	25					
9							
10	方差分析						
11		df	SS	MS	F	gnificance F	
12	回归分析	4	249.3712	62.3428	19.70404	1.04E-06	
13	残差	20	63.27919	3.16396			
14	总计	24	312.6504				
15							
16		Coefficient	标准误差	t Stat	P-value	Lower 95%	Upper 95%
17	Intercept	-1.02164	0.782372	-1.30582	0.206434	-2.65364	0.61036
18	各项贷款余额(亿元)	0.0400394	0.010434	3.837495	0.001028	0.018275	0.061804
19	本年累计应收贷款(亿元)	0.1480339	0.078794	1.878738	0.074935	-0.01633	0.312396
20	贷款项目个数(个)	0.0145294	0.083033	0.174983	0.862853	-0.15867	0.187733
21	本年固定资产投资额(亿元)	-0.029193	0.015073	-1.93677	0.06703	-0.06063	0.002249

(b)不良贷款及其影响因素的回归结果

图8-5-8

◎**知识扩展**

　　"回归"这个词最早是由高尔顿(F.Galton)提出的,高尔顿是达尔文(C.R.Darwin)的表弟.他非常痴迷其兄长的进化论学说,所以一直希望把进化论学说应用到实证中,来证明不同人为什么会具有不同的特性.他在当时研究了人的各种特征,并且从指纹到颜值进行了各种打分.受达尔文进化论的影响,作为学者的高尔顿在当时也是人种优生论的支持者之一.然而瑕不掩瑜,高尔顿将统计学基础引入到了人文社科大类当中,提出了定量研究的理念,在很大程度上引领了人文社科大类的发展.

　　1884年,高尔顿在伦敦建立了一间"人体测量实验室",收集了大量有关公众身体特征和能力的数据,如身高、体重、视力及其他特征.从这些数据中,高尔顿发现父辈的身高和子辈的身高之间存在着某种特定的关系.他通过进一步的研究发现:事实上子辈的平均身高是其父辈平均身高以及他们所处族群平均身高的加权平均和.他把这种趋势平均化的现象写到了自己1886年的论文 *Regression towards Mediocrity in Hereditary Stature* 中.现今,人们把论文中的这种"回归"现象称为均值回归.其背后的意义是:虽然单看一组父亲和孩子的身高数值,两个人的身高可能差异很大,但是从整个人群来看,父亲和孩子的身高分布应该是很相近的.换句话说,事物总是倾向于朝着某种"平均"发展,也可以说是回归于事物本来的面目.

习题8

一、填空题

1.在方差分析中,总平方和SST、组间平方和SSA、组内平方和SSE的关系为_____.

2.在回归分析中,判定系数 R^2 的取值范围是_____.

3.用一组有30个观测值的样本估计模型 $y=\beta_0+\beta_1 x+\varepsilon$, $\varepsilon \sim N(0, \sigma^2)$,在0.05的显著性水平下对 β_1 的显著性做 t 检验,则 β_1 显著地不等于零的条件是其统计量 $t>$_____.

4.在线性回归模型 $y=\beta_0+\beta_1 x+\varepsilon$, $\varepsilon \sim N(0, \sigma^2)$ 中,检验 H_0: $\beta_1=0$ 时,所选的统计量

$$t=\frac{\hat{\beta}_1}{\sqrt{\operatorname{var}(\hat{\beta}_1)}}$$ 服从_____.

5.在二元回归模型 $y=\beta_0+\beta_1 x_1+\beta_2 x_2+\varepsilon$ 中,已知采用普通最小二乘法估计后得到总平方和SST $=1.0288$,残差平方和SSE $=0.4347$,则解释平方和SSR $=$_____,模型的 $R^2=$_____.

二、单项选择题

1.方差分析所要研究的问题是 (　　).

　(A) 各总体的方差是否相等

(B) 分类型自变量对数值型因变量的影响是否显著

(C) 各样本数据之间是否有显著差异

(D) 分类型因变量对数值型自变量的影响是否显著

2. 组间误差是衡量因素的不同水平（不同总体）下各样本之间的误差，它（　　）.

(A) 只包含随机误差　　　　　　　　(B) 既包含随机误差也包含系统误差

(C) 只包含系统误差　　　　　　　　(D) 有时包含随机误差，有时包含系统误差

3. 考察不同性别的学生学习效果是否存在差异时，共抽取了 n 个学生，采用单因素方差分析，计算 F 统计量，其分子与分母的自由度依次为（　　）.

(A) 1，$n-2$　　(B) 2，$n-2$　　(C) $n-2$，1　　(D) $n-2$，2

4. 在方差分析中，如果拒绝原假设，则表明（　　）.

(A) 自变量对因变量有显著影响　　　(B) 所检验的各总体均值之间都相等

(C) 不能认为自变量对因变量有显著影响　(D) 所检验的各样本均值之间都不相等

5. 相关关系是（　　）.

(A) 现象间客观存在的依存关系　　　(B) 现象间的一种非确定性的数量关系

(C) 现象间的一种确定性的数量关系　(D) 现象间存在的函数关系

6. 一般来说，当居民收入减少时，居民储蓄存款也会相应减少，两者之间的关系可能是（　　）.

(A) 负相关　　(B) 正相关　　(C) 零相关　　(D) 曲线相关

7. 在一元回归分析模型 $y=\beta_0+\beta_1 x+\varepsilon$ 中，假定误差项 ε 服从的分布是（　　）.

(A) 两点分布　　(B) $N(0,1)$　　(C) $N(1,\sigma^2)$　　(D) $N(0,\sigma^2)$

8. 在一元回归分析模型 $y=\beta_0+\beta_1 x+\varepsilon$ 中，假定 $\varepsilon\sim N(0,\sigma^2)$ 相当于假定（　　）.

(A) $y\sim N(0,\sigma^2)$

(B) $y\sim N(0,1)$

(C) y 是常量

(D) $y\sim N(\beta_0+\beta_1 x,\sigma^2)$

9. 设样本回归模型为 $y=\beta_0+\beta_1 x+u$，则在下列普通最小二乘法确定的 $\hat\beta_1$ 的公式中，错误的是（　　）.

(A) $\hat\beta_1=\dfrac{n\sum x_i y_i-\sum x_i\sum y_i}{\sum(x_i-\bar x)^2}$

(B) $\hat\beta_1=\dfrac{n\sum x_i y_i-\sum x_i\sum y_i}{n\sum x_i^2-(\sum x_i)^2}$

(C) $\hat\beta_1=\dfrac{\sum x_i y_i-n\bar x\bar y}{\sum x_i^2-n\bar x^2}$

(D) $\hat\beta_1=\dfrac{\sum(x_i-\bar x)(y_i-\bar y)}{\sum(x_i-\bar x)^2}$

10. 产量 X（单位：台）与单位产品成本 Y（单位：元/台）间的回归方程为 $\hat Y=356-1.5X$，这说明（　　）.

(A) 产量每增加一台，单位产品成本增加 356 元

(B) 产量每增加一台，单位产品成本减少 1.5 元

(C) 产量每增加一台，单位产品成本平均增加 356 元

(D) 产量每增加一台，单位产品成本平均减少 1.5 元

11.以 y 表示实际观测值，$\hat{y}$ 表示回归估计值，则普通最小二乘法估计参数的准则是使（　　）.

(A) $\sum(y_i - \hat{y}_i) = 0$　　　　　　(B) $\sum(y_i - \hat{y}_i)^2 = 0$

(C) $\sum(y_i - \hat{y}_i)$ 最小　　　　　　(D) $\sum(y_i - \hat{y}_i)^2$ 最小

12.对模型 $y_i = \beta_0 + \beta_1 x_i + \varepsilon_i$ 进行线性显著性检验的原假设是（　　）.

(A) $\beta_0 = \beta_1 = 0$　　(B) $\beta_1 \neq 0$　　(C) $\beta_1 = 0$　　(D) β_0, β_1 不全为 0

13.对样本的相关系数 γ，以下结论错误的是（　　）.

(A) $|\gamma|$ 越接近 0，x 与 y 之间线性相关程度越高

(B) $|\gamma|$ 越接近 1，x 与 y 之间线性相关程度越高

(C) $-1 \leqslant \gamma \leqslant 1$

(D) 若 $\gamma = 0$，则 x 与 y 相互独立

14.已知某一直线回归方程的判定系数为 0.64，设自变量与因变量正相关，则线性相关系数为（　　）.

(A) 0.64　　　　(B) 0.8　　　　(C) 0.4　　　　(D) 0.32

15.已知某产品产量与生产成本有直线关系，在这条直线上，当产量为 1000 件时，其生产成本为 50000 元，其中不随产量变化的成本为 12000 元，则成本总额对产量的回归方程是（　　）.

(A) $y = 12000 + 38x$　　　　　　(B) $y = 50000 + 12000x$

(C) $y = 38000 + 12x$　　　　　　(D) $y = 12000 + 50000x$

三、计算题

1.有三台机器生产规格相同的铝合金薄板，为检验三台机器生产薄板的厚度是否相同，随机地从每台机器生产的薄板中各抽取 5 个样品，测得结果如下：

机器 1：0.236，0.238，0.248，0.245，0.243；

机器 2：0.257，0.253，0.255，0.254，0.261；

机器 3：0.258，0.264，0.259，0.267，0.262.

试建立方差分析表，并判断三台机器生产薄板的厚度是否有显著差异.

2.考虑 4 个品牌的空调在 5 个地区的销售情况，为了调查空调的品牌和销售地区对销售量的影响，将近一年的销售数据收集如下：

观测值		地区因素				
		地区 1	地区 2	地区 3	地区 4	地区 5
品牌因素	品牌 1	365	350	343	340	323
	品牌 2	345	368	363	330	333
	品牌 3	358	323	353	343	308
	品牌 4	288	280	298	260	298

试建立方差分析表，并判断销售量的影响因素.

3.一家超市连锁店进行一项研究，以确定超市所在的位置和竞争者的数量对其销售额是否有显著影响．下面是获得的月销售额数据：

观测值		竞争者数量			
		0	1	2	≥3
超市位置	居民小区内	41，30，45	38，31，39	59，48，51	47，40，39
	写字楼内	25，31，22	29，35，30	44，48，50	43，42，53
	郊区	18，29，33	22，17，25	29，28，26	24，27，32

取显著性水平 $\alpha = 0.05$.

（1）检验竞争者数量对销售额是否有显著影响；

（2）检验超市位置对销售额是否有显著影响；

（3）检验竞争者数量和超市位置对销售额是否有交互影响．

4.某建材实验室做陶粒混凝土实验时，考察每立方米混凝土的水泥用量对混凝土抗压强度的影响，测得下列数据：

水泥用量	150	160	170	180	190	200	210	220	230	240	250	260
抗压强度	56.9	58.3	61.6	64.6	68.1	71.3	74.1	77.4	80.2	82.6	86.4	89.7

试通过计算相关系数判断水泥用量和混凝土抗压强度的相关关系．

5.为研究合金钢的强度和合金中含碳量的关系，专业人员收集了12组数据：

序号	1	2	3	4	5	6	7	8	9	10	11	12
含碳量	0.10	0.11	0.12	0.13	0.14	0.15	0.16	0.17	0.18	0.19	0.20	0.21
合金钢强度	42.0	43.0	45.0	45.0	45.0	47.5	49.0	53.0	50.0	55.0	55.0	60.0

试根据这些数据进行合金钢的强度 y 与合金中含碳量 x 之间的回归分析（建立回归模型，进行最小二乘估计，分析参数的含义，并分析回归方程拟合程度）．

6.根据对某企业某产品的销售额 y 以及相应价格 x 的11组观测资料计算得到：

$$\overline{xy} = 117849, \quad \bar{x} = 519, \quad \bar{y} = 217, \quad \overline{x^2} = 284958, \quad \overline{y^2} = 49046.$$

（1）估计销售额对价格的回归直线；

（2）当价格 $x = 10$ 时，求相应的销售额的平均水平．

7.下面是利用1970—1980年美国咖啡行业有关数据得到的回归结果．其中 Y 表示美国咖啡消费量（单位：杯/日/人），X 表示咖啡的平均零售价格（单位：美元/磅）．

$$\hat{Y}_t = 2.6911 - 0.4795X_t$$
$$se = (0.1216) \quad (\quad\quad)$$
$$t = (\quad\quad) \quad 42.06 \quad R^2 = 0.6628$$

（1）求括号中的数值；

（2）对模型中的参数进行显著性检验；

（3）解释斜率系数的含义．

习题8参考答案

参考文献

[1] 何蕴理,贺亚平,陈中和,等.经济数学基础:概率论与数理统计[M].2版.北京:高等教育出版社,2003.

[2] 刘喜波,崔玉杰,徐礼文.概率论与数理统计[M].北京:北京邮电大学出版社,2020.

[3] 柳金甫,王义东.概率论与数理统计[M].武汉:武汉大学出版社,2006.

[4] 吕同富,徐雅玲,张志红.概率统计及其应用[M].北京:北京交通大学出版社,2014.

[5] 宿娟,郑鹏社,冷礼辉.概率论与数理统计教程[M].成都:四川大学出版社,2020.

[6] 王保贵.概率论与数理统计[M].北京:科学出版社,2015.

[7] 王霞.概率论与数理统计[M].重庆:重庆大学出版社,2020.

[8] 张俊丽.概率统计及其应用[M].2版.北京:北京理工大学出版社,2019.

实验附录　常用函数的使用格式及功能介绍

（1）函数 BINOMDIST

使用格式：

　　　BINOMDIST(number_s，trials，probability_s，cumulative)

功能：返回二项式分布的概率值．其中，number_s 为试验成功的次数；trials 为独立试验的次数；probability_s 为每次试验中成功的概率；cumulative 为一逻辑值，用于确定函数的形式．如果 cumulative 为 TRUE，函数 BINOMDIST 返回累积分布函数，即至多 number_s 次成功的概率；如果为 FALSE，则返回概率密度函数，即 number_s 次成功的概率．

（2）函数 POISSON

使用格式：

　　　POISSON(x，mean，cumulative)

功能：返回泊松分布．其中，x 为事件数；mean 为期望值；cumulative 为一逻辑值，确定所返回的概率分布形式．如果 cumulative 为 TRUE，函数 POISSON 返回泊松累积分布概率；如果为 FALSE，则返回泊松概率密度函数．

（3）函数 NORMDIST

使用格式：

　　　NORMDIST(x，mean，standard_dev，cumulative)

功能：返回指定平均值和标准偏差的正态分布函数．其中，x 为需要计算其分布的数值；mean 为分布的算术平均值；standard_dev 为分布的标准偏差；cumulative 为一逻辑值，指明函数的形式．如果 cumulative 为 TRUE，函数 NORMDIST 返回累积分布函数；如果为 FALSE，则返回概率密度函数．

（4）函数 SUMPRODUCT

使用格式：

　　　SUMPRODUCT(array1，array2，array3，...)

功能：返回相应区域 array1，array2，array3，…乘积之和．

(5) 函数 SUM

使用格式：

SUM(number1，number2，…)

功能：返回所有数值 number1，number2，…的和.

(6) 函数 SQRT

使用格式：

SQRT(number)

功能：返回数值 number 的平方根.

(7) 函数 AVERAGE

使用格式：

AVERAGE(number1，number2，…)

功能：返回参数 number1，number2，…的算术平均值.

(8) 函数 VAR

使用格式：

VAR(number1，number2，…)

功能：计算给定样本 number1，number2，…的方差.

(9) 函数 STDEV

使用格式：

STDEV(number1，number2，…)

功能：计算给定样本 number1，number2，…的标准差.

(10) 函数 COUNT

使用格式：

COUNT(value1，value2，…)

功能：返回包含数字的单元格以及参数列表中数字的个数.

(11) 函数 ABS

使用格式：

ABS(number)

功能：返回数值 number 的绝对值.

(12) 函数 T.INV

使用格式：

T.INV(probability，deg_freedom)

功能：返回 t 分布的左尾临界值.其中，probability 为双尾 t 分布概率值，介于 0 与 1 之间，含 0 与 1；deg_freedom 为分布自由度，正整数.

(13) 函数 CHIINV

使用格式：

CHIINV(probability，degrees_freedom)

功能：返回 χ^2 分布的上 α 分位点.其中，$\alpha=$probability 为 χ^2 分布的单尾概率；degrees_freedom 为自由度.

（14）函数 NORMSINV

使用格式：

　　NORMSINV(probability)

功能：返回标准正态分布的分布函数的反函数值.

附录　常用统计表

附表1　几种常用的概率分布

名称	分布列或分布密度	数学期望	方差
两点分布	$P\{X=k\}=p^k(1-p)^{1-k}$ $(0<p<1,k=0,1)$	p	$p(1-p)$
二项分布	$P\{X=k\}=C_n^k p^k(1-p)^{n-k}$ $(0<p<1,k=0,1,2,\cdots,n)$	np	$np(1-p)$
泊松分布	$P\{X=k\}=\dfrac{\lambda^k}{k!}e^{-\lambda}$ $(\lambda>0,k=0,1,2,\cdots)$	λ	λ
均匀分布	$f(x)=\begin{cases}\dfrac{1}{b-a}, & a\leqslant x\leqslant b \\ 0, & \text{其他}\end{cases}\quad(a<b)$	$\dfrac{a+b}{2}$	$\dfrac{(b-a)^2}{12}$
指数分布	$f(x)=\begin{cases}\lambda e^{-\lambda x}, & x>0 \\ 0, & x\leqslant 0\end{cases}\quad(\lambda>0)$	$\dfrac{1}{\lambda}$	$\dfrac{1}{\lambda^2}$
标准正态分布	$\varphi(x)=\dfrac{1}{\sqrt{2\pi}}e^{-\frac{x^2}{2}}\quad(-\infty<x<+\infty)$	0	1
一般正态分布	$f(x)=\dfrac{1}{\sqrt{2\pi}\,\sigma}e^{-\frac{(x-\mu)^2}{2\sigma^2}}\quad(\sigma>0,-\infty<x<+\infty)$	μ	σ^2

附表2　泊松分布数值表

$$P\{X=k\}=\frac{\lambda^k}{k!}\,e^{-\lambda}$$

k	λ 0.1	0.2	0.3	0.4	0.5	0.6	0.7	0.8	0.9	1.0	1.5	2.0	2.5	3.0
0	0.9048	0.8187	0.7408	0.6703	0.6065	0.5488	0.4966	0.4493	0.4066	0.3679	0.2231	0.1353	0.0821	0.0498
1	0.0905	0.1637	0.2223	0.2681	0.3033	0.3293	0.3476	0.3595	0.3659	0.3679	0.3347	0.2707	0.2052	0.1494
2	0.0045	0.0164	0.0333	0.0536	0.0758	0.0988	0.1216	0.1438	0.1647	0.1839	0.2510	0.2707	0.2565	0.2240
3	0.0002	0.0011	0.0033	0.0072	0.0126	0.0198	0.0284	0.0383	0.0494	0.0613	0.1255	0.1805	0.2138	0.2240
4		0.0001	0.0003	0.0007	0.0016	0.0030	0.0050	0.0077	0.0111	0.0153	0.0471	0.0902	0.1336	0.1681
5				0.0001	0.0002	0.0003	0.0007	0.0012	0.0020	0.0031	0.0141	0.0361	0.0668	0.1008
6						0.0001	0.0002	0.0003	0.0005	0.0035	0.0120	0.0278	0.0504
7								0.0001	0.0008	0.0034	0.0099	0.0216
8									0.0002	0.0009	0.0031	0.0081
9										0.0002	0.0009	0.0027
10											0.0002	0.0008
11											0.0001	0.0002
12												0.0001

k	λ 3.5	4.0	4.5	5	6	7	8	9	10	11	12	13	14	15
0	0.0302	0.0183	0.0111	0.0067	0.0025	0.0009	0.0003	0.0001						
1	0.1057	0.0733	0.0500	0.0337	0.0149	0.0064	0.0027	0.0011	0.0004	0.0002	0.0001			
2	0.1850	0.1465	0.1125	0.0842	0.0446	0.0223	0.0107	0.0050	0.0023	0.0010	0.0004	0.0002	0.0001	
3	0.2158	0.1954	0.1687	0.1404	0.0892	0.0521	0.0286	0.0150	0.0076	0.0037	0.0018	0.0008	0.0004	0.0002
4	0.1888	0.1954	0.1898	0.1755	0.1339	0.0912	0.0573	0.0337	0.0189	0.0102	0.0053	0.0027	0.0013	0.0006
5	0.1322	0.1563	0.1708	0.1755	0.1606	0.1277	0.0916	0.0607	0.0378	0.0224	0.0127	0.0071	0.0037	0.0019
6	0.0771	0.1042	0.1281	0.1462	0.1606	0.1490	0.1221	0.0911	0.0631	0.0411	0.0255	0.0151	0.0087	0.0048
7	0.0385	0.0595	0.0824	0.1044	0.1377	0.1490	0.1396	0.1171	0.0901	0.0646	0.0437	0.0281	0.0174	0.0104
8	0.0169	0.0298	0.0463	0.0653	0.1033	0.1304	0.1396	0.1318	0.1126	0.0888	0.0655	0.0457	0.0304	0.0195
9	0.0065	0.0132	0.0232	0.0363	0.0688	0.1014	0.1241	0.1318	0.1251	0.1085	0.0874	0.0660	0.0473	0.0324
10	0.0023	0.0053	0.0104	0.0181	0.0413	0.0710	0.0993	0.1186	0.1251	0.1194	0.1048	0.0859	0.0663	0.0486
11	0.0007	0.0019	0.0043	0.0082	0.0225	0.0452	0.0722	0.0970	0.1137	0.1194	0.1144	0.1015	0.0843	0.0663
12	0.0002	0.0006	0.0015	0.0034	0.0113	0.0264	0.0481	0.0728	0.0948	0.1094	0.1144	0.1099	0.0984	0.0828
13	0.0001	0.0002	0.0006	0.0013	0.0052	0.0142	0.0296	0.0504	0.0729	0.0926	0.1056	0.1099	0.1061	0.0956
14		0.0001	0.0002	0.0005	0.0023	0.0071	0.0169	0.0324	0.0521	0.0728	0.0905	0.1021	0.1061	0.1025
15			0.0001	0.0002	0.0009	0.0033	0.0090	0.0194	0.0347	0.0533	0.0724	0.0885	0.0989	0.1025
16				0.0001	0.0003	0.0015	0.0045	0.0109	0.0217	0.0367	0.0543	0.0719	0.0865	0.0960
17					0.0001	0.0006	0.0021	0.0058	0.0128	0.0237	0.0383	0.0551	0.0713	0.0847
18						0.0002	0.0010	0.0029	0.0071	0.0145	0.0255	0.0397	0.0554	0.0706
19						0.0001	0.0004	0.0014	0.0037	0.0084	0.0161	0.0272	0.0408	0.0557
20							0.0002	0.0006	0.0019	0.0046	0.0097	0.0177	0.0286	0.0418
21							0.0001	0.0003	0.0009	0.0024	0.0055	0.0109	0.0191	0.0299
22								0.0001	0.0004	0.0013	0.0030	0.0065	0.0122	0.0204
23									0.0002	0.0006	0.0016	0.0036	0.0074	0.0133
24									0.0001	0.0003	0.0008	0.0020	0.0043	0.0083
25										0.0001	0.0004	0.0011	0.0024	0.0050
26											0.0002	0.0005	0.0013	0.0029
27											0.0001	0.0002	0.0007	0.0017
28												0.0001	0.0003	0.0009
29													0.0002	0.0004
30													0.0001	0.0002
31														0.0001

续表

	λ=20						λ=30				
k	p	k	p	k	p	k	p	k	p	k	p
5	0.0001	20	0.0889	35	0.0007	10		25	0.0511	40	0.0139
6	0.0002	21	0.0846	36	0.0004	11		26	0.0590	41	0.0102
7	0.0006	22	0.0769	37	0.0002	12	0.0001	27	0.0655	42	0.0073
8	0.0013	23	0.0669	38	0.0001	13	0.0002	28	0.0702	43	0.0051
9	0.0029	24	0.0557	39	0.0001	14	0.0005	29	0.0727	44	0.0035
10	0.0058	25	0.0446			15	0.0010	30	0.0727	45	0.0023
11	0.0106	26	0.0343			16	0.0019	31	0.0703	46	0.0015
12	0.0176	27	0.0254			17	0.0034	32	0.0659	47	0.0010
13	0.0271	28	0.0183			18	0.0057	33	0.0599	48	0.0006
14	0.0382	29	0.0125			19	0.0089	34	0.0529	49	0.0004
15	0.0517	30	0.0083			20	0.0134	35	0.0453	50	0.0002
16	0.0646	31	0.0054			21	0.0192	36	0.0378	51	0.0001
17	0.0760	32	0.0034			22	0.0261	37	0.0306	52	0.0001
18	0.0844	33	0.0021			23	0.0341	38	0.0242		
19	0.0889	34	0.0012			24	0.0426	39	0.0186		

	λ=40						λ=50				
k	p	k	p	k	p	k	p	k	p	k	p
15		35	0.0485	55	0.0043	25		45	0.0458	65	0.0063
16		36	0.0539	56	0.0031	26	0.0001	46	0.0498	66	0.0048
17		37	0.0583	57	0.0022	27	0.0001	47	0.0530	67	0.0036
18	0.0001	38	0.0614	58	0.0015	28	0.0002	48	0.0552	68	0.0026
19	0.0001	39	0.0629	59	0.0010	29	0.0004	49	0.0564	69	0.0019
20	0.0002	40	0.0629	60	0.0007	30	0.0007	50	0.0564	70	0.0014
21	0.0004	41	0.0614	61	0.0005	31	0.0011	51	0.0552	71	0.0010
22	0.0007	42	0.0585	62	0.0003	32	0.0017	52	0.0531	72	0.0007
23	0.0012	43	0.0544	63	0.0002	33	0.0026	53	0.0501	73	0.0005
24	0.0019	44	0.0495	64	0.0001	34	0.0038	54	0.0464	74	0.0003
25	0.0031	45	0.0440	65	0.0001	35	0.0054	55	0.0422	75	0.0002
26	0.0047	46	0.0382			36	0.0075	56	0.0377	76	0.0001
27	0.0070	47	0.0325			37	0.0102	57	0.0330	77	0.0001
28	0.0100	48	0.0271			38	0.0134	58	0.0285	78	0.0001
29	0.0139	49	0.0221			39	0.0172	59	0.0241		
30	0.0185	50	0.0177			40	0.0215	60	0.0201		
31	0.0238	51	0.0139			41	0.0262	61	0.0165		
32	0.0298	52	0.0107			42	0.0312	62	0.0133		
33	0.0361	53	0.0081			43	0.0363	63	0.0106		
34	0.0425	54	0.0060			44	0.0412	64	0.0082		

附表3　标准正态分布表

$$\Phi(x)=\int_{-\infty}^{x}\frac{1}{\sqrt{2\pi}}\mathrm{e}^{-\frac{t^2}{2}}\mathrm{d}t=P\{X\leqslant x\}$$

x	0.00	0.01	0.02	0.03	0.04	0.05	0.06	0.07	0.08	0.09
0.0	0.5000	0.5040	0.5080	0.5120	0.5160	0.5199	0.5239	0.5279	0.5319	0.5359
0.1	0.5398	0.5438	0.5478	0.5517	0.5557	0.5596	0.5636	0.5675	0.5714	0.5753
0.2	0.5793	0.5832	0.5871	0.5910	0.5948	0.5987	0.6026	0.6064	0.6103	0.6141
0.3	0.6179	0.6217	0.6255	0.6293	0.6331	0.6368	0.6404	0.6443	0.6480	0.6517
0.4	0.6554	0.6591	0.6628	0.6664	0.6700	0.6736	0.6772	0.6808	0.6844	0.6879
0.5	0.6915	0.6950	0.6985	0.7019	0.7054	0.7088	0.7123	0.7157	0.7190	0.7224
0.6	0.7257	0.7291	0.7324	0.7357	0.7389	0.7422	0.7454	0.7486	0.7517	0.7549
0.7	0.7580	0.7611	0.7642	0.7673	0.7703	0.7734	0.7764	0.7794	0.7823	0.7852
0.8	0.7881	0.7910	0.7939	0.7967	0.7995	0.8023	0.8051	0.8078	0.8106	0.8133
0.9	0.8159	0.8186	0.8212	0.8238	0.8264	0.8289	0.8355	0.8340	0.8365	0.8389
1.0	0.8413	0.8438	0.8461	0.8485	0.8508	0.8531	0.8554	0.8577	0.8599	0.8621
1.1	0.8643	0.8665	0.8686	0.8708	0.8729	0.8749	0.8770	0.8790	0.8810	0.8830
1.2	0.8849	0.8869	0.8888	0.8907	0.8925	0.8944	0.8962	0.8980	0.8997	0.9015
1.3	0.9032	0.9049	0.9066	0.9082	0.9099	0.9115	0.9131	0.9147	0.9162	0.9177
1.4	0.9192	0.9207	0.9222	0.9236	0.9251	0.9265	0.9279	0.9292	0.9306	0.9319
1.5	0.9332	0.9345	0.9357	0.9370	0.9382	0.9394	0.9406	0.9418	0.9430	0.9441
1.6	0.9452	0.9463	0.9474	0.9484	0.9495	0.9505	0.9515	0.9525	0.9535	0.9535
1.7	0.9554	0.9564	0.9573	0.9582	0.9591	0.9599	0.9608	0.9616	0.9625	0.9633
1.8	0.9641	0.9648	0.9656	0.9664	0.9672	0.9678	0.9686	0.9693	0.9700	0.9706
1.9	0.9713	0.9719	0.9726	0.9732	0.9738	0.9744	0.9750	0.9756	0.9762	0.9767
2.0	0.9772	0.9778	0.9783	0.9788	0.9793	0.9798	0.9803	0.9808	0.9812	0.9817
2.1	0.9821	0.9826	0.9830	0.9834	0.9838	0.9842	0.9846	0.9850	0.9854	0.9857
2.2	0.9861	0.9864	0.9868	0.9871	0.9874	0.9878	0.9881	0.9884	0.9887	0.9890
2.3	0.9893	0.9896	0.9898	0.9901	0.9904	0.9906	0.9909	0.9911	0.9913	0.9916
2.4	0.9918	0.9920	0.9922	0.9925	0.9927	0.9929	0.9931	0.9932	0.9934	0.9936
2.5	0.9938	0.9940	0.9941	0.9943	0.9945	0.9946	0.9948	0.9949	0.9951	0.9952
2.6	0.9953	0.9955	0.9956	0.9957	0.9959	0.9960	0.9961	0.9962	0.9963	0.9964
2.7	0.9965	0.9966	0.9967	0.9968	0.9969	0.9970	0.9971	0.9972	0.9973	0.9974
2.8	0.9974	0.9975	0.9976	0.9977	0.9977	0.9978	0.9979	0.9979	0.9980	0.9981
2.9	0.9981	0.9982	0.9982	0.9983	0.9984	0.9984	0.9985	0.9985	0.9986	0.9986

x	0.0	0.1	0.2	0.3	0.4	0.5	0.6	0.7	0.8	0.9
3	0.9987	0.9990	0.9993	0.9995	0.9997	0.9998	0.9998	0.9999	0.9999	1.0000

附表 4　t 分布表

$$P\{T > t_\alpha(n)\} = \int_{t_\alpha(n)}^{+\infty} f(x)\mathrm{d}x = \alpha$$

n	α							
	0.25	0.2	0.15	0.1	0.05	0.025	0.01	0.005
1	1.000	1.376	1.963	3.078	6.314	12.71	31.82	63.66
2	0.816	1.061	1.386	1.886	2.920	4.303	6.965	9.925
3	0.765	0.978	1.250	1.638	2.353	3.182	4.541	5.841
4	0.741	0.941	1.190	1.533	2.132	2.776	3.747	4.604
5	0.727	0.920	1.156	1.476	2.015	2.571	3.365	4.032
6	0.718	0.906	1.134	1.440	1.943	2.447	3.143	3.707
7	0.711	0.896	1.119	1.415	1.895	2.365	2.998	3.499
8	0.706	0.889	1.108	1.397	1.860	2.306	2.896	3.355
9	0.703	0.883	1.100	1.383	1.833	2.262	2.821	3.250
10	0.700	0.879	1.093	1.372	1.812	2.228	2.764	3.169
11	0.697	0.876	1.088	1.363	1.796	2.201	2.718	3.106
12	0.695	0.873	1.083	1.356	1.782	2.179	2.681	3.055
13	0.694	0.870	1.079	1.350	1.771	2.160	2.650	3.012
14	0.692	0.868	1.076	1.345	1.761	2.145	2.624	2.977
15	0.691	0.866	1.074	1.341	1.753	2.131	2.602	2.947
16	0.690	0.865	1.071	1.337	1.746	2.120	2.583	2.921
17	0.689	0.863	1.069	1.333	1.740	2.110	2.567	2.898
18	0.688	0.862	1.067	1.330	1.734	2.101	2.552	2.878
19	0.688	0.861	1.066	1.328	1.729	2.093	2.539	2.861
20	0.687	0.860	1.064	1.325	1.725	2.086	2.528	2.845
21	0.686	0.859	1.063	1.323	1.721	2.080	2.518	2.831
22	0.686	0.858	1.061	1.321	1.717	2.074	2.508	2.819
23	0.685	0.858	1.060	1.319	1.714	2.069	2.500	2.807
24	0.685	0.857	1.059	1.318	1.711	2.064	2.492	2.797
25	0.684	0.856	1.058	1.316	1.708	2.060	2.485	2.787
26	0.684	0.856	1.058	1.315	1.706	2.056	2.479	2.779
27	0.684	0.855	1.057	1.314	1.703	2.052	2.473	2.771
28	0.683	0.855	1.056	1.313	1.701	2.048	2.467	2.763
29	0.683	0.854	1.055	1.311	1.699	2.045	2.462	2.756
30	0.683	0.854	1.055	1.310	1.697	2.042	2.457	2.750
40	0.681	0.851	1.050	1.303	1.684	2.021	2.423	2.704
50	0.679	0.849	1.047	1.299	1.676	2.009	2.403	2.678
60	0.679	0.848	1.045	1.296	1.671	2.000	2.390	2.660
80	0.678	0.846	1.043	1.292	1.664	1.990	2.374	2.639
100	0.677	0.845	1.042	1.290	1.660	1.984	2.364	2.626
120	0.677	0.845	1.041	1.289	1.658	1.980	2.358	2.617
∞	0.674	0.842	1.036	1.282	1.645	1.960	2.326	2.576

附表5 χ^2分布表

$$P\{\chi^2(n) > \chi_\alpha^2(n)\} = \alpha$$

n	α									
	0.995	0.990	0.975	0.950	0.900	0.100	0.050	0.025	0.010	0.005
1.000	0.000	0.000	0.001	0.004	0.016	2.706	3.841	5.024	6.635	7.879
2.000	0.010	0.020	0.051	0.103	0.211	4.605	5.991	7.378	9.210	10.597
3.000	0.072	0.115	0.216	0.352	0.584	6.251	7.815	9.348	11.345	12.838
4.000	0.207	0.297	0.484	0.711	1.064	7.779	9.488	11.143	13.277	14.860
5.000	0.412	0.554	0.831	1.145	1.610	9.236	11.070	12.833	15.086	16.750
6.000	0.676	0.872	1.237	1.635	2.204	10.645	12.592	14.449	16.812	18.548
7.000	0.989	1.239	1.690	2.167	2.833	12.017	14.067	16.013	18.475	20.278
8.000	1.344	1.646	2.180	2.733	3.490	13.362	15.507	17.535	20.090	21.955
9.000	1.735	2.088	2.700	3.325	4.168	14.684	16.919	19.023	21.666	23.589
10.000	2.156	2.558	3.247	3.940	4.865	15.987	18.307	20.483	23.209	25.188
11.000	2.603	3.053	3.816	4.575	5.578	17.275	19.675	21.920	24.725	26.757
12.000	3.074	3.571	4.404	5.226	6.304	18.549	21.026	23.337	26.217	28.300
13.000	3.565	4.107	5.009	5.892	7.042	19.812	22.362	24.736	27.688	29.819
14.000	4.075	4.660	5.629	6.571	7.790	21.064	23.685	26.119	29.141	31.319
15.000	4.601	5.229	6.262	7.261	8.547	22.307	24.996	27.488	30.578	32.801
16.000	5.142	5.812	6.908	7.962	9.312	23.542	26.296	28.845	32.000	34.267
17.000	5.697	6.408	7.564	8.672	10.085	24.769	27.587	30.191	33.409	35.718
18.000	6.265	7.015	8.231	9.390	10.865	25.989	28.869	31.526	34.805	37.156
19.000	6.844	7.633	8.907	10.117	11.651	27.204	30.144	32.852	36.191	38.582
20.000	7.434	8.260	9.591	10.851	12.443	28.412	31.410	34.170	37.566	39.997
21.000	8.034	8.897	10.283	11.591	13.240	29.615	32.671	35.479	38.932	41.401
22.000	8.643	9.542	10.982	12.338	14.041	30.813	33.924	36.781	40.289	42.796
23.000	9.260	10.196	11.689	13.091	14.848	32.007	35.172	38.076	41.638	44.181
24.000	9.886	10.856	12.401	13.848	15.659	33.196	36.415	39.364	42.980	45.559
25.000	10.520	11.524	13.120	14.611	16.473	34.382	37.652	40.646	44.314	46.928
26.000	11.160	12.198	13.844	15.379	17.292	35.563	38.885	41.923	45.642	48.290
27.000	11.808	12.879	14.573	16.151	18.114	36.741	40.113	43.195	46.963	49.645
28.000	12.461	13.565	15.308	16.928	18.939	37.916	41.337	44.461	48.278	50.993
29.000	13.121	14.256	16.047	17.708	19.768	39.087	42.557	45.722	49.588	52.336
30.000	13.787	14.953	16.791	18.493	20.599	40.256	43.773	46.979	50.892	53.672
31.000	14.458	15.655	17.539	19.281	21.434	41.422	44.985	48.232	52.191	55.003
32.000	15.134	16.362	18.291	20.072	22.271	42.585	46.194	49.480	53.486	56.328
33.000	15.815	17.074	19.047	20.867	23.110	43.745	47.400	50.725	54.776	57.648
34.000	16.501	17.789	19.806	21.664	23.952	44.903	48.602	51.966	56.061	58.964
35.000	17.192	18.509	20.569	22.465	24.797	46.059	49.802	53.203	57.342	60.275
36.000	17.887	19.233	21.336	23.269	25.643	47.212	50.998	54.437	58.619	61.581
37.000	18.586	19.960	22.106	24.075	26.492	48.363	52.192	55.668	59.893	62.883
38.000	19.289	20.691	22.878	24.884	27.343	49.513	53.384	56.896	61.162	64.181

续表

n	α									
	0.995	0.990	0.975	0.950	0.900	0.100	0.050	0.025	0.010	0.005
39.000	19.996	21.426	23.654	25.695	28.196	50.660	54.572	58.120	62.428	65.476
40.000	20.707	22.164	24.433	26.509	29.051	51.805	55.758	59.342	63.691	66.766
41.000	21.421	22.906	25.215	27.326	29.907	52.949	56.942	60.561	64.950	68.053
42.000	22.138	23.650	25.999	28.144	30.765	54.090	58.124	61.777	66.206	69.336
43.000	22.859	24.398	26.785	28.965	31.625	55.230	59.304	62.990	67.459	70.616
44.000	23.584	25.148	27.575	29.787	32.487	56.369	60.481	64.201	68.710	71.893
45.000	24.311	25.901	28.366	30.612	33.350	57.505	61.656	65.410	69.957	73.166
46.000	25.041	26.657	29.160	31.439	34.215	58.641	62.830	66.617	71.201	74.437
47.000	25.775	27.416	29.956	32.268	35.081	59.774	64.001	67.821	72.443	75.704
48.000	26.511	28.177	30.755	33.098	35.949	60.907	65.171	69.023	73.683	76.969
49.000	27.249	28.941	31.555	33.930	36.818	62.038	66.339	70.222	74.919	78.231
50.000	27.991	29.707	32.357	34.764	37.689	63.167	67.505	71.420	76.154	79.490
51.000	28.735	30.475	33.162	35.600	38.560	64.295	68.669	72.616	77.386	80.747
52.000	29.481	31.246	33.968	36.437	39.433	65.422	69.832	73.810	78.616	82.001
53.000	30.230	32.018	34.776	37.276	40.308	66.548	70.993	75.002	79.843	83.253
54.000	30.981	32.793	35.586	38.116	41.183	67.673	72.153	76.192	81.069	84.502
55.000	31.735	33.570	36.398	38.958	42.060	68.796	73.311	77.380	82.292	85.749
56.000	32.490	34.350	37.212	39.801	42.937	69.919	74.468	78.567	83.513	86.994
57.000	33.248	35.131	38.027	40.646	43.816	71.040	75.624	79.752	84.733	88.236
58.000	34.008	35.913	38.844	41.492	44.696	72.160	76.778	80.936	85.950	89.477
59.000	34.770	36.698	39.662	42.339	45.577	73.279	77.931	82.117	87.166	90.715
60.000	35.534	37.485	40.482	43.188	46.459	74.397	79.082	83.298	88.379	91.952

附表6　F分布表

$$P\{F(n_1, n_2) > F_\alpha(n_1, n_2)\} = \alpha \qquad (\alpha = 0.05)$$

n_2	n_1								
	1	2	3	4	5	6	8	10	15
1	161.4	199.5	215.7	224.6	230.2	234.0	238.9	241.9	245.9
2	18.51	19.00	19.16	19.25	19.30	19.33	19.37	19.40	19.43
3	10.13	9.55	9.28	9.12	9.01	8.94	8.85	8.79	8.70
4	7.71	6.94	6.59	6.39	6.26	6.16	6.04	5.96	5.86
5	6.61	5.79	5.41	5.19	5.05	4.95	4.82	4.74	4.62
6	5.99	5.14	4.76	4.53	4.39	4.28	4.15	4.06	3.94
7	5.59	4.74	4.35	4.12	3.97	3.87	3.73	3.64	3.51
8	5.32	4.46	4.07	3.84	3.69	3.58	3.44	3.35	3.22
9	5.12	4.26	3.86	3.63	3.48	3.37	3.23	3.14	3.01
10	4.96	4.10	3.71	3.48	3.33	3.22	3.07	2.98	2.85
11	4.84	3.98	3.59	3.36	3.20	3.09	2.95	2.85	2.72
12	4.75	3.89	3.49	3.26	3.11	3.00	2.85	2.75	2.62
13	4.67	3.81	3.41	3.18	3.03	2.92	2.77	2.67	2.53
14	4.60	3.74	3.34	3.11	2.96	2.85	2.70	2.60	2.46
15	4.54	3.68	3.29	3.06	2.90	2.79	2.64	2.54	2.40
16	4.49	3.63	3.24	3.01	2.85	2.74	2.59	2.49	2.35
17	4.45	3.59	3.20	2.96	2.81	2.70	2.55	2.45	2.31
18	4.41	3.55	3.16	2.93	2.77	2.66	2.51	2.41	2.27
19	4.38	3.52	3.13	2.90	2.74	2.63	2.48	2.38	2.23
20	4.35	3.49	3.10	2.87	2.71	2.60	2.45	2.35	2.20
21	4.32	3.47	3.07	2.84	2.68	2.57	2.42	2.32	2.18
22	4.30	3.44	3.05	2.82	2.66	2.55	2.40	2.30	2.15
23	4.28	3.42	3.03	2.80	2.64	2.53	2.37	2.27	2.13
24	4.26	3.40	3.01	2.78	2.62	2.51	2.36	2.25	2.11
25	4.24	3.39	2.99	2.76	2.60	2.49	2.34	2.24	2.09
26	4.23	3.37	2.98	2.74	2.59	2.47	2.32	2.22	2.07
27	4.21	3.35	2.96	2.73	2.57	2.46	2.31	2.20	2.06
28	4.20	3.34	2.95	2.71	2.56	2.45	2.29	2.19	2.04
29	4.18	3.33	2.93	2.70	2.55	2.43	2.28	2.18	2.03
30	4.17	3.32	2.92	2.69	2.53	2.42	2.27	2.16	2.01
40	4.08	3.23	2.84	2.61	2.45	2.34	2.18	2.08	1.92
50	4.03	3.18	2.79	2.56	2.40	2.29	2.13	2.03	1.87
60	4.00	3.15	2.76	2.53	2.37	2.25	2.10	1.99	1.84
70	3.98	3.13	2.74	2.50	2.35	2.23	2.07	1.97	1.81
80	3.96	3.11	2.72	2.49	2.33	2.21	2.06	1.95	1.79
90	3.95	3.10	2.71	2.47	2.32	2.20	2.04	1.94	1.78
100	3.94	3.09	2.70	2.46	2.31	2.19	2.03	1.93	1.77
125	3.92	3.07	2.68	2.44	2.29	2.17	2.01	1.91	1.75
150	3.90	3.06	2.66	2.43	2.27	2.16	2.00	1.89	1.73
200	3.89	3.04	2.65	2.42	2.26	2.14	1.98	1.88	1.72
∞	3.84	3.00	2.60	2.37	2.21	2.10	1.94	1.83	1.67

$$P\{F(n_1, n_2) > F_\alpha(n_1, n_2)\} = \alpha \qquad (\alpha = 0.01)$$

n_2	n_1								
	1	2	3	4	5	6	8	10	15
1	4052	4999	5403	5625	5764	5859	5981	6065	6157
2	98.50	99.00	99.17	99.25	99.30	99.33	99.37	99.40	99.43
3	34.12	30.82	29.46	28.71	28.24	27.91	27.49	27.23	26.87
4	21.20	18.00	16.69	15.98	15.52	15.21	14.80	14.55	14.20
5	16.26	13.27	12.06	11.39	10.97	10.67	10.29	10.05	9.72
6	13.75	10.92	9.78	9.15	8.75	8.47	8.10	7.87	7.56
7	12.25	9.55	8.45	7.85	7.46	7.19	6.84	6.62	6.31
8	11.26	8.65	7.59	7.01	6.63	6.37	6.03	5.81	5.52
9	10.56	8.02	6.99	6.42	6.06	5.80	5.47	5.26	4.96
10	10.04	7.56	6.55	5.99	5.64	5.39	5.06	4.85	4.56
11	9.65	7.21	6.22	5.67	5.32	5.07	4.74	4.54	4.25
12	9.33	6.93	5.95	5.41	5.06	4.82	4.50	4.30	4.01
13	9.07	6.70	5.74	5.21	4.86	4.62	4.30	4.10	3.82
14	8.86	6.51	5.56	5.04	4.69	4.46	4.14	3.94	3.66
15	8.86	6.36	5.42	4.89	4.56	4.32	4.00	3.80	3.52
16	8.53	6.23	5.29	4.77	4.44	4.20	3.89	3.69	3.41
17	8.40	6.11	5.19	4.67	4.34	4.10	3.79	3.59	3.31
18	8.29	6.01	5.09	4.58	4.25	4.01	3.71	3.51	3.23
19	8.18	5.93	5.01	4.50	4.17	3.94	3.63	3.43	3.15
20	8.10	5.85	4.94	4.43	4.10	3.87	3.56	3.37	3.09
21	8.02	5.78	4.87	4.37	4.04	3.81	3.51	3.31	3.03
22	7.95	5.72	4.82	4.31	3.99	3.76	3.45	3.26	2.98
23	7.88	5.66	4.76	4.26	3.94	3.71	3.41	3.21	2.93
24	7.82	5.61	4.72	4.22	3.90	3.67	3.36	3.17	2.89
25	7.77	5.57	4.68	4.18	3.85	3.63	3.32	3.13	2.85
26	7.72	5.53	4.64	1.14	3.82	3.59	3.29	3.09	2.81
27	7.68	5.49	4.60	4.11	3.78	3.56	3.26	3.06	2.78
28	7.64	5.45	4.57	4.07	3.75	3.53	3.23	3.03	2.75
29	7.60	5.42	4.54	4.04	3.73	3.50	3.20	3.00	2.73
30	7.56	5.39	4.51	4.02	3.70	3.47	3.17	2.98	2.70
40	7.31	5.18	4.31	3.83	3.51	3.29	2.99	2.80	2.52
50	7.17	5.06	4.20	3.72	3.41	3.19	2.89	2.70	2.42
60	7.08	4.98	4.13	3.65	3.34	3.12	2.82	2.63	2.35
70	7.01	4.92	4.07	3.60	3.29	3.07	2.78	2.59	2.31
80	6.96	4.88	4.04	3.56	3.26	3.04	2.74	2.55	2.27
90	6.93	4.85	4.01	3.53	3.23	3.01	2.72	2.52	2.42
100	6.90	4.82	3.98	3.51	3.21	2.99	2.69	2.50	2.22
125	6.84	4.78	3.94	3.47	3.17	2.95	2.66	2.47	2.19
150	6.81	4.75	3.91	3.45	3.14	2.92	2.63	2.44	2.16
200	6.76	4.71	3.88	3.41	3.11	2.89	2.60	2.41	2.13
∞	6.63	4.61	3.78	3.32	3.02	2.80	2.51	2.23	2.04

附表7　相关系数临界值表

$$P\{|r|>r_a\}=\alpha$$

$n-2$	α				
	0.10	0.05	0.02	0.01	0.001
1	0.9877	0.9969	0.9995	0.9999	0.9999
2	0.9000	0.9500	0.9800	0.9900	0.9990
3	0.8054	0.8783	0.9343	0.9587	0.9912
4	0.7293	0.8114	0.8822	0.9172	0.9741
5	0.6694	0.7545	0.8329	0.8745	0.9507
6	0.6215	0.7067	0.7887	0.8343	0.9249
7	0.5822	0.6664	0.7498	0.7977	0.8982
8	0.5494	0.6319	0.7155	0.7646	0.8721
9	0.5214	0.6021	0.6851	0.7348	0.8471
10	0.4973	0.5760	0.6581	0.7079	0.8233
11	0.4762	0.5529	0.6339	0.6835	0.8010
12	0.4575	0.5324	0.6120	0.6614	0.7800
13	0.4409	0.5139	0.5923	0.6411	0.7603
14	0.4259	0.4973	0.5742	0.6226	0.7420
15	0.4124	0.4821	0.5577	0.6055	0.7246
16	0.4000	0.4683	0.5425	0.5897	0.7084
17	0.3887	0.4555	0.5285	0.5751	0.6932
18	0.3783	0.4438	0.5155	0.5614	0.6787
19	0.3687	0.4329	0.5034	0.5487	0.6652
20	0.3598	0.4227	0.4921	0.5368	0.6524
25	0.3233	0.3809	0.4451	0.4869	0.5974
30	0.2960	0.3494	0.4093	0.4487	0.5541
35	0.2746	0.3246	0.3810	0.4182	0.5189
40	0.2573	0.3044	0.3578	0.3932	0.4896
45	0.2428	0.2875	0.3384	0.3721	0.4648
50	0.2306	0.2732	0.3218	0.3541	0.4433
60	0.2108	0.2500	0.2948	0.3248	0.4078
70	0.1954	0.2319	0.2737	0.3017	0.3799
80	0.1829	0.2172	0.2565	0.2830	0.3568
90	0.1726	0.2050	0.2422	0.2673	0.3375
100	0.1638	0.1946	0.2301	0.2540	0.3211